高情商自我提升丛书（全三册）

口才三绝：
会赞美，会幽默，会拒绝

陈亮亮　李　宏　刘少影　编著

吉林出版集团股份有限公司｜全国百佳图书出版单位

图书在版编目（CIP）数据

　　口才三绝：会赞美，会幽默，会拒绝/陈亮亮，李
宏，刘少影编著 . -- 长春：吉林出版集团股份有限公司，
2020.1

　　（高情商自我提升丛书：全三册）

　　ISBN 978-7-5581-7156-7

　　Ⅰ . ①口… Ⅱ . ①陈… ②李… ③刘… Ⅲ . ①口才学－
通俗读物 Ⅳ . ① H019-49

　　中国版本图书馆 CIP 数据核字（2019）第 276694 号

GAO QINGSHANG ZIWO TISHENG CONGSHU QUAN SAN CE

高情商自我提升丛书(全三册)

编　　著：陈亮亮　李　宏　刘少影
出版策划：孙　昶
责任编辑：王　媛　王诗剑　侯　帅
装帧设计：李　荣
出　　版：吉林出版集团股份有限公司
　　　　　（长春市福祉大路 5788 号，邮政编码：130118）
发　　行：吉林出版集团译文图书经营有限公司
　　　　　（http://shop34896900.taobao.com）
电　　话：总编办 0431-81629909　　营销部 0431-81629880 / 81629900
印　　刷：天津海德伟业印务有限公司
开　　本：880mm×1230mm　　　1/32
印　　张：15
字　　数：400 千字
版　　次：2020 年 1 月第 1 版
印　　次：2020 年 7 月第 2 次印刷
书　　号：ISBN 978-7-5581-7156-7
定　　价：90.00 元（全三册）

印装错误请与承印厂联系　　　电话：022-82638777

前　言

在当今这个高速发展的信息时代，人与人之间联系和交往越来越紧密。在社会生活的各个领域，说话越来越重要。一个人的说话能力，常常被当作考察这个人综合能力的重要指标。

好口才的第一大原则就是会赞美。

人人都喜欢被赞美，无论是大人还是孩子，被他人夸奖和赞赏总能令人心情愉悦、信心倍增。这就是赞美的力量。

说好赞美话是要讲究一些艺术和方法的。赞美话说得过多、毫无特色或者人云亦云，都不能引起足够的兴趣，甚至会引来反感和不快。

好口才的第二大原则就是会幽默。

可以说，想在瞬间获得他人的好感和喜爱，想用最简单的方法提升语言水平，想在社交场合中成为最受欢迎的人，只需一句幽默话足矣。基本上，没有人会拒绝一个有幽默感的人。这就是幽默的强大魅力。

好口才的第三大原则就是会拒绝。

会赞美和会幽默可以给人带来喜悦和快乐，与之相比，拒绝别人看似不爱欢迎，但是，与人交往，说话办事，处处都离不开拒绝。生活中最常用的拒绝方式就是说"不"字。"不"

字听上去简单，说出口却不容易。为何说"不"这么难？为什么我们都害怕拒绝别人？"不"字如何说出口，才不会让别人受伤害？如果我们掌握了有效的拒绝之道，就会发现，原来说"不"与说"是"一样重要。

本书是一本生活中必备的口才书。本书从会赞美、会幽默、会拒绝三个角度，阐述口才在生活中的重要性。通过一个个生活的故事，会给不会聊天的你以正确的指导，让你进行有针对性的训练。

目　录

上　篇　会赞美：如何有效地赞美他人

— 1 —

下　篇　会拒绝：拿回生活的主动权

上　篇

会赞美：如何有效地赞美他人

第一章　赞美要适度

一个气球再漂亮、再鲜艳，吹得太小，不会好看；吹得太大，很容易爆炸。赞美就如吹气球，应点到为止，适度为佳。夸奖或赞美一个人时，有时候稍微夸张一点更能充分地表达自己的赞美之情，别人也会乐意接受。但如果过分夸张，赞美就脱离了实际情况，让人感觉到缺乏真诚。

高尔基曾经说过："过分地夸奖一个人，结果就会把人给毁了。"因为过分的夸奖，往往会使被赞美者不思进取，误以为自己已经是完美无缺了，从而停止前进的脚步。

赞美是社交的金钥匙

美国钢铁大王卡内基，在 1921 年以 100 万美元的超高年薪聘请夏布出任 CEO（首席执行官）。许多记者问卡内基为什么是他。卡内基说："他最会赞美别人，这是他最值钱的本事。"卡内基为自己写的墓志铭是这样的："这里躺着一个人，他懂得如何让比他聪明的人更开心。"可见，赞美在社会交际中是多么重要，它是你走向社会的金钥匙。

人都有获得尊重的需要，而赞美则会使人得到极大的满足。

正如心理学家所指出的：每个人都有渴求别人赞扬的心理期望，人一被认定其价值时，总是喜不自胜。由此可知，你要想取悦客户，最有效的方法就是热情地赞扬他。

是的，每一个人都渴望得到别人的赞美，你如果能在工作中和生活中适时地进行赞美，学会欣赏，你的工作便会更加顺利，你的生活便会更加美好。无论在哪个领域，懂得赞美的人，肯定是优秀的人。

某公司销售员周强有一次去拜访一家商店的老板："先生，你好！""你是谁呀？""我是某公司的周强。"老板一听说是某公司的，马上说："我不买产品，请你去别的地方推销吧。"周强说："今天我刚到贵地，有几件事想请教你这位远近出名的老板。"

"什么？远近出名的老板？""是啊，根据我调查的结果，大家都说这个问题最好请教你。""哦！大家都在说我啊！真不敢当，到底是什么问题呢？""实不相瞒，是……""站着谈不方便，请进来吧！"

就这样，周强轻而易举地取得了客户的信任和好感。有人不解，因为这商店的老板是没有任何人能说动的，就向周强请教秘籍。周强说："我没任何秘籍，除了赞美。"

要在最短的时间里找到对方可以被赞美的地方，这才是你

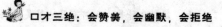

走向社会的本领。赞美的内容很多，只要你的赞美出自真诚，就能起到较好的作用。

西汉时，渤海太守龚遂的政绩非常突出，深受当地百姓爱戴，这件事不知不觉就传到了汉宣帝的耳中，这一天汉宣帝心血来潮，下了一道圣旨召龚遂进京面圣。

叩拜皇帝之后，宣帝当着满朝文武大臣的面问龚遂渤海郡是如何治理的（在这种情况下，很多人也许都会认为机会来了，忙不迭地大肆渲染自己的手段）。

龚遂从容答道："启禀皇上，微臣才疏学浅，没有什么特别的才能，渤海郡之所以能治理得好，全都是因为皇恩浩荡，都是托陛下您的洪福啊！"

宣帝听了龚遂的赞颂，颇为受用，觉得他不居功自傲，是可塑之材，于是，当下给龚遂加官晋爵。

龚遂官场的成功，在于他懂得赞美别人，没有把取得的成绩说成是自己的功劳，而归功于"皇恩浩荡"，皇帝在得到赞美的同时，必然会尽可能地去发现去挖掘龚遂的诸般好处。

赞美别人，仿佛用一支火把照亮别人的生活，也照亮自己的心田，有助于推动彼此友谊发展，还可以消除人际间的怨恨。

赞美是一件好事，但绝不是一件易事。赞美别人时如不审时度势，不掌握一定的赞美技巧，即使你是真诚的，也会变好事为坏事。

赞美不要过了头

大部分人都喜欢美食，但即使是自己最爱吃的东西，吃得太多也会觉得腻。赞美也是如此。虽然人人都爱听好话，但是对他人赞美的话语并非就是多多益善。有时候，赞美的话说过了头，反倒会弄巧成拙。

下面给大家讲一个日本保险推销员原一平的故事。

原一平到一位年轻的小公司老板那里去推销保险。进了办公室后，他便赞美年轻老板："您如此年轻，就当上了老板，真了不起呀，在日本是不太多见的。能请教一下，您是多少岁开始工作吗？"

"17岁。"

"17岁！天哪，太了不起了，这个年龄时，很多人还在父母面前撒娇呢。那您什么时候开始当老板呢？"

"两年前。"

"哇，才做了两年的老板就已经有如此气度，一般人还真培养不出来。对了，您怎么这么早就出来工作了呢？"

"因为家里只有我和妹妹，家里穷，为了能让妹妹上学，我就出来干活了。"

"您妹妹也很了不起呀，你们都很了不起呀。"

就这样一问一答，最后夸赞到了那位年轻老板的七大姑八大姨，越夸赞越远了。这位老板本来已经打算买原一平的保险的，结果也不买了。

后来，原一平才知道，原来那天自己的赞美过了头，本来刚开始时，老板听到几句赞美后，心里很舒服，可是原一平说得太多了，搞得他由原来的高兴变得不厌其烦了。

恰到好处、恰如其分地赞美，才是得到事半功倍的效果的关键，所以过多地赞美就适得其反了。在办公室里，常常有这样一群人，他们总是向上司大献殷勤，以为这样就能够博得上司的好感，从而获得升迁。事实上，这可能一点作用也没有起到，说不定还起了反作用。

某公司有一个特别爱拍马屁的人，只要一看到他们部门经理就马上赞美一番。无论是经理的发型、领带、衣服、裤子、鞋子，等等，从头到脚都被他夸奖了一番。他自以为这样就能给经理留下好印象，殊不知，经理每次都被他夸张的赞美弄得很烦，但有碍于其他同事在场不好表现出来。

有一次，公司的一个重要的方案交给这个人做。他做完后自我感觉良好，交上去就一直等待着被经理表扬。经理喊他到办公室一趟，他以为他终于要被表扬了，说不定还要被提拔，心情很放松。进入办公室，他还没等经理开口，又开始夸赞经理的办公室布置得如何好，经理这时脸色冷清地说："你嘴皮子的功夫倒是比你做方案的功夫好多了，看看你做的方案，出了这么多错！"

说赞美的话也有学问，并非是人人都能把赞美的话说到恰如其分。赞美也要适可而止，注意技巧，既能使对方欣然接受，不觉得赞美之言过火而心生烦躁，还要赢得对方对自己的好感，以达到其真正的赞美效果。赞美是对别人言行举止或者身上的某个细节或者做事的成效的一种表扬，要使用得当，恰到好处，也并非是越多越好。过分的语言，不切合实际的赞美，那就过犹不及了。

赞美其实是一门学问，赞美的实质是能够抓住所赞美的事物的实质。生活中的有些人经常会犯一些错误，就是见了什么都说好，不懂装懂，本来的赞美之言，听起来倒像讽刺。作为一个赞美者，赞美不适度，反而会适得其反。因此，赞美别人一定要适可而止。赞美的尺度掌握得如何，往往直接影响赞美的效果。记住，恰如其分、点到为止的赞美才是真正的赞美。使用过多的华丽辞藻，过度恭维、空洞的吹捧，只会使对方感到不舒服，不自在，其结果肯定是背道而驰。

特别的赞美更有效果

抓住一个人的独特之处进行委婉地赞美，最能赢取人心，调节气氛。这是要有敏锐的观察能力、机智的应变能力才能达到的境界。

《红楼梦》中有这样的描述：史湘云、薛宝钗劝贾宝玉为官为宦，走仕途之路，贾宝玉大为反感，对着史湘云和袭人赞美黛玉道："林姑娘从来没有说过这些混账话！要是她说这些话，我早就和她生分了。"凑巧这时黛玉正好来到窗外，无意中听到这番话，使她不觉又惊又喜，又悲又叹。这之后，贾宝玉和林黛玉之间的爱情更加深厚了。

赞美别人，要根据对方的文化修养、性格、心理需求、所处背景、语言习惯乃至职业特点、个人经历等不同因素，恰如其分地赞美对方。

张之洞任湖北总督时，适逢新春佳节，抚军谭继恂为了讨好张之洞，设宴招待他，不料，席间谭继恂与张之洞因长江的宽度争论不休。谭继恂说五里三，张之洞认为是七里三，两个人各持己见，互不相让。眼见气氛紧张，席间谁也不敢出来相劝。

这时位列末座的江夏知县陈树屏说："水涨七里三，水落五里三，制台、中丞说得都对。"这句话给俩人解了围，俩人拊掌大笑，并赏陈树屏20锭大银。

陈树屏巧妙且得体的言辞，既解了围，又使双方都有面子。这种赞赏就充分考虑了听者的心理和当时的情况。

人的素质有高低之分，年龄有长幼之别，因而特别的赞美比一般的赞美能收到更好的效果。老年人总希望别人不忘他当年的业绩与雄风，同其交谈时，可多称赞他引以为豪的过去；对年轻人，不妨语气稍微夸张地赞扬他的创造才能和开拓精神；对于经商的人，可称赞他头脑灵活、生财有道；对于有地位的干部，可称赞他为国为民、廉洁公正；对于知识分子，可称赞他知识渊博、宁静淡泊。当然这一切要依据事实，切不可流于虚情假意与浮夸。

在生活中，并不是人人都有好的口才，许多人的赞美往往"美"不起来。有的人说话不自在、不自然、不连贯，甚至面红耳赤，自己别扭，别人听了更别扭。还有的人因为不能恰当地运用赞美的语言，以致词不达意，反令被赞者极为尴尬。

一次，小刘的几位中学同学到他家玩。刘妈妈待人非常热情，同这些当年的"小毛头"亲切地交谈起来。

听到大家都大学毕业了，工作也都不错，刘妈妈眼里流露出既高兴又羡慕的神色，摇着头叹息说："你看你们，是多好的孩子！一个个油光满面，到哪都讨人喜欢。俺那个娃，不会来事，到现在还没找到工作呢。"

一句话差点儿让大家背过气去，笑也不是，怒也不成。老太太本是好意，想夸奖他们一下，也许想说一句"春风满面"，但却用了一个"油光满面"，意思来了个 180 的大转弯。大家虽然都知道她老人家是一个文化不高的人，不知从哪里弄来一个连她自己也弄不懂的词语，但结果很令人尴尬。

笨拙地讲话就像一个破烂不堪的录音机，使赞美这本该美妙动听的旋律变得刺耳难听，不能打动人、感染人，反而会影响人的情绪，扭曲原意。

在一次管理层会议上，一位报告人登台了。会议主持人介绍说："这位就是吴女士，几年来她的销售培训工作做得非常出色，也算有点儿名气了。"

这末尾一句话显然是画蛇添足，让人怎么听都觉得不太舒服，什么叫也算有点儿名气呢？称赞的话如果用词不当，让对方听起来不像赞美，倒更像是贬低或侮辱。所以在表扬或称赞他人时一定要谨言慎行，注意措辞，尤其要把握好以下几条原则：

（1）列举对方身上的优点或成绩时，不要举那些无足轻重的内容，比如向客户介绍自己的销售员时说他"很和气"或"纪律观念强"等与推销工作无关的事。

（2）赞美中不可暗含对方的缺点。比如：太好了，在屡次失败之后，你终于成功了一回！

（3）不能以你曾经不相信对方能取得今日的成绩为由来称赞他。比如："真想不到你居然能做成这件事。"或是，能取得这样的成绩，你恐怕自己都没想到吧！"

总之，称赞别人时在用词上要再三斟酌，千万不要胡言乱语。

抓住赞美事物的本质

赞美要有点专业精神，大而泛之的"真好啊""真美啊"之类的赞美，虽也属于赞美，但让人感到乏味与空洞，受到你赞美的人也感受不到多少惬意。如果碰上多心或不够自信的人，说不定还会引起困惑或不安：会不会是故意这样说的呢？难道……

打个比方，别人要你看一篇他发表的文章。你看完后，只知道说"好啊好啊"的，很难达到赞美的效果。好在哪？视角独特？结构严谨？行文雅致？字字珠玑？这些话不说到，难道是因为在他的文章中找不到半点此类优点，才不得不空泛地说好？

懂行的话，你就能抓住需要赞美的事和物的本质，不会说乏味肤浅的空话。许多人常犯外行的错误，见了什么都说好，见了谁都说高，有的是不懂装懂，有的是只知其一，不知其二，语言不到位，说不到点子上，切不中要害，缺乏力度。

当然，世上的行业有很多，我们不可能成为一个全才或通才。很多事物我们都没有拥有足够的知识去体会。这需要我们在平时有空多学习，扩大知识面。同时，对于你不具备基本知识的事物，在主动赞美时就应该避开。而在别人请你鉴赏或评论时，也可以实实在在地说明自己不懂，然后以外行的眼光简单地赞美也无可厚非。

有一次，我和几个朋友去拜访一位作家，谈到他新发表的中篇小说，有的说："写得真感人！"还有的说："我恐怕一辈子也写不出这么优秀的小说。"其中有一位朋友说得有点特色："常言道，文如其人。您的这个中篇小说，全文大开大合，显示了您为人的大气；行文洗练，和您做事干脆利落的风格一致；写的虽是悲剧但没有过多地沉浸于伤感，而是将视角抬升到了产生悲剧的原因，说明您对社会有着深刻的思考。"夸文赞人，在行在理，独辟蹊径，巧妙地换了个新角度，令人耳目一新。他的赞美与众不同，技高一筹。

可见，见解深刻的赞美是多么与众不同。不仅能让人对你刮目相看，更重要的是：能让被赞美者产生真实的认同感，能让他愿意与你积极沟通与交流。

好的赞美要发自内心

不管是赞美，还是恭维，稍微有些脑子的人，都知道你说的是真话还是假话。不过，人人都爱听好听的，假话说到位也受听，这里就涉及一个度的问题。这个度的掌握，在口气里，在语言中，在表情上。

一个穷困潦倒的年轻人到达巴黎，他拜访父亲的朋友，期望对方帮自己找一份工作。

对方问："你精通数学吗？"他不好意思地摇摇头。"历史、地理呢？"他又摇摇头。"法律呢？"他再次摇摇头。"那好吧，你先留个地址，有合适的工作我再找你。"

年轻人写下地址，道别后要走时却被父亲的朋友拉着："你的字写得很漂亮啊，这就是你的优点！"年轻人不解。对方接着说："能把字写得让人称赞，一般来说是擅长写文章！"年轻人受到赞美和鼓励后，非常兴奋。

后来，他果然写出了经典的作品。他就是家喻户晓的法国作家大仲马。可见，给予真心、真诚的赞美，对方都会开心地接受并从中获得力量。

好的赞美要真诚，并且发自内心。生活中，很多人赞美别人的时候，都唯唯诺诺、声如蚊蚋。这种态度不可取。如果你用这样的态度和语气来赞美别人，显示不出你的情商。观察那些优秀的销售人员，你会发现他们夸赞别人的时候，都大大方方、不做作。

要知道，当一个人心情好的时候，思维就会变得活跃，思考问题会倾向于积极的一面，这有助于推动和加速两个人的互动关系。所以，要学会大方、真诚地赞美别人。当然，赞美别人的方式很多种，但切忌浮夸、造作。即使你的赞美缺少华丽的语言，但是只要能流露出真情实感，也会让人感觉到你的真诚——没有人能够拒绝真诚。

如，你可以夸女生漂亮，但是不可以说"你是我这辈子见过最漂亮的女生"这样的话，否则显得太虚假的，一般人非但不会相信，反而会给你印上"浮夸"的标签。

贾经理在 KTV 唱歌时，跑调跑得厉害，最后连他自己都唱不下去了。他摆摆手说："哎呀，不行了，献丑了。"谁知他手下的一个职员马上说："唱得很好呢，简直和某某歌星不相上下。"贾经理听了，不但没高兴，还很奇怪地看了他一眼，然后不冷不热地说："我还是有自知之明的。"弄得那个职员十分尴尬。

这个职员在赞美经理时就没有遵循真诚的原则。他的赞美之词明显是随口说出的，所以经理会觉得不舒服。虽然人们都喜欢听赞美的话，但并非任何赞美都会让对方高兴。没有根据、虚情假意地赞美别人，不仅会让人莫名其妙，还会让人觉得你心口不一。例如，如果你见到一位相貌平平的先生，却偏要说："你太帅了。"对方就会认为你在讽刺他。但如果你从他的服饰、谈吐、举止等方面来表示赞美，他就可能很高兴地接受，并对你产生好感。

赞美绝不是阿谀奉承、言不由衷、夸大其词，甚至心怀叵测地夸赞对方的缺点和错误，就是非常卑鄙的了。这样的"赞美"，都不是正确的社交手段。所以，对人对事的评价绝对不能脱离客观基础，措辞也应把握分寸。

具体来说，真诚地赞美别人，在说话时应把握好以下几个说话要点：

1. 赞美别人要发自内心

真诚赞美是对对方表露出来的优点的由衷赞美，所赞美的内容是确实存在的，不是虚假的。这样的赞美才能令人信服。如果你赞美别人时口是心非，不是发自内心的，对方就会觉得你言不由衷，或另有所图。

2. 不要把奉承误认为是赞美

真诚赞美是无本的投资，阿谀奉承等于以伪币行贿。真诚的赞美是发现——发现对方的优点而赞美之，阿谀奉承是发明——发明一个优点而夸奖之。

3. 赞美别人时要有眼神交流

赞美时眼睛要注视对方，流露出一种专心倾听对方讲话的态度，让对方意识到自己的重要，这样才能达到一种无声胜有声的效果。

4. 赞美要有见地

赞美对方的容貌不如赞美对方的服饰、能力和品质。同样是赞美一个人，不同的表达方法取得的效果会大相径庭。例如，当你见到一位其貌不扬的女士，却偏要对她说："你真是一位超级美女。"对方很难认可你的这些虚伪之辞。但如果你着眼于赞美她的服饰、工作能力、谈吐、举止，她一定会高兴地接受。

5. 用语要讲究一些

要尽量避免使用模棱两可的表述，如"还可以""凑合""挺好"等。含糊的赞扬往往比侮辱性的言辞还要糟糕。

此外，赞美别人的时候，不能老想着能从他身上得到什么好处，能让他帮着干什么事。这样的赞美目的性太强，很容易让人觉得不舒服，甚至产生被戏弄的感觉。真诚赞美别人的前提是欣赏别人，如果赞美掺杂了很多目的性，那就动机不单纯了，容易遭人鄙视和厌弃。

真诚一直是人际交往中最重要的品质，真诚赞美更容易获得他人的青睐。真诚赞美，就是话语要做到准确、精练。此外，赞美行为并非局限于语言，可以是一张庆祝的小纸条、一个拥抱，或者一个信任的眼神。

赞美适度才是善言

在与人交往时，有些人总是竭力美言别人。他们认为既然人都是喜欢听好话，那么，自己多说好话自然就能取得好效果。殊不知别人并不怎么买好话的账。这是什么原因呢？

赞美并不等于善言，赞美适度才是善言。如果错误地把赞美当作善言，不分对象、不分时机、不分尺度，在交际中总是千方百计、搜肚刮肠找出一大堆的好话、赞词，甚至把阿谀当作善言，那么常常会事与愿违。

那么，如何使赞美恰如其分而不失度地成为真正的善言，取得事半功倍的效果呢？

1. 因人而异，使赞美具有针对性

赞美要根据不同人的年龄、性别、职业、社会地位、人生阅历和性格特征进行。对青年人应赞美他的创造才能和开拓精神；对老年人则要赞美他身体健康、富有经验；对教龄长的教师可赞美他桃李满天下，对新教师这种赞美则不适当。

2. 借题发挥，选择适当的话题

赞美本身不是目的，而是为自荐创造一种融洽的气氛。比如看到电视机、电冰箱先问问其性能如何；看到墙上的字画就谈谈对字画的欣赏认知，然后再借题发挥地赞美主人的工作能力和知识阅历，从而找到双方的共同语言。

3. 语意恳切，增强赞美的可信度

在赞美的同时，准确地说出自己的感受，或者有意识地说出一些具体细节，都能让人感到你的真诚，而不至于让对方以为是过分的溢美之词。如赞美别人的发式可问及是哪家理发店理的，或说明自己也很想理这样的发式。美国总统罗斯福在赞扬英国首相张伯伦时说："我真感谢你花在了制造这辆汽车的时间和精力上，造得太棒了。"总统还注意到了张伯伦曾经费心思

的一个细节，特意把各种零件指给旁人看，这就大大增强了夸赞的诚意。

4. 注意场合，不使旁人难堪

在多人在场的情况下，赞美其中某一人必然会引起其他人的心理反应。假如我们无意中赞美了某职称晋升考试中成绩好的人，那么其他参加考试但成绩较差的人就会感到受冷落、挖苦。

5. 适度得体，不要弄巧成拙

不合乎实际的赞美其实是一种讽刺，违心地迎合、奉承和讨好别人也有损自己的人格。适度得体的赞美应建立在理解他人、鼓励他人、满足他人的正常需要及为人际交往创造一种和谐友好气氛的基础之上。

第二章　赞美一定要有新意

为人处世时，不要以为一味地赞美就能赢得他人的心。因为陈词滥调或者不着边际的赞美只会惹人生厌，赞美的直接目的是让对方高兴，如果你不想让对方出现审美疲劳的话，赞美的话一定要有新意，切忌老调重弹。

喜新厌旧是人们普遍具有的心理，所以赞美他人时要尽可能有些新意。陈词滥调的赞美，会让人觉得索然无味，而新颖独特的赞美，则会令人回味无穷。

赞美之词要适当

心理学家威廉·杰姆斯说："人性最深层的需要就是渴望别人欣赏。"心理学研究发现，人性都有一个共同的弱点，即每一个人都喜欢别人的赞美。一句恰当的赞美犹如银盘上放的一个金苹果，使人陶醉。

当然，赞美人并不是一件容易的事，正如水能载舟亦能覆舟一样。适当的赞美之词，恰如人际关系的润滑剂，使你和他人关系融洽，心境美好；而肉麻的恭维话却让人觉得你不怀好意，从而对你心生轻蔑。

古时有一个说客，说服别人的功力堪称一流。他曾当众夸口道："小人虽不才，但极能赞美。平生有一志愿，要将一千顶高帽子戴给我遇到的一千个人，现在已送出了999顶，只剩下最后一顶了。"一长者听后摇头说道："我偏不信，你那最后一顶用什么方法也戴不到我的头上。"说客一听，忙拱手道："先生说得极是，不才走南闯北，见过的人不计其数，但像先生这样秉性刚直、不喜赞美的人，委实没有!"长者顿时手持胡须，扬扬自得地说："这你算说对了。"听了这话，那位说客哈哈大笑："恭喜先生，我这最后一顶高帽已经戴到先生头上了。"

这个故事生动地说明了，再刚正不阿的人，也无法拒绝一个说到他心坎上的赞美。

很多人都说自己并不喜欢听到别人对自己的赞美，那只是他们不喜欢听到重复、老套、空洞的赞美。高情商的人赞美别人的时候，往往会让人听得"上瘾"。

那什么是高情商的赞美？来看下面对话。

遇到一个锻炼身体的老人，你可以说："您老人家这腿脚，这身子骨，有55了吗?"

"哪有，早过了，今天70啦。"

"不会吧，看上去至少要年轻10岁啊。"

想必老人听了，心里乐开了花。

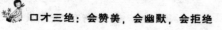

可以说，每个人身上都可以找到值得夸赞的地方，只要你的情商足够高，就会发现不同的赞美点。

在居民小区的早点铺子里，有两位顾客都想让老板给他添些稀饭。一位皱着眉头说："老板，太小气啦，只给这么一点，哪里吃得饱？"结果老板说："我们稀饭是要成本的，吃不饱再买一碗好啦。"无奈这位客人只好又添钱买了一碗稀饭。另一位客人则是笑着说："老板，你们煮的稀饭实在太好吃了，我一下子就吃完了。"结果，他拿到一大碗又香又甜的免费稀饭。

两个人两种说话方式，得到两种不同的结果，可见会说话是多么的重要。在我们的生活中，人人都需要赞美，赞美不一定要把人夸得心花怒放，许多时候，它是一种社交礼仪、素养、情商的体现。

比如，我们到菜市场买菜的时候，有的摊贩嘴很甜：

"这位帅哥，要来点什么，都便宜处理了。"

"这位美女，想买点什么，今天做特价。"

见到一位女士就是"美女"，对方听了，也会欣然接受：既然这么热情，谁家都是买，就买你家的吧。结果，嘴甜的商贩生意特别好。

所以说，人人都喜欢被赞美。高情商地赞美别人，一定要表现出一种诚意，一种胸怀，一种发自内心的欣赏。

善于赞美有助于事业成功

人际关系顺畅是事业成功最关键的因素，而赞美别人是处世交际最关键的课程。如果你懂得如何赞美别人，再加上你的智慧，脚踏实地的精神，就等于事业成功了一半。从很大意义上讲，学会称赞他人是事业成功的阶梯，不会赞美，就会处处触礁。

一句称赞的话，犹如一泓清泉，透彻、晶莹、沁人心脾，流泻之处充满了温馨。它不仅在人与人之间吹散了冷漠的雾霾，而且让友谊得以加深，让工作一帆风顺，让交际更加顺畅。

因而，无论是熟人，还是陌生人，只要你善于寻找，对他人身上可以加以赞美的地方进行赞美，就能够打开对方的话匣子，并使他愿意与你交谈。

小梁坐火车回家，对面坐了一位漂亮的姑娘，可是待人特别冷淡，对什么事都爱理不理的。车行七八个小时，他们之间很少讲话，车厢里沉闷得让人透不过气来。小梁正打算睡觉，一下子瞥见她手上戴着一只特别别致的手镯，就顺口说了句："你的手镯很少见，非常别致，市面上好像看不到。"

没想到她眼睛一亮，微笑着向小梁介绍这只镯子的来历。然后，她又给小梁讲她外婆的故事、她家乡的故事。小梁也打消了睡意，和她聊得津津有味。等到天亮火车到站的时候，他俩都为此趟旅程的相遇感到十分开心。

赞美是一种重要的交际手段，它能培养人与人之间的感情。任何人都希望被赞美，威廉·詹姆斯就说过："人性深处最大的欲望，莫过于受到外界的认可与赞扬。"

在赞扬过程中，双方的感情和友谊会在不知不觉中得到增进，而且会调动交往合作的积极性。因此，赞美是一件好事，但若不会称赞他人，说话口无遮拦，犯了忌讳，那么，好事也会变成坏事，这也正是"一句话把人说笑，一句话把人说跳"的差别。

刘经理和赵经理很要好，志趣相投，无话不说。

在一次宴会上，刘经理有点儿喝多了，为了表达对赵经理曲折经历和能力的敬佩，他举起酒杯说："我提议大家共同为赵经理的成功干杯！总结赵经理的曲折历程，我得出一个结论：凡是成大事的人，必须具备三证！"

刘经理提了提嗓门说道："第一是大学毕业证；第二是职称资格证；第三是离婚证！"

"离婚证"的话音刚落，众人哗然，原本是赞美之中的玩笑话，但此时此刻极不适合提及。赵经理硬撑着喝下了那杯苦涩的酒。这"三证"中的最后一证无疑是赵经理的忌讳，他不想让更多的人知道，也不想让人们议论，但刘经理与他太好、太熟、太没有界限了。

这个例子告诉我们，在称赞与自己关系很好的人时，如果是当着其他人的面，千万不要冒犯他的忌讳。毕竟每个人都有个人隐私，请尊重朋友的忌讳。

公式化的套语有时也会冲撞别人的忌讳。

一位小伙子到同学家去玩。见到同学的哥哥后就来了一句公式套语说："大哥你好，见到你真高兴！久闻你的大名，如雷贯耳，百闻不如一见！"

没料到对方的脸一下子变红了。原来，他同学的哥哥因偷窃刚被劳教改造出来，这个小伙子不明情况就"久闻大名"地恭维了一番，不料，揭了对方的伤疤。

赞美是一种走进心灵的语言艺术，要想达到一定的水平，不免要途经一些遍布暗礁的险滩，要想走上"赞美"的彼岸，就不可让赞美的语言信马由缰，而要在赞美之词中把握一种平衡，找准方向，然后才能步履轻松、稳健妥帖靠上"赞美"之岸，否则，将使你处处触礁，落得个赞美不成反遭其害的结局。

要建立良好的人际关系，恰当地赞美别人是必不可少的。事实上，每个人都希望自己能受到别人的赞美，并且得到人们的赏识。其实，赞美他人是非常容易的事情，不需要你付出任何代价，而赞美别人后自己得到的报偿却是多方面的。

美国著名社会活动家曾推出一条原则"给人一个好名声，让他们去达到它"。人们为了获得赞美宁愿做出惊人的好成绩。只要你善于赞美他人值得赞美的地方，你的赞美是不会被拒绝的。

没有人不愿意听好话。面对卖桃的小贩，你的一句"老板你的桃怎么是烂的呀？"换来的一定是"你的才烂呢！"而那位嫌樱桃小的顾客小姐，在小贩"小才美呢，就像小姐您，小巧玲珑多好"之类得体应对之后，顾客小姐高高兴兴买走了好几斤价格不菲的樱桃。

莎士比亚说："我们得到的赞扬就是我们的工薪。"从这个意义上说，每个人都是别人"工薪"的支付者。我们都应该把这笔"工薪"支付给应得到的人。我们常常听到周围人发出的一些牢骚，这正说明，人们需要"工薪"，而支付"工薪"的人又往往太吝惜。

美国一位学者这样提醒人们："努力去发现你能对别人加以夸奖的极小事情，寻找你与之交往人的优点——那些你能够赞美的地方，要形成一种每天至少5次真诚地赞美别人的习惯，这样，你与别人的关系将会变得更加和睦。"

赞美切忌老调重弹

为人处世时，不要以为一味地赞美就能赢得他人的心。因为陈词滥调或者不着边际的赞美只会惹人生厌，赞美的直接目的是让对方高兴，如果你不想让对方出现审美疲劳的话，赞美的话一定要有新意，切忌老调重弹。

有这么一个故事。

一位将军听说有人称赞他漂亮的胡须，非常高兴。因为之前，几乎所有人都会称赞他的英勇善战及富于谋略的军事才干。作为一个军人，不论在这方面怎样赞美他，他都很少会产生自豪感。而赞美他胡须的那个人，他的聪明之处在于，在他的赞美词中增加了新的条目，他的赞美让人耳目一鲜。

由此可见，有新意的赞美是多么重要。

有新意的赞美之所以让人印象深刻，是因为它能反映了赞美者较高的情商，以及他对被赞美者的深入了解、和独具匠心的观察。因此，在赞美别人的时候，要花一些心思，多添加一些新鲜的元素，这样会提升赞美的效果。

1. 适当赞扬他人的缺点

赞扬缺点？那不是反讽，或是挖苦对方吗？当然不是，这要看你的情商与话术了。应用这种方式赞美他的人的原理是：对于优秀的人来说，被他人赞扬是很常有的事，所以如果你仍然赞扬对方的优点，很难给对方留下深刻印象，这时，可以从他的缺点入手进行赞美。比如，一位身材很好的女生，皮肤稍黑，你再说她身材好，很难能给她留下深刻的印象，因为有太多的人说过她身材好。那你可以说："你的肤色看上去非常健康，一看你就经常运动。"

当然，赞扬他人的缺点也有相当的风险，操作起来难度较大，很容易让对方觉得你是在"讽刺"他，所以，使用这种方法一定要考虑双方的关系，说话的场合等。

2. 利用第三者进行赞美

如果你跟对方有不少的共同朋友，则非常适合使用这个方法。比如：

"小何曾跟我讲过，他觉得你做事很靠谱，很实在。"

"说实话，无论是长辈，还是我的一些朋友，当他们谈及你的时候，都对你赞赏有加。"

接着，你感受下面的两说法，哪种更好一点。

"你读书真的很用功。"

"张老师跟我说过，你读书真的很用心。"

第一句话，我们有时潜意识认为，眼前和我聊天的这个人，可能在讨好我。而转述第三者的赞美就不一样了，让人感觉更加真实，不做作。

这里需要注意的是，你在赞美对方时提到的"第三者"最好是对方比较信赖或是看重的人。有时，我们说对方如何如何，对方不一定会相信，当你通过第三者之口赞美时，可信度更高。

3. 公开场合进行赞美

很多时候，在公开场合赞美，要比私下赞美更有说服力。比如，你和老王一起跟领导汇报工作，你说："李总，我们小组这次项目之所以能够顺利地完成，很大程度也是因为有老王的帮助。他给我们提供了非常详细的数据，讲解时也很耐心，真的很不错……"这时，老王定会向你投来感激的目光。公开赞美不仅表示出了你的诚意，也让其他人对他有更多的了解。你既表示出了自己真诚的品质，也提高了他在圈子内的名声，对方有什么理由不喜欢你呢？

4. 加一点善意的谎言

当一个人身上不具备某些优势时，适当赞美也可以让其信心倍增。出于这样的善意，高情商的人在赞美别人的时候，也会点缀一点谎言。

鼎鼎大名的音乐家勃拉姆斯是个农民的儿子，因家境贫寒，从小没有接受过良好的教育，更别说系统的音乐训练了。因此勃拉姆斯很自卑，音乐变成了他遥不可及的梦想。

一次勃拉姆斯认识了一位音乐家舒曼，受到舒曼的邀请去做客。勃拉姆斯坐在钢琴前弹奏起自己以前创作的一首 C 大调钢琴鸣奏曲，弹奏得有些不顺畅，舒曼则在一旁认真地听。一曲结束后，舒曼热情地张开怀抱，高兴地对勃拉姆斯说："你真是个天才呀！年轻人，天才……"

勃拉姆斯有些惊讶地说："天才？您是在说我吗？"他简直不敢相信自己的耳朵，因为从来没有人这样夸奖过他，从此，勃拉姆斯消除了自卑感，并拜舒曼为师学习音乐，改写了自己的一生。

其实，勃母拉斯的演奏水平还没有那么高，但是舒曼却用善意的谎言为他坚定了信心，使勃拉姆斯变成了一个有激情、自信的人。所以，用善意的谎言赞美别人，可以推进对方前进，让他更有信心和勇气。

赞美别人要恰到好处

恰当地赞美别人，可以使对方获得极大的心理满足，在此基础上安慰对方、鼓励对方或是规劝对方、要求对方，都能够取得良好的效果。可以说，掌握了恰到好处赞美别人的技巧，是一个人交际能力趋于成熟的标志。那么，该怎样恰到好处地赞美别人呢？

有经验的人到别人家去做客，总是一进门就夸奖人家的孩子。这一招常常为愉快做客开了个好头。因为孩子都是父母最得意的。赞美孩子，要比赞美他们本人效果更好。这是因为人性中有一个共同的特点，那就是喜欢别人赞美自己最得意、最看重的人和事。

只有赞美别人最看重的人和事才能收到最好的效果。俗话说："萝卜青菜，各有所爱。"人与人不同，看重的人和事自然也大相径庭，这就要求我们在赞美别人之前，首先做到"知彼"，了解对方的兴趣、爱好、性格、职业、经历等背景状况，抓住其最重视、最引以为自豪的人和事，将其放到突出的位置加以赞美，这样才能够最大限度地满足对方的心理需要，从而达到自己的目的。

在行营里，一次，曾国藩用完晚饭后与几位幕僚闲谈，评论当今英雄。他说："彭玉麟、李鸿章都是大才，为我所不及。我可自许者，只是生平不好谀耳。"一个幕僚说："各有所长：彭公威猛，人不敢欺；李公精敏，人不能欺。"说到这里，他说不下去了。曾国藩问："你们认为我怎样？"众人皆低首沉思。忽然走出一个管抄写的后生，插话道："曾帅仁德，人不忍欺。"众人听了齐拍手。曾国藩十分得意地说："不敢当，不敢当。"后生告退而去。曾国藩问："此是何人？"幕僚告诉他："此人是扬州人，入过学（秀才），家贫，办事还谨慎。"曾国藩听完后就说："此人有大才，不可埋没。"不久，曾国藩升任两江总督，就派这位后生去扬州任盐运使。

在这个故事里，曾国藩的幕僚想赞美曾国藩，但苦于"威猛""精敏"之语都已让别人先说了，因而想不出赞美他的词句。而管抄写的后生从曾国藩说过的"生平不好谀耳"中推断出他特别看重"仁德"的性格特征，于是在这一点上加以赞美，果然让曾国藩感到舒服，并由此得到了他的赏识。可见，只要赞美得恰到好处，其效果往往是超乎意料的。

人人都有自己的长处，即使最普通最平凡的人也有"闪光点"，关键在于你是否能够"慧眼识珠"。有些人常常埋怨对方没有优点，不知该赞美什么，这正说明了其缺乏发掘闪光点的能力。还有些赞美者总是以老眼光看人，而不懂得变换视角去发掘闪光之处，并对此大做文章。

春节期间，小王的大伯带着5岁的小孙子健健到小王家住了两天。健健性格内向，见人不爱说话，时时刻刻跟在他爷爷身边。特别是和小王的女儿玲玲在一起时，一个显得聪明伶俐，一个显得呆头呆脑，弄得大伯很没面子。这天晚饭过后，小王和大伯边聊天边看电视，突然听到客厅里传来玲玲的哭声。两个人赶快跑出去看，这才搞明白，原来健健不小心从楼梯上跌了下来，膝盖摔破了，健健忍着没哭，倒把在一旁的玲玲吓哭了。大伯见健健惹了祸，上来就骂他，搞得健健也大哭起来。小王见状赶紧劝导大伯，一边劝一边扶起健健，帮他查看伤口。当看到伤口出血时，小王拍着健健的肩膀啧啧称赞，说："这孩子将来肯定有出息，到了社会上能闯荡。你再看我女儿，一根毫毛没动，光吓就给吓哭了。"一席话说得大伯心里舒服了许多，赶紧心疼地搂过健健，又是上药又是安慰地忙起来。

在这个故事里，与大伯相比，小王就是一个善于发掘闪光点的人，他借助一次跌跤事件对两个孩子做出重新评价，从"身体"和"意志"的角度对健健表示由衷的赞叹，使大伯透过表面现象看到了自己孙子的可贵之处，不但心里舒服了，更重要的是燃起了对孩子的希望。

真情需要赞美，而细微之中更容易显现真情，所以，有经验的人常常抓住某人在某方面的行为细节，巧妙赞美和感谢，这样很容易博得对方的好感。其实对方之所以在细节上投入那么多的心思与精力，一方面说明对方对此有特别的重视或偏爱，另一方面也说明对方渴望自己的努力能够得到别人的关注与赏识，能够得到应有的肯定。因此，我们在交际中应善于发现细微处的用意，不失时机地以赞美和感谢来回报对方的良苦用心，这不但会带给对方巨大的心理满足，而且会加深彼此情感和心灵的沟通。

1960 年法国前总统戴高乐访问美国，在一次尼克松为他举行的宴会上，尼克松夫人费了很大劲布置了一个美观的鲜花展台，在一张马蹄形的桌子中央，鲜艳夺目的鲜花衬托着一个精致的喷泉。精明的戴高乐一眼就看出这是主人为了欢迎他而精心设计制作的，不禁脱口称赞道："女主人为举行一次正式的宴会要花很多时间来进行这么漂亮、雅致的布置。"尼克松夫人听了，十分高兴。事后，她说："大多数来访的大人物要么不加注意，要么不屑为此向女主人道谢，而他总是想到和讲到别人。"可见，一句简单的赞美他人的话，会带来多么好的反响。

戴高乐身为国家元首，却能对他人的用意体察入微，这使他成了一位格外受人尊敬的人，也是他外交上获得成功的不可或缺的一面。面对尼克松夫人精心布置的鲜花展台，戴高乐没有像其他大人物那样视而不见，见而不睬，而是即刻领悟到了对方在此投入的苦心，并及时地对这一片苦心表示了特别的肯定与感谢。戴高乐赞美的言语虽然简短，但是很明确，尼克松夫人被深深地感动了。

赞美要把握好分寸

不是任何赞美都会产生正面效应，任何事情都要有个"度"。对学生、下属、晚辈等表示赞美，如过分使用溢美之词则可能会让对方骄傲、自满，产生浮躁的情绪，不利于对方学习、工作、做人等的进一步发展。如一位母亲赞美孩子："你是一个好孩子，你这种刻苦的精神让我很感动。"这种话就很有分寸，不会使孩子骄傲。但如果这位母亲说："你真是一个天才，在我看到的小孩中，没有一个人赶得上你的。"那就会使孩子骄傲，把孩子引入歧途。

这就要求我们在赞美这类人时应当把握好分寸，适可而止。少一些华丽的不切实际的溢美之词，多一些实实在在的引导、肯定和鼓励，既满足对方自我价值实现的心理，又令其感受到肩上的责任，从而更加努力上进。

丰子恺考入浙江省立第一师范学院后，李叔同教他图画课。在教写生课时，李叔同先给大家示范，画好后，把画贴在黑板上，多数学生都照着黑板上的示范画临摹起来，只有丰子恺和少数几个同学依照李叔同的做法直接从石膏上写生。李叔同注意到了丰子恺的颖悟。一次，李叔同以和气的口吻对丰子恺说："你的图画进步很快，我在南京和杭州两处教课，没有见过像你这样进步快速的学生。你以后，可以……"李叔同没有紧接着说下去，观察了一下丰子恺的反应。此时，丰子恺不只为老师的赞扬感到欢欣鼓舞，更意识到在老师没有说出的话当中包含着对他前程的殷切希望。于是，丰子恺说："谢谢！谢谢先生！我一定不辜负先生的期望！"李叔同对丰子恺的赞扬，激励他走上了艺术道路。丰子恺后来说："当晚李先生的几句话，确定了我的一生……这一晚，是我一生中的一个重要关口，因为从这晚起，我打定主意，专门学画，把一生奉献给艺术，几十年来一直没有变。"

将鼓励寓于赞美之中，一定要注意赞美须具体、深入、细致。

抽象的东西往往很难确定它的范围，难以给人留下深刻印象；而美的东西应该是看得见、摸得着的，感受得到的，像前面的母亲夸孩子刻苦，这很具体。如果要称赞某人是个好推销员，可以说："老王有一点非常难得，就是无论给他多少货，只要他肯接，就绝不会延期。"所谓深入、细致就是在赞美别人的时候，要挖掘对方不太显著的、处在萌芽状态的优点。因为这样更能发掘对方的潜质，增加对方的价值感，赞美所起的作用更大。

譬如说，有人送你一只花瓶，你说一句感谢话自然是必须的。但称谢的同时，再加以对花瓶的称赞，赠送者一定会更高兴。"这花瓶的式样很好，摆在我的书桌上是再合适不过了。"称赞中要隐喻对方的选择得宜，他听了一定很高兴，说不定他下次还有另外一件东西送给你呢！

"好极了，这张唱片我早就想买了，想不到你送来了。"如果真是你渴望了许久的东西，你应该立即告诉送给你的人。

"对我来说这收音机再合适不过了，以后每天我们都可以有一个愉快的下午了。"直接把你打算如何使用这礼物说出来，是一个很好的赞美方法。

感谢和称赞，是有密切的连带关系的。"承蒙你的帮助，我非常感谢。"这仅仅是感谢，如果再加上几句："要不是靠你的帮助，一定不会有这么好的结果。"加上了这样一句话，就更加完美了。

非正式场合的赞美方式

在球场上，我们经常听到踢球或打球的小伙子们用非正式的语言来赞美对方，大家反而觉得有一种十分朴实、真挚的情谊隐于其中，而受到夸奖者也不以非正式语言为不敬，相反，往往更加得意、十分快活，有时还会用非正式语言还击，将对方着实地再夸上一番。在一场足球赛中，一个小伙子截到球后，快速出击，左躲右闪，连过数人，飞起一脚攻破对方大门。只见胜方的队员们个个大喜，一个小伙子冲上去就给那位破门勇士一拳，大叫着："真是'牛'脚。"两个人哈哈大笑。

看来，只要说得得体，同样会有夸奖的效果。这大概正反映了男人们渴望挣脱枷锁、追求野性力量的一种心态吧！真实、嬉笑伴怒又何尝不是赞美之法呢？

赞美一个人，并不是做报告或谈工作，没必要十分严肃。赞美贵在自然，它是人际交往活动中在一定场景下的真情流露。僵硬、虚夸、做样的赞美，即使是出于真心实意，也会让人反感、提防，甚至将你归于阿谀小人之列了。所以，赞美的方式是多种多样，而且是千变万化的，在嬉笑间常可收到出奇的效果，从而增进你与朋友的友谊。

有位大学生，成绩总是第一，大家打心眼儿里佩服他、尊敬他。一次，他又考了第一名。在饭后的"侃大山"中，好几位同学都夸了他，却没有一位是用直接赞美的方式。一位同学故作心痛，手捂胸口，叹息道："既生我，何生你。"引得众人大笑。另一位做嬉皮笑脸状："今晚跟我去看电影吧，既然我赶不上你，把你拉下马也成。"还有一位同学则一副怒不可遏的样子说："这日子没法过了。"惹得同学们一阵欢笑。那位成绩第一的同学也跟着大伙笑，并真诚地表示自己一定会尽全力帮助大家。他在同学们中的形象更好了。

嬉笑式赞美是要讲究对象、场合和方式方法的。如果不顾及你与对方的关系、所处的环境而滥用此法，别人就会觉得你不真诚、粗不可耐，不但不能收到赞美对方的效果，反而影响了自己的形象。

一般来说，嬉笑式赞美应用于非正式的场合，如在聊天、锻炼、娱乐中，在比较正式的场合，特别是大庭广众之下，切忌这种太随便的方式。

另外，嬉笑式赞美用之于青年人中间，特别是同学、朋友间比较合适。对话人之间应彼此熟悉，关系较为亲密。一般的朋友或初次见面时，则不宜采用此法。在有上、下级关系或长、晚辈关系的人之间，更不宜用这种方式来赞扬对方。

这种方式还不宜使用得过于频繁。因为这种正话反说、随随便便的赞美方式本身就有一定的冒犯他人的性质，如使用过滥，不仅会使赞美串了味，使对方误以为你是在挖苦他，而且你个人的形象也会因此受到极大的损害。

通过祝贺增进感情

祝贺是人际交往中常用的一种交往形式，一般是指对社会生活中有喜庆意义的人或事表示良好的祝愿和热烈的庆贺。通过祝贺表示你对对方的理解、支持、关心、鼓励和祝愿，以抒发情怀，增进感情。

祝贺语从语言表达形式看可以分为祝词和贺词两大类。

祝词是指将要进行而尚未进行，或正在进行中，但尚未取得可喜结果的事情或事业表示良好的祝愿和祝福。比如重大工程开工、某会议开幕、某展览会剪彩要致祝词，等等。

贺词是指表达对他人的成绩感到高兴，为他人喜事感到欢乐，为他人的事业感到欣慰。比如毕业典礼上，校长对毕业生致贺词；婚礼上亲朋好友对新郎新娘致贺词；对于同事、朋友取得重大成就或获得荣誉、奖励致贺词，等等。

祝贺要注意以下两点：

1. 祝贺要注意场合

一般说，祝贺总是针对喜庆的事，因此，不应说不吉利的话和使人伤心不快的话，应讲一些喜庆、吉祥、欢快的话，使人快慰和振奋的话。如言辞与情绪不合场合，就必定要碰壁。

鲁迅在散文《立论》中讲到这样一个故事：一户人家生了个男孩，全家很高兴。满月的时候，抱出来给人们看，自然是想得到一点好兆头，客人们众说纷纭。一个人说："这孩子将来会发大财的。"一个人说："这孩子是要做大官的。"他们都得到了主人的感谢。只有一个人说："这孩子将来是要死的。"虽然他说的是必然，但还是遭到大家一顿合力的痛打。从讲话艺术的角度看，他不顾当时特定情景，讲了不合时宜的话，遭到大家的痛打，这也是难免的。

2. 祝贺词要简洁，有概括性

祝贺词可以事先做些准备，但多数是针对现场实际，有感而发，讲完即止，切忌旁征博引，东拉西扯。语言要简洁有力，才能产生强烈的感染力。

有些祝词、贺词要进行由此及彼的联想，因景生情的发挥，但必须紧扣中心，点到为止，给听众留下咀嚼回味的余地。比如：

某人主持婚礼。新郎是畜牧场技术人员，新娘是纺织厂女工。婚礼一开始，他上前致贺词："我今天接受爱神丘比特的委托，为80年代牛郎织女主持婚礼，十分荣幸。"

新郎新娘交换礼物。新郎为新娘戴上金戒指，新娘送给新郎手表。这时，主持人又上前致辞说："黄金虽然贵重，不及新郎新娘金子般的心；手表虽然走时准确，也不及新郎新娘心心相印永记心间。"

他的即兴婚礼贺词，得体而又热情，简洁而又明快，博得了一阵热烈的掌声。

每个人都有喜欢被别人赞美的心理，即使那些平时说讨厌赞美的人其实内心也是喜欢听赞美话的。最重要的是，你的赞美话要说得巧妙，恰到好处。被赞美的人就会怡然自得了。

第三章　赞美是为人处世的有力武器

　　恰到好处地赞美别人，让别人情不自禁地感到愉悦和鼓舞，从而对赞美者产生亲切感。彼此的心理距离因为赞美而缩短、靠近，从而达到赞美者的目的。善于赞美他人，往往会成为你为人处世的有力武器。

赞美的话要说到对方心里

　　赞美的话要说到对方心里。

　　对于任何一个人而言，最值得赞美的，不应是他身上早为众所周知的明显长处，而应是那蕴藏在他身上，既极为可贵又尚未引起重视的优点。正如安德烈·毛雷斯曾经说过的："当我谈论一个将军的胜利时，他并没有感谢我。但当一位女士提到他眼睛里的光彩时，他表露出无限的感激。"

　　于是，我们找到一把钥匙来打开他人的渴望赞美的隐秘之门。只要你观察他们最爱谈的话题便可。因为言为心声，他们心中最希望的，也是他们嘴里谈得最多的，你就在这些地方去赞美他。

几句恰到好处的赞美很重要。

一个叫凯雷的人，自己对赞美的妙处总结道："有一回，我得到机会对身居最高法院大法官的博罗试用赞美术。你知道，大法官总是铁面无私的一副面孔，其内心世界隐藏得很深。那时，博罗刚刚在西部某大学做完演讲。但我很明白，如果我对这位老先生说一些关于他的演讲的话，是不会讨好他的。于是我对他说：'大法官，我真想不到一位主宰最高法庭的人，会这样富有人情味。'他立刻对我微笑起来。

"有不少人，他们喜欢听相反的话；更有许多的人，喜欢别人把他们当作思想家。有一回，我与一个人讨论一个颇有争议的社会问题，我对他说：'因为你是这样的冷静、敏锐，因此我想知道，我们究竟应该站在什么立场？'他听了我的话，立刻现出满面春风的样子，并详细对我说了他对此事的立场态度。原来此人是愿意人家说他是敏锐、冷静的。"

吉斯菲尔告诉我们："几乎所有女人，都是很爱美的，并且常常希望别人赞美这一点。但是对那些有沉鱼落雁之容、闭月羞花之貌的倾国倾城的绝代佳人，那就要避免对她容貌的过分赞誉，因为她对于这一点已有绝对的自信。如果你转而去称赞她的智慧、仁慈，如果她的智力恰巧不及他人，那么你的称赞，一定会令她芳心大悦、春风满面的。"毫无疑问，吉斯菲尔的话，能启发我们赞美的思路。

不要碰别人疼处。

大李去老吴家拜访，见墙上挂着一幅照片，照片上是一个十七八岁的女孩。大李问："这是……"老吴回答："哦，我女儿。"大李一阵猛夸孩子长得漂亮乖巧，赞老吴命好，却没有得到老吴多少回应。后来，大李才在偶然之中，从别人口里得知老吴的女儿在几年前因为车祸离开了老吴。虽说不知者无罪，但大李要是警醒一点的话，或者会话水平高一点，是不至于拼命夸赞，甚至说什么命好之类的话去伤害老吴的。

赵总今年四十岁，但看起来比较显老。一天，来了一名新员工，在办公室聊天，新员工说赵总显得年轻。赵总就让他猜猜他的年龄，新员工说："您最多五十。"赵总很失望地摇摇头，周围的老员工也忍不住在偷偷地笑。新员工连忙问："那我猜的与您的年龄相差多少呀？"赵总说："十岁。"新员工兴奋地说："您真显年轻，说您六十岁，我还真不信。""哎呀，您原来是四十岁，您看我真笨，猜得太离谱了！"

由上面的两个例子可见，没有把握的事情，切不可随意贸然行事、放肆赞美。如果一定要赞美，不妨先尽量来点火力侦察，探探底，摸摸情况再做是否深入的定夺。

赞美要具体明确

英国著名哲学家培根说："即使是真诚的赞美，也必须恰如其分。"这里所说的恰如其分，是指赞美别人要具体、确切，避免空泛、含混。赞美是需要理由的，赞美越具体明确，就越能让人觉得真诚、贴切，其有效性就越高。相反，空泛、含混的赞美由于没有明确的赞美理由，经常让人觉得难以接受。

比较一下下面两个例子：

甲："你的论文非常有创新性，比如关于智能家居方面的问题，提得非常好，不但让大多数人没想到，而且你竟然提出了改正意见。相信你对自己的文章也非常满意。"

乙："你的论文写得真是太棒了，我觉得非常好。"

甲乙两个人虽然同时表达了赞美之情，但甲的赞美更实在，更容易让人接受。而乙的话却说得像是场面话，缺乏那么一点诚意。所以，在赞美别人时，不妨把话说得具体、清楚些。

要知道，当你夸一个人"真棒""真漂亮"时，他的内心深处就会立刻产生一种心理期待，想听听下文，以求证实："我棒在哪里？""我漂亮在哪里？"此时，如果你没有具体化的表述，就会让对方非常失望。所以，你就应该证明给他看。

王小姐是一个大型企业的总裁秘书，有三个客人都跟她说想要见她的领导。

第一个客人对她说："王小姐，你的名字挺好的。"当时王小姐心里特想听听她的名字好在哪儿，结果，那位客人不再说了。王小姐感觉那个人不真诚。

第二个客人说："王小姐，你的衣服挺漂亮的。"王小姐立刻想听听她的衣服哪里漂亮，结果也没了下文，话还是没有说到位，让王小姐很失望。

第三个客人说："王小姐，你挺有个性的。"当王小姐想知道自己到底有什么样的个性时，那个客人接着说："你看，一般人都是把手表戴在左手腕上，而你的戴在右手腕上……"王小姐听后，感觉自己确实有点与众不同，很高兴，于是就让第三个客人见了她的领导，结果签了一个 10 万元的单子。这 10 万元对于第三个客人来说，是很大的一笔生意。

上例中前两位客人由于赞美的话都是泛泛之词，只有第三位把赞美的话具体化，最终签了大单。可见，赞美之词应当讲究具体才行。

而像"你太漂亮了""你真棒""你真聪明"之类的赞美，比较笼统、空洞，缺乏真诚，会给人一种敷衍的感觉，会让人怀疑你的动机不纯，容易引起对方的反感与不满。

但是，如果你能详细地说出她哪里漂亮，他什么地方让你感觉很棒，他怎么聪明，那样，赞美的效果就会大不相同。因为具体化，是真实存在的，对方自然就能由此感受到你的真诚、可信。因此，赞美只有具体化，才能深入人心，才能与对方内心深处的期望相吻合，从而促进你和对方的良好交流。

那么，我们如何观察、发现对方具体的优点，并用恰当的语言表达出来呢？

1. 指出具体部位的亮点

我们可以从他人的相貌、服饰等方面寻找具体的闪光点，然后给予评价。

比如，当你赞美一位女士时说"你太漂亮了"，不如说"你的皮肤真白；你的眼睛很亮；你的身材真高挑，在美女群中很抢眼……"她的脑海里就会马上浮现出"白皙的皮肤，明亮的眼睛，苗条的身材……"

这样，你的赞美之词就会让她难以忘怀。因为具体化的东西往往是可视、可感觉的，对方自然能够由此感受到你的真诚、亲切与可信。

2. 和名人做某种比较

对于外表的赞美，倘若能结合名人来做比较，效果会更好。社会名人和明星往往是大家喜欢甚至崇拜的对象，他们的知名度也比较高。

如果你想夸赞某人，若能指出他的整体或某个部位像哪一位名人或明星，自然就提高了他的形象。

3. 以事实为根据进行引申

用事实做根据，从而引申出对性格、品位、气质、才华等方面的赞美。

比如：当你看到一位女士佩戴的珍珠项链，你可以这样赞美她："您真有品位，珍珠项链显得自然高贵，英国的戴安娜王妃就最喜欢珍珠首饰了。"

当你看到同事家的墙上挂着结婚照时，可以这样说："你应该多送你太太礼物。"同事不解地问："为什么？"你若这样解释："因为你娶了一位电影明星啊。"他听到这样的夸赞后，心里一定美极了。

在人际交往中，要想使我们的赞美效果倍增，就要学会具体化赞美，即在赞美时具体而详细地说出对方值得赞美的地方。这样既能让对方感受到我们的真诚，又能让我们的赞美之词深入人心。

谦虚讨教也起到赞美作用

每个人都有"好为人师"的心理，所以，在许多时候以低姿态，有针对性地去请教他人，也可以起到赞美他人的作用。恰到好处地使用此种方式，既成功地赞美了别人，又能给人留下虚心好学的好印象。

有位朋友金文，他认识许多学术界的泰斗，并常常得到他们的指点。问及他们之间的相识，也是缘于赞美运用得法。因为有很多人也曾拜访过这些大师，但往往谈不了几句便无话可说，很快被"赶"了出来，而他竟成为大师们的座上客，其中自有奥秘。作为准备在学术领域有所建树的金文，自然也很仰慕这些大师，他得知拜访这些人不易，每次在拜访一位第一次见面的专家时，他先将这个人的专著或特长仔细研究一番，并写下自己的心得。见面之后，先赞扬其专著和其学术成果，并提出自己的想法。由于他谈的正是大师毕生致力于其中的领域，自然也就激发了大师的兴趣，并有了共同话题。谈话中，金文又提出自己不理解的地方，请求大师指点，在兴奋之际大师自然不吝赐教，于是金文既达到了结交的目的，又增长了许多见识，并解决了心中的疑惑，可谓一举多得。

此例中，金文就在有求于人时，巧妙地运用了请教式赞语。金文所请教的，正是对方引以为自豪并最感兴趣的，自然使对方高兴，使其心理得到满足，此时，金文的问题也就不成为问题了。当然，这个例子，只是生活中的一个方面，如果运用恰当，在生活的方方面面，都能行得通。

在现实生活中，人们常常因为这样那样的原因与别人产生矛盾，引起争吵和纠纷。对于人际关系中始料不及的纠纷，如果不及时解决，容易使双方积怨加深，妨碍彼此正常的工作、生活，甚至会给别人带来不良影响。因此，巧妙地赞美他人能调解纠纷，化干戈为玉帛，避免不必要的损失，让人际关系变得和谐融洽。

1. 维护双方形象

不对矛盾的双方进行批评指责，相反，分别赞美争执的双方，肯定他们各自的价值，使他们感到再争执下去只会损害自己的形象，因而自觉放弃争吵。

星期天，小陈一家包饺子，婆婆擀饺子皮，小陈夫妻俩包。不一会儿，儿子从外面跑进来说："我也要包。"

婆婆说："大刚乖，去洗了手再来。"

小陈儿子没动地方，在一旁蹭来蹭去。妻子叫道："蹭什么！还不去洗手，看，弄得一身面粉，我看你今天要挨揍。"

"哇……"5岁的大刚竟哭起来。

"孩子还小，懂什么？这么凶，别吓着他！"婆婆心疼孙子了。

"都5岁了还不懂事，管孩子自有我的道理。护着他是害他！"

"谁护着他了，5岁的孩子能懂个啥，不能好好说吗？动不动就吓他！"

小陈一看，自己再不发话，"火"有越烧越旺之势，便说："再说，今天这饺子可就要咸了哟！平日里，街邻、朋友都说我有福气，羡慕我有一个热情好客、通情达理的母亲，夸奖我有一位事业心强的妻子，看你们这样，别人会笑话的。大刚还不快去让奶奶帮你洗洗手，叫奶奶不要生气了。"又转向妻子说："你看你，标准的'美女形象'，嘴噘得都能挂十只桶了。生气可不利于美容呀！"妻子被他逗乐了。那边，母亲正在给孩子擦着身上的面粉，显然气也消了。

2. 唤起当事人的荣誉感

讲述吵架者可引为自豪的一面，唤起其内心的荣誉感，使其自觉放弃争吵。

在一辆公共汽车上，乘务员关车门时夹住了乘客，但自己还不认账，这时一青年打抱不平，对乘务员说："你是干什么吃的！不爱干，回家抱孩子去！"乘务员的"嘴"像刀子，两个人吵了起来。这时，车上有位老工人挤了过去，拍拍青年的肩膀说："小丁，你当机修大王还不够，还想当个吵架大王吗？"青年说："师傅，我可不认识你呀！""我认识你，上次我去你们厂，你站在门口的光荣榜上欢迎我，那特大照片可神气呢！"小伙子一下红了脸。老工人说："以后可不要再吵架了，这不是解决问题的办法。"一场纠纷就这样平息了。

3. 恰当地"褒一方，贬一方"

人们在吵架的时候经常为了谁对谁错、谁好谁坏而争执不休。因此，劝架者应不对双方道德上的孰优孰劣做出判断，而是在二者个性、能力的差异上适当地"褒一方，贬一方"，使被褒的一方获得心里满足，并放弃争执，而又不伤害被贬的一方，使劝解成功。

小陈和小杨是某学校新来的年轻教师，小陈心细，考虑事情周到，小杨有些鲁莽，但业务能力较强。一次，两个年轻人发生了争执，小陈说不过小杨，感觉很委屈，跑到校长处诉苦。校长拍拍小陈的肩膀说："小陈啊，你脾气好，办事周到，这个大家都清楚，也都很欣赏，可是小杨天生是个暴脾气，牛脾气一上来什么都忘了，等脾气过去了就没事。你是一个细心人，懂得如何团结同事、搞好工作，你怎么能跟他那暴脾气一般见识呢？"一番话说得小陈脸红了起来。

4. 大事化小，小事化了

缩小争端本身的严重性，使一方或双方看淡争端，从而缓和情绪，平息风波。

一对新婚不久的夫妻因家庭小事闹矛盾，女方一气之下跑回娘家哭诉告状，说男方欺负她。哥哥听罢心想：妹妹结婚不久就遭妹夫欺负，日后还有好日子过？于是，气愤地扬言要去教训妹夫。这时，父亲对儿子说："教训他？别冲动！教训他就能解决问题吗？好了，你妹妹家里的小事，用不着你操心，还有我和你妈呢。你多管些自己的事去吧。"

待儿子离开后，父亲又劝慰女儿说："别哭了，又不是什么大不了的事，都结婚出嫁了，还要小孩子脾气，多羞人。小夫妻哪有不吵架的，我当初和你妈就常吵闹呢。不过，夫妻吵架不记仇，夫妻吵架不过夜。你不要想得太多，日后凡事要大度些，不要像在娘家那样娇气任性。好，快点回你们小家去，不要让他到这里来找你，他是个不错的小伙子。家丑不可外扬，以后，丁点儿小矛盾不要动不动就往娘家跑。"

女儿点头止哭，像没事一样，回她的小家去了。

夫妻吵架本是平常的事，而当事人本身却认为事情很严重。因此，父亲在劝慰女儿的过程中，始终强调夫妻闹别扭只是"丁点儿"小事情，促使女儿把争端看得淡一点。女儿在冷静思考之后，认同了父亲的看法，思想疏通了，气也自然消了。

背后的赞美有奇效

我们都知道，在背后说一个人的坏话是会传到当事人的耳朵里，但是却很少想过，在背后赞美一个人也是会传到对方耳朵里。我们总是在朋友、同事或者上司面前拼命地想尽办法说出些打动他们的话，但是很多时候却没看到什么效果。殊不知，在背后的赞美往往会有奇效。

有一家公司的经理，是一个很有才能的人，但是脾气比较古怪。由于经理对公司的经营有方，使得公司赢利丰厚。所以，经理难免心里飘飘然，希望多听到下属对自己的称赞。

刚开始，每当经理谈成一笔生意的时候，下属们都交口称赞，经理也很得意，心花怒放。可是时间久了，经理感觉这样的赞美太单一，也觉得这样的称赞缺乏诚意，有些索然无味了。就算有人当着他的面，把他夸上了天，他也显露不出一丝的满意。因此，当着经理的面，大家都不知道该赞美好呢，还是默不作声好。

有一次，经理又成功地谈成了一笔大生意，非常开心地和下属们开庆祝会。公司里新来的小彭一直都很景仰经理，这次更感觉经理是商业上的天才，因此，忍不住向身边的同事赞美起了经理，并表示能跟着这样的经理做事，真是受益匪浅，还说要以经理为目标。

后来，经理从别人的口中听到了小彭对自己的夸赞，心里十分开心，他满意地对大家说："像小彭这样工作努力又谦虚的员工，才是我们公司要培养的目标啊。"

可见，如果你要赞美一个人时，背后说的效果往往比当面说的效果不知道要好多少。因为，当面夸赞一个人，别人也许会以为你是在讨好他，可能不会放在心上。而背后赞美一个人，往往让别人觉得你特别真诚，他也会打心底高兴，对你也会产生好感。换个角度想，如果有人告诉你，某某在背后说了你很多好话，你是不是也会特别高兴呢？

在日常生活中，如果我们想赞扬一个人，不便对他当面说出或没有机会向他说出时，可以在他的朋友或同事面前，适时地赞扬一番。

据国外心理学家调查，背后赞美的作用绝不比当面赞扬差。此外，若直接赞美的程度不够会使对方感到不满足、不过瘾，甚至不服气，过了头又会变成恭维，而用背后赞美的方法则可避免这些问题。因此，有时不适合当面赞扬时，不妨通过第三者间接赞美，这样的效果可能会更好。

每个人都认为"天生我材必有用"，工作中的每一点成绩都将使自己有一种自豪感。所以，在工作中恰到好处地赞美合作者所付出的汗水、努力，会使对方感到自己在工作中的价值，获得心理上的满足，使合作双方的关系更融洽。

借用他人的言论赞美对方

每个人都喜欢被赞美的感觉，所以很多人都利用这一点去换得他人的好感，但是老是当面赞美别人，即便语言再动听，听多了也是会麻木的。其实有一种赞美别人的方式，那就是通过第三人之口去赞美一个人，这是你与那个人关系融洽的好方法。

比如，若当着面直接对对方说"你看起来还那么年轻"之类的话，不免有点恭维、奉承之嫌。如果换个方法来说："你真是漂亮，难怪某某一直说你看上去总是那么年轻!"可想而知，对方必然会很高兴。因为一般人的观念中，总认为"第三者"所说的话是比较公正的、实在的。因此，以"第三者"的口吻来赞美，更能得到对方的好感和信任。

1997年，金庸与日本文化名人池田大作展开一次对话，对话的内容后来辑录成书出版。在对话刚开始时，金庸表示了谦虚的态度，说："我虽然与会长（指池田）对话过的世界知名人士不是同一个水平，但我很高兴尽我所能与会长对话。"池田大作听罢赶紧说："你太谦虚了。您的谦虚让我深感先生的'大人之风'。在您的72年的人生中，这种'大人之风'是一以贯之的，您的每一个脚印都值得我们铭记和追念。"池田说着请金庸用茶，然后又接着说："正如大家所说'有中国人之处，必有金庸之作'，先生享有如此盛名，足见您当之无愧是中国文学的巨匠，是处于亚洲巅峰的文豪。《左传》有云：'太上有立德，其次有立功，其次有立言，是之谓三不朽。'在我看来，只有先生您所构建过的众多精神之价值才是真正属于'不朽'的。"在这里池田大作主要采用了"借用他人之口予以评价"的赞美方式，无论是"有中国人之处，必有金庸之作"，还是"太上……三不朽"等，都是舆论界或经典著作中的言论，借助这些言论来赞美金庸，显然既不失公允，又能恰到好处地给对方以满足。

在人际交往中，我们要善于借用他人的言论来赞美对方。这种方式，不仅让人觉得很自然，而且更能达到效果。一般说来，人受到不熟悉的第三者的赞美时比受到自己身边的人的夸奖更为兴奋。

假借别人之口来赞美他人，可以避免因直接赞美而导致的吹捧之嫌，还可以让对方感觉到他所拥有的赞美者为数众多，从而在心理上获得极大的满足。虽然每个人都爱听赞美的话语，但并非任何赞美之语均能使人感到愉悦。因此，在赞美一个人的时候，既要做到实事求是，又要运用一定的策略性手段。别出心裁的赞美，往往能产生神奇的效果，甚至有意外的收获。

被赞美时要大方回应

在中国，做人谦虚一直是主流教育。我们总是下意识地

"解剖"自己的不足，或是"习惯性"地回夸。有的人这个时候甚至会表现很腼腆，或者很尴尬。

这种"下意识"反应，一般由下面两种原因造成：

"认知失调"是其中之一，美国社会心理学家——费斯汀格，在他的《认知失调论》中提到过，他人对自己的认知和我们的自我认知相冲突的时候，就会导致认知失调。什么是认知失调？简单来说，就是别人夸你，而你又觉得自己没必要被夸，这时，就可能认知失调。《认知失调论》中说："这种心理反应，会引起心理紧张，而当事人会'下意识'否定别人，来找寻心理平衡点。"这种反应的直观反馈就是，当事人开始"自我反思"。

"后天养成"则是另一种原因。一般来说，被夸奖人在听到别人的夸奖后，心里其实很得意："那是肯定的！"但是嘴上依然很谦虚。这种条件反射式的回应，多半是因为被夸奖者的家人、同事和周围的人收到赞美会感到尴尬，然后这种尴尬彼此感染，形成了习惯。

那该如何回应他人的赞美呢？

有一位商业心理学家说过："当有人赞美你的时候，他们在和你分享你的行为对他们的影响。他们并不是在问你是否同意。"我们都知道赞美别人是礼貌的行为，但是有时候我们会觉得这是客套，所以才需要客套回去。

其实，接受别人的赞美，和赞美别人一样是礼仪问题。别人赞美了你，是对你的鼓励，你当然要以感谢来回应，这是很正常的表现方式。

所以，在被赞美时，不要感到难堪，也不要有过多的想法，要学会得体、大方地回应。

一、回应因人而异

当对象是长辈，或者是领导的时候，要先表示感谢，然后可能说，要以对方为榜样，还要继续努力。同时，在说这些话的时候，一定要保持微笑。比如，微笑着说："您过奖了，我还有很多地方要向您学习请教呢。"

如果对象是朋友或同事，要先表示感谢，再大体赞同对方的夸奖，最后表示自己还有很多地方有待学习。比如，有人说："你是我们不可多得的技术能手。"对此，可以这样回应："谢谢夸奖，虽然领导比较认可我，但是，我做得还不够好，咱们一起努力。"

二、适度表示谦虚

中国人讲究谦恭礼让，谦虚是一种传统美德，所以当别人在夸奖你的时候，你也应该谦虚地回应。比如：别人在夸你努力的时候，就可以回答："其实我这人有点笨，所以就勤快点，勤能补拙嘛。"

别人在夸你年轻有为时，就说："哪里哪里，我还有很多要学习的地方，都是朋友帮忙。"

别人在夸你聪明的时候，就可以说："没有没有，碰巧我那天看过一点。"

别人夸你人品好的时候，就可以说："人家对我也很好。"

或者，你也可以多用一些客套词，像愧不敢当、过奖了、谬赞了、承蒙夸奖（抬爱）、这是我分内的事等。

三、及时回赞对方

这里，有一个公式可以套用：感谢对方＋夸奖对方。比如，当长辈阿姨们称赞你"漂亮大方"时，你也可以甜甜对她们说："谢谢阿姨夸奖，不过阿姨保养得可真好，优雅又有气质。"阿姨们听完也会很开心。只是说几句的事情，可以让彼此都开心，何乐而不为呢？

别人夸你一句，你回夸一句，这才是社交。如果是比较要好的朋友称赞你的话，也不妨以开玩笑的方式回答他们。比如：

"我很佩服你的心胸。"

"哎呀，瞎说啥大实话呢。"

"低调，低调，为我保密哦。"

对于赞美，不应表现得太得意，或是害羞、木讷，在感谢对方对你的评价的同时，要对自己有一个正确的估计，在此基础上，再结合巧妙的话进行回应，这样，才能体现出你的高情商。

掌握赞美的方法

在生活中每个人都少不了要对他人进行赞美，因此，一定要掌握赞美他人的方法。只要你掌握了以下几个赞美的方法，赞美对你来说便不再是件难事。

1. 直言夸奖法

夸奖是赞美的同义词。直言表白自己对他人的羡慕，这是人们用得最多的方法。老朋友见面说："啊！你今天精神真好啊！"年轻的妻子边帮丈夫打领带边说："你今天看上去气色好多了。"一句平常的体贴话，一句出自内心的由衷赞美话，会让人一天精神愉悦，信心倍增。

2. 肯定赞美法

人人都有渴望赞美的心理需求，在特定的场合更是如此。例如，在报上发表了文章，成功地完成了论文，苦心钻研多年的项目通过了鉴定等，对这些，人们都希望得到别人的肯定。这时，不失时机给予真诚的赞美会使被赞美者高兴万分。

大家都知道张海迪的故事，她曾应日本友人之邀，赴日本参加特意为她举行的演讲音乐会。在台上，她第一次用自学的日语做了自我介绍，并唱了几首她自己创作的歌。讲完之后，她是多么希望得到别人的赞许、鼓励和褒扬啊！这时，日本著名作家和翻译家秋山先生，上台来紧紧抱住她，说："讲得太好了，我们全都听懂了！"这简短的赞扬深深地打动了她，使她对自己有了一个清楚的认识，增强了自信心。

3. 意外赞美法

出乎意料的赞美，会令人惊喜。因为赞美的内容出乎对方意料，会大大引起对方的好感。卡耐基在《人性的弱点》一书中写了一个他曾经历过的故事。

一天，卡耐基去邮局寄挂号信，办事员服务质量很差，很不耐烦。当卡耐基把信件递给他称重时，说："真希望我也有你这样美丽的头发。"闻听此言，办事员惊讶地看了看卡耐基，接着脸上露出微笑，服务变得热情多了。

4. 反向赞美法

指责与挑剔，每个人都难以接受。把指责变成赞美是难以想象的，能真正做到更是不易。但世界著名企业家洛克菲勒做到了。

洛克菲勒是一位很具吸引力的企业家，使许多有才能的人团结在他周围。一次，公司职员艾德华·贝佛处置工作失当，在南非做错一宗买卖，损失了100万美元。洛克菲勒知道后没有指责贝佛，他认为事情已经发生了，指责又有何用。于是找了些他可以称赞的事，恭贺贝佛幸而保全了他所投金额的60%。贝佛感动万分，从此更努力地为公司效力。

不管怎样，人总是喜欢别人赞美的。有时，即使明知对方讲的是赞美话，心中还是免不了会沾沾自喜。这是人性的弱点。换句话说，一个人受到别人的夸赞，绝不会觉得厌恶，除非对方说得太离谱了。

中 篇

会幽默：幽默是生活的阳光

第一章　幽默来源于生活

生活有太多乐趣和美好，需要睁大好奇的眼睛，用心体会，要对人怀有善意，要发现有趣的事物，放松自己的心情，同时也能给周围的朋友带来笑声。

幽默就在我们身边

幽默在生活中起着重要的作用。工作时，上司可能因为你幽默风趣、机敏睿智，而对你大加赞赏或提拔重用；爱情中，你所追求的异性可能因为你妙语连珠、诙谐幽默，而对你青睐有加；人际关系中，人们可能因为你大方得体的幽默口才而对你加倍称赞。总之，无论在什么场合，幽默都会给你带来一次次惊喜、一份份意想不到的收获。

有一个叫沈保泉的大学生，在部里实习时，小伙子特别腼腆又不善言语，没等开口就先紧张了。"大家好！我叫沈保泉，沈阳的阳！保卫的卫！泉水的水！"呵呵！好嘛！经他嘴里这么一转，名字竟然成了"阳卫水"了。幽默是一种语言艺术。无

论你是主观的故意还是无意，其结果都是令人开怀一笑，使人
轻松愉快，这就是幽默的魅力，也是它的价值所在。

有一位朋友曾给我讲过这样几件事：

一次我们在陵水县一家包子店吃饭，进来一位客人问老板：
"老板这是什么馅？"店主说："陵水县！"客人急了："我问你
这是什么馅？""是陵水县呀！"老板显然是很认真地回答。

办公室小林去考驾驶证，在教练的监督下正通过一段公路，
突然，一只鸭子从路边蹿上来，教练急忙提醒："鸭！鸭！鸭！"
"压？"小林犹疑地看看教练，教练更急了，指着车前的鸭子叫
喊："鸭！鸭！鸭！"小林一踩油门准备压过去了。教练愤怒地
喊到："你为什么要压它？"小林委屈地问道："您！您不是喊让
我："压，压，压，吗？"

这天小林和一位朋友去吃饭，饭局快结束时，那位朋友起
身说："我走先了！"小林听成"我交钱了"，还挺高兴的。可
当他起身要离开时，服务员就挡住问："先生！请问谁埋单？"
小林纳闷了："哎！不是刚才我那位朋友说他交钱了吗？""没有
呀！刚才他说'我走先了！'就是他先走了！"经服务员这么一
解释小林好像有点明白了……

生活中的幽默有很多，只要我们留意，幽默就在身边；只要
我们稍稍留意，你就会快乐无比。所以说，生活离不开幽默，幽
默又来源于生活。我们每个人既是幽默的分享者又是幽默的制造
者；有时候你可能会为自己的一个"口误"或者一次"滑稽"而
懊恼。没关系！因为你的"尴尬"在别人眼里或许已经成了一种
幽默，会博得别人开心一笑，笑能解千愁嘛！这就是生活。

幽默让生活多彩多姿

　　有一次，有个英国人问某位法国总统说："请问总统先生，是不是你们法国女人，比其他国家的女人更迷人呢？"法国总统说："你说得没错！我们法国女人二十岁时，美如花；三十岁时，像一首情歌；四十岁时，就更完美了！"英国人又问："那四十岁以后呢？"法国总统机智地说："我们法国女人，不论她几岁，看起来都不会超过四十岁呢！"

　　许多人总误以为"幽默"不过是讲几个笑话，博君一笑罢了。然而真正的幽默能启发人心，富有智慧哲理，更是生活的"调味剂"。

　　我们要学会从生活中寻找快乐，学会幽默。幽默可以通过自身的特殊作用将现实中偶然的"快乐"变成必然，因此幽默便成了我们生活中不可缺少的一份调味剂。而我们要注意的则是这份调味剂的质量和我们用它来调剂生活大餐时的用量。

　　生活是一份大餐，而这份大餐是否美味就取决于我们每一个人在这道菜中对幽默这种调味剂的把握了。

　　"偷换概念"能造成幽默效果。请看下面这样一段一个家教老师和一个孩子的对话：

　　老师："今天我们来温习昨天教的减法。比如说，如果你哥哥有五个苹果，你从他那儿拿走三个，结果怎样？"

　　孩子："结果嘛，结果是他肯定会揍我一顿。"

从数学的角度来看，孩子的这种回答是不对的，因为老师问的"结果怎样"很明显是"苹果还剩下多少"的意思，属于数量关系的范畴，可是孩子却把它转移到未经哥哥允许拿走了他的苹果的生活逻辑关系上去。不过，恰恰是因为偷换了概念才使这段对话产生了一种幽默的效果。类似的例子在生活中很常见。我们来看这样一个例子：

小明："你说踢足球和打冰球比较，哪个门好守？"

小强："要我说哪个门也没有对方的门好守。"

常理上来说，小明问的"哪个门好守"应该是指在足球和冰球的比赛中，对守门员来说本方的球门哪个更容易守，而小强的回答一下子转移到比赛中本方球门和对方球门的比较上去了。

概念被偷换了以后道理上讲得通，显然这种"通"不是"常理"上的通，而是另一种角度上的通，但正是对这种新角度的观察，显示了说话者的幽默。

当你在与人分享欢乐时，你同时也向人们证明，不必为生活琐事上的不如意而烦恼。幽默能够帮助你和周围的人们卸下心头的负担，好好地享受生活。

有一户人家，一贫如洗，一小偷夜入家门，主人虽然清楚，但很坦然，随便小偷去偷。小偷摸到了米缸，脱下身上衣服，想用衣服包米，主人想这是明天的食物，不能让他偷走，于是顺手把小偷的衣服拿了过来。小偷找不着衣服，惊醒了妻子，妻子告诉丈夫有小偷。丈夫说："没有小偷，睡吧！"小偷说道："没有小偷，我的衣服怎么不见了？"

这则笑话中的小偷反客为主，斥问主人，令人好笑。

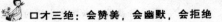

听一位列车员朋友说过这样一件事：

列车员看到一位老大娘的火车票说："大娘，这是从南京到上海的车票，可我们这趟车是到北京去的。"

老太太一脸严肃地看着列车员，问道："怎么，难道就连火车司机也没发现他开的方向不对吗？"

老太太以自我为中心，认为火车走错了方向，并要求司机转向，事理荒谬而可笑。

所以说，风趣幽默是我们生活大餐中不可或缺的一剂调味品，它能舒缓我们紧绷的神经，放松我们烦躁的心情，使我们的生活变得多彩多姿。

幽默并非天生

幽默有时让人感到神秘。有人想学，却无法学会；有人没怎么学，却脱口而出。于是，有些不够幽默的人便认为：我不幽默，是因为我没有幽默细胞。下面笔者用人文的视角来分析幽默的构成。

只要我们留心那些幽默感十足的人，就会发现他们的心理素质一般都优于常人，而良好的心理素质也不是天生的，需要后天的锻炼和培养。一个常常为自己的职业、容貌、服饰、年龄等因素而惴惴不安、自惭形秽的人，如何在适当的场合进行优雅地表演？

安徒生很俭朴，经常戴个老式的帽子在街上行走。有个过路人嘲笑他："你脑袋上边的那个玩意儿是什么？能算是帽子吗？"安徒生干净利落地回敬："你帽子下边的那个玩意儿是什么？能算是脑袋吗？"没有高度的自信，恐怕安徒生早就在他人的取笑中发窘，或者勃然大怒，哪能灵光一现，回一个绝妙的反击？

冷静也是幽默高手的一项心理特质。只有在头脑冷静的情况下，人们才能迅速抑制引起消极心理的有关因素，同时激发引起积极心理的有关因素。英国首相威尔逊在一次群众大会上演讲时，反对者在下面鼓噪，其中一人破口大骂。面对听众可能产生的误解和骚动，威尔逊首相沉稳地回以宽厚的微笑，非常严肃地举起双手表示赞同，说："这位先生说得好，我们一会儿就要讨论你特别感兴趣的脏乱问题了。"捣乱分子顿时哑口无言，听众则报以热烈的掌声。

乐观是幽默高手具有的另一个重要素质。俄国著名寓言作家克雷洛夫早年生活穷困。他住的是租来的房子，房东要他在房契上写明，一旦失火，烧了房子，他就要赔偿 15000 卢布。克雷洛夫看了租约，不动声色地在 15000 后面加了一个零。房东高兴坏了："什么，150000 卢布？""是啊！反正一样是赔不起。"克雷洛夫大笑。没有幽默感的人不会积极地看待这个世界，不会乐观地看待自己的生活。当然乐观不是盲目的，而是有所依附，是一种透彻之后的豁达。乐观地看待你的生活，幽默自然而生。

良好的心理素质是幽默的根基，幽默的主干是具有广博的知识。因此，提高自己的幽默水准，需要不断地拓展知识门类和视野，提高对事物的认知能力。

有了根基与主干后，幽默要开花结果，还需要一些具体的枝叶。也就是说，究竟哪些话容易形成幽默，给人带来笑声呢？

首先，奇特的话使人开心而笑。幽默的最简单的表现方法就是令人惊奇地发笑。康德所讲的"从紧张的期待突然转化为虚无"，正是基于幽默的结构常常能造成使人出乎意外的奇因异果。例如，爸爸对儿子说："牛顿坐在苹果树下，忽然有一个苹果掉下，落在他的头上，于是，他发现了万有引力定律。牛顿是个科学家！""可是，爸爸，"儿子从书堆中站了起来，"如果牛顿也像我们这样整天放学了还坐在家里埋头看书，会有苹果掉在他头上吗？"本来爸爸是讲牛顿受苹果落地的启示，但儿子却冷不丁冒出一句不应该埋头读书的结论，真是出乎意外，超出常理。儿子的话新奇怪异，使人大大出乎意料，所以能引来别人的笑。相信故事中的爸爸在笑过之后，对于自己的教育方式会有所反思。

幽默就是要能想人之未想，才能出奇致笑。有人说："第一个把女人比喻成花的是智者，第二个把女人比喻成花的是傻瓜。"这句话似乎有点偏激，但新奇、异常的确是构成幽默的一个重要因素。

其次，巧妙的话使人会心而笑。运用幽默的核心是应该有使人赞叹不已的巧思妙想，从而产生令人欣赏的欢笑。俗话说："无巧不成书。"巧可以是客观事实上的巧合，但更多的是主观构思上的巧妙。巧是事物之间的某种联系，没有联系就谈不上巧。如果能在别人没有想到的方面发现或建立某种联系，并顺乎一定的情理，就不能不令人赏心悦目。

再者，荒诞的话使人会心而笑。幽默的内容往往含有使人忍俊不禁的荒唐话，从而使人情不自禁地发笑。俗话说："理不歪，笑不来。"荒谬的东西是人们认为明显不应该存在的东西，然而它居然展现在我们面前，不能不激起我们心灵的震荡。张三的女儿周岁那天，有上门祝贺的朋友开玩笑说闺女长大了给他儿子做老婆，两家结成亲家算了。指腹为亲在现在看来已经只是一种玩笑而已，当不得半点真，张三答应下来无伤大雅，粗暴拒绝则有看不起对方之嫌。张三巧妙地拒绝了，他说："不行不行，我女儿才1岁，你儿子就2岁了，整整大了一倍，将来我女儿20岁，你儿子就40岁了，我干吗要找个老女婿！"

风平浪静的水面，投进一块石头，就会一下子发出响声。常规思维的心理，被超常的信息搅扰，也会引起心花怒放。奇异、巧妙、荒谬的话就是超常的信息，就是幽默之所以致笑的要因，也是我们学会幽默应把握的要诀。

如果你知道一个人良好的气质该如何培养，也应该联想到一个人高超的幽默感是如何拥有的。

幽默是最理想的润滑剂，它能使人际关系更紧密。此外，幽默还是缓冲装置，可使一触即发的紧张局势顷刻间化为祥和。

幽默有利于婚姻幸福

有的夫妻懂得怎样去保护自己的幸福，维持婚姻中的爱情。他们以幽默来代替粗鲁无礼的语言，解决日常生活中的分歧。虽然他们也相互挑剔，也会产生争吵，但是经过幽默的语言之后，一切争吵都显得微不足道了。

所以，任何一个成了家的人，应当试着用幽默去保护自己的家庭。如果没有重大的分歧，幽默能使家庭生活始终处于最佳状态。

在我们周围，经常可以看到一些聪明的夫妇是怎样以开玩笑的方式来表达爱情的。

比如，男的说："我夫人从来不懂得钱是什么，她以为任何商品都是打5折的东西。"

女的说："所以我才会嫁给你，你的聪明也是打过折扣的。"

有一位先生对别人说："我太太和我闹矛盾，她想要一件新的毛皮大衣，而我想要一辆新车子。最后我们都妥协了，买一件毛皮大衣，然后把它收到车库里。"

有人当着吉姆妻子珍妮的面问吉姆："你们家里谁是一家之主？"

吉姆板着脸说："珍妮掌管孩子、狗和鹦鹉，而我为金鱼制定法律。"

那人又问吉姆："你公司里的那位秘书长得怎么样？"

吉姆仍然板着脸说："珍妮倒不在乎我的秘书长得怎么样，只要他是个男的。"

"听你的太太说，当年你刚娶她时，答应给她月亮的。"

"别提啦！"吉姆忍不住笑起来，"我是答应给她月亮的，因为那儿连一家百货公司也没有！"

试想一下，如果吉姆不能以幽默来回答这些问题，或者换上一个毫无幽默感的人来回答，结果会怎么样呢？

"故意曲解" 令生活其乐无穷

某人在一次宴席上问鲁迅："先生，您为什么鼻子塌?"

鲁迅笑着回答他说："碰壁碰的。"

在这个里面，是对自己生活坎坷经历的嘲讽。

在一次野外夏令营活动中，一位姑娘想把一只癞蛤蟆赶出营地，以免她的猫去咬它。她不断地向它跺脚，癞蛤蟆就接连向后跳。这时，旁边有人大声说："小姐，你就是抓住它，它也永远不会变成白马王子的。"小姐跺脚，意味着要赶走癞蛤蟆，但大家都知道童话中蛤蟆变王子的故事，所以也可以荒诞地用来意味她想抓住它，好使它变成英俊的白马王子。这一曲误的理解，确实挺有意思。

运用这种方式开玩笑，可以令生活其乐无穷。

一个人低头看地，可能他是在寻找东西，也可能是头疼难忍；一个人抬头望天，可能是鼻子出血，也可能是在数星星。当我们看到事物不同的表现形式时，要调查清楚，了解其实质。如果想当然，按既定经验判断，就会导致错误；当然，如果故意别解和误解，就产生了幽默，令生活倍增快乐。

一列新兵正在操练，排长大声叫着："向右转！向左转！齐步走！……"

一个新兵实在忍不住了，向排长问道："你这样打不定主意，将来怎么能带兵打仗?"

明显，这个新兵是在故意别解，才能产生如此有意思的局面，排长不但没有责怪新兵，还忍不住想笑出声来。

曾有一位女教师在课堂里提问："'不自由，毋宁死！'这句话是谁说的？"

有人用不熟练的英语回答："1775 年，巴特里克·亨利说的。"

"对，同学们，刚才回答的是日本学生，你们生长在美国却不知道。"

这时，从教室后面传来喊叫："把日本人干掉！"

女教师气得满脸通红，大声喝问："谁？这话是谁说的？"

沉默了一会儿，教室的一角有人答道："1945 年，杜鲁门总统说的。"

如此饶有风趣的回答，这位女教师还会"气得满脸通红"吗？

一位来自新加坡的老太太在游武夷山时，不小心被蒺藜划破了裙子，顿时游兴大减，中途欲返。这时导游小姐走近老人，微笑着说："这是武夷山对您有情啊！它想拽住您，不让您匆匆地离去，好请您多看几眼。"

短短的几句话，就像和煦的春风，把老人心中的不快吹得无影无踪了。

在日常生活中，一本正经地从事实出发，从常理出发，从科学出发，是找不到幽默感的，如果以一种轻松调侃的态度，将毫不沾边的东西捏在一起，在这种因果关系的错误与情感和逻辑的矛盾中，才可产生幽默。因此，我们常常能看到一些人，用这种"故意曲解"的方式来消除烦恼，去掉难堪，表达着乐观与博大。

用幽默展示温和的批评

　　如果你在餐厅点了一杯啤酒，却赫然发现啤酒中有一只苍蝇，你会怎么办？在你回答之前，让我们看看别人是怎么办的。英国人会以绅士的态度吩咐侍者："请换一杯啤酒，谢谢！"西班牙人不去喝它，留下钞票后不声不响地离开餐厅。日本人令侍者去叫餐厅经理来训斥一番："你们就是这样做生意的吗？"沙特阿拉伯人则会把侍者叫来，把啤酒递给他，然后说："我请你喝杯啤酒。"德国人会拍下照片，并将苍蝇委托权威机构做细菌化验，以决定是否将餐馆主人告上法庭。美国人则会向侍者说："以后请将啤酒和苍蝇分别放置，由喜欢苍蝇的客人自行将苍蝇放进啤酒里，你觉得怎么样？"美国人的这种处理方式既幽默，又能达到让人接受的目的。

　　一位顾客在某餐馆就餐。他发现服务员送来的一盘鸡居然缺了两只大腿。他马上问道："上帝！这只鸡连腿也没有，怎么会跑到这儿来呢？"

　　一位车技不高的小伙子，骑单车时见前边有个过马路的人，连声喊道："别动！别动！"

　　那人站住了，但还是被骑车的小伙子撞倒了。

　　小伙子扶起不幸的人，连连道歉。那人却幽默地说："原来你刚才叫我别动是为了瞄准呀！"

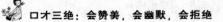

幽默并不是回避、无视生活中出现的矛盾，而是以幽默的方式展示一种温和的批评。设身处地地想想，在餐厅点的啤酒里有苍蝇，要的鸡少两只腿，走路无辜被骑车人撞倒，你还有心思开玩笑吗？

这修养，不知要多少年的火候才能修炼出来。由于有了幽默、洒脱的态度，生活中许多尖锐的矛盾，并不需要大动干戈就能得到解决。

幽默是一种可以表达不满的有力武器，但是这种武器不至于会让人满身伤痕，幽默的语言是一种运用幽默感来增进你与他人关系的艺术，要我们学会以善意的微笑代替抱怨，使生活变得更有意义。

有这样一则小幽默：在饭店，一位喜欢挑剔的女人点了一份煎鸡蛋。她对女侍者说："蛋白要全熟，但蛋黄要全生，必须还能流动。不要用太多的油去煎，盐要少放，加点胡椒。还有，一定要是一个乡下快活的母鸡生的新鲜蛋。"

"请问，"女侍者温柔地说，"那母鸡的名字叫阿珍，可合您心意？"

在这则小幽默中，女侍者就是使用幽默提醒的技巧。面对爱挑剔的女顾客，女侍者没有直接表达对对方所提苛刻要求的不满，却是按照对方的思路，提出一个更为荒唐可笑的问题以提醒对方：你的要求不要太过分了。

用调侃为口才添光彩

学会调侃，不仅可以营造愉悦的社交氛围，把严肃的谈话变得活泼轻松，使枯燥的话题富有情趣，还增加了彼此之间的亲和力和认同感，从而一扫精神上的羁束紧张，减轻了生活的压力，有益于身心健康。

调侃并非无聊的戏谑、矫情的卖弄，不是刻意地去制造一些令人生厌的庸俗笑料，它有别具一格的语言特色，它能让诙谐、幽默、妙趣横生的话题更有趣味。高明的调侃并不容易，需要常识，需要涵养，需要语言功底，需要独到的见解和有创意的思维，需要广博的阅历和丰厚的生活积淀。

在生活中，如能换一种心态，调侃一下生活，生活就会变得很快乐。会调侃的人还懂得如何给生活添加作料，受到不公平待遇也会泰然处之，即使心情郁闷，也能通过开玩笑的方式给别人传达某种信息。

在网络上，有人这样去调侃：

漂亮点吧，太惹眼，不漂亮吧，拿不出手；学问高了，没人敢娶，学问低了，没人要；活泼点吧，说招蜂引蝶，矜持点吧，说装腔作势；会打扮，说是妖精，不会打扮，说没女人味；自己挣钱吧，男人望而却步，男人养吧，说傍大款；生孩子，怕被老板炒鱿鱼，不生孩子，怕被老公炒鱿鱼。唉，这年月做女人真难，所以要对男人下手狠点。

帅点吧，太抢手，不帅吧，拿不出手；活泼点吧，说你太油，不出声、内向点吧，说你太闷；穿西装吧，说你太严肃，穿随便一点吧，说你乡巴佬；会挣钱吧，怕你包二奶，不挣钱吧，又怕孩子断奶；结婚吧，怕自己后悔，不结婚吧，怕她后悔；要个孩子吧，怕没钱养，不要孩子吧，怕老了没人养。这年头做女人难，做男人更难。男人，就要对自己好一点！

这是一种快乐的调侃，虽然没有太多深刻含义，但调侃终归是调侃，有点道理、有点情趣，能博人一笑就行了，因为生活需要这样的快乐。

在人际交谈中，如何能调侃一下自己和别人，不但能增加谈话当趣味，还能获得一份好心情？我们看这个例子：

在小区活动室玩牌的老张好久都没出现了。今天来，牌友老刘就问："老张啊，怎么这几天都没看见你啊？"

老张装出一本正经的样子说："别提了，我被'双规'了！"

老刘吓了一跳，忙问："啊？贪污了？不会吧！"

老张这才嘿嘿笑道："哈哈，我儿子、儿媳妇找我谈话喽，宣布我必须在规定时间、规定地点接送小孙子上幼儿园。"

说到这里，众人才恍然大悟，气氛一下子变得轻松融洽。

调侃还能躲避一些敏感的话题和一些不能正面回答的问题。在调侃中，你转移了别人对某个问题的关注，让紧张气氛变得轻松。

我们再看这个例子：

冬冬在路上邂逅多年未见的女同学，对方激动得手舞足蹈，这一情景被冬冬的女朋友看在眼里，心里很不是滋味。事后，女朋友就问冬冬那个女同学是不是喜欢他。冬冬一脸无辜地解释说："老婆大人，小的冤枉啊！我素来都有惧内的优良传统，从来都是你指东我不敢指西，哪敢做出有违圣旨的事啊？再说我这种一不高，二不帅，外加一个空口袋的人，她怎么会看上我呢？也就你看我一个人孤苦伶仃怪可怜的，出于人道主义收留我，我感恩戴德还来不及呢！"

冬冬的调侃使得女朋友笑开了怀，使劲捶了他一拳说："哼，叫你贫嘴！疼不疼？"

冬冬就接着说："痛并快乐着。这就叫执子之手，与子偕老！"

面对女友的怀疑，冬冬用诙谐的语言调侃自己，成功转移了话题，还博得了女友的欢心，两个人关系更加亲密和谐。所以说，严肃的事轻松表达，伤心的事玩笑表达，别人也会从你的调侃中感受到你的智慧。

此外，"篡改"一些脍炙人口的经典语句，让人乍听起来感觉熟悉但是细听才发现意思不同，也会起到很好的调侃效果。一些经典名句、熟语、歌词、广告，等等，是这种借鉴式调侃的最佳原料，比如：

钱不是问题，问题是没有钱。

钻石恒久远，一颗就破产。

水能载舟，亦能煮粥。

一山不能容二虎，除非一公和一母。

这个世界本没有路，走的人多了，有路也没有用了。

丑媳妇迟早见上帝。

洛阳亲友如相问，一手好牌愣没胡。

众里寻他千百度，蓦然回首，那人却在，结婚登记处。

适当调侃能增强谈话的趣味，能巧妙转移话题，但调侃也不能过度，否则也会引发别人的怀疑，以为你不尊重他，说在嘲笑他。因此，调侃要看时间、地点、对象，说话要分轻重，这样才能使调侃为你的口才增添光彩。

第二章 用幽默放松身心

世界卫生组织称工作压力是"世界范围的流行病"，过度的工作压力会引起焦虑、沮丧、易怒等不良情绪，造成各种生理上的疾病，如心血管疾病、头痛，或造成工作事故等。

对于工作压力，我们一方面要尽量避免；另一方面要学会自我调节。从现在起，学会用幽默缓解工作压力，学会用幽默自我安慰，使身心得到放松，重新以饱满的热情和积极的心态去工作。

幽默有助成功

时下，随着我国市场经济体制的建立，"自谋生路"的就业方式给求职者带来挑战。在过去被称为"天之骄子"的大学生想找一份好工作也不容易。当然，要谋到一个称心如意的职位，首先还要靠自身素质，但是其他因素也将对求职者的前途产生很大影响。比如在面试过程中，运用幽默技巧就有助于取得成功。

请看下面这个例子：

一位刚毕业的大学生在应聘一个工作职位时，要接受一项测验。当他做到其中一题——"cryogenics 是什么意思"时，他停下来苦思。最后，这位大学生写下了他的答案："意思是我最好到别处去工作。"结果，他取得了成功。

富有创意的思想加上幽默的力量，往往能使应聘者被认可。创造力，加上幽默力量的推动，能帮助我们更快去处理事情。其实创造力能激发一个人的潜能。我们可以运用富有创意的方式来达到某种目的，用它来寻求答案，有时要凭借幻想来发现，在大脑里设想："如果我这样做的话，会怎么样？"

在美国，也有求职者利用幽默取得成功的故事。

美国中央情报局需要一个高级特工，前来应聘者需要经受一系列的考验。经过层层筛选，最后剩下了两男一女3名人选。马上就要进行最终考验以确定谁将获得这个高级职位。

主考官将第一名男子带到一扇铁门前，交给他一把枪，说道："我们必须确信你能在任何情形下服从命令。你的妻子就坐在里面，进去用这把枪杀死她。"这名男子满脸惊恐地问道："你不会是当真的吧？我怎么能杀自己的妻子啊！"于是他落选了。

接着是第二位男子，主考官交给了他同样的任务之后，他先是一惊，不过还是接过枪进了门。

5分钟过去了，没有一点动静，然后门被打开了，这名男子满脸泪水地走了出来，对主考官说："我想下手，但无法扣动扳机。"自然，他也落选了。

最后轮到一位女子。当她被告知里面坐着她丈夫，她必须杀死他时，这位女子毫不犹豫地接过了枪，走进门去。门还没关严，就传来了枪声。

连续 13 声枪响之后，又传来了尖叫声和椅子的碰撞声。几分钟后，一切又归于平静。

门开了，女子走了出来，擦了擦额上的汗水，生气地对考官说道："你们这些家伙，竟然不告诉我枪里装的都是空弹，害得我只好用椅子把他砸死了。"

这个故事说明无论参加何种面试，只要勇敢镇静，巧妙地、适时地、适当地转换话题，便可取到立竿见影的效果。

幽默能拉进与上司的距离

要消除与上司的距离感一定要把工作做好了，不要让上司感觉你是个没用的人。大多上司都是有文化之人，要是想拉近彼此的距离，你在语言的技巧中要下些功夫，一般说来，幽默语言的效果应该不错。

职员："经理，您实在是爱好工作的人！"

经理："我正在玩味这句话的含意。"

职员："因为您一直都紧紧地盯着我们，看我们是不是正在工作。"

职员通过开经理的玩笑，拉进了同经理之间的距离，何况经理也是一个幽默的人。与上司开玩笑还要注意把握好时机。

另外，幽默地"冒犯"上司也是拉近双方距离的好办法。

美国总统柯立芝就曾被人用幽默的方式"冒犯"过。有一次，他去华盛顿国家剧院观看戏剧演出。当看了一半的时候，他就有些瞌睡了。演员马克停下歌唱，走到前面，朝总统喊道："喂，总统先生。是不是到了您睡觉的时间了？"总统睁开眼睛，四下望望，意识到这话是冲着自己来的。他站起来，微笑着说："不。因为我知道我今天要来看您的演出，所以一夜没睡好，请继续唱下去。"

这则幽默对话，表现了演员的直言不讳和幽默，也表现了柯立芝总统所具有的幽默感。演员根本没有开罪总统，相反，倒成了总统的好朋友。由此可见：以下犯上的幽默使用得适时适度，往往能够拉近与上司的距离，赢得上司的理解和信任。

比尔在一家大公司工作，他常常在工作时间去理发店。一天，比尔正在理发，碰巧遇见了公司经理。他想躲，可经理就坐在他的邻座上，而且已经认出了他。

"好啊，比尔，你竟然在工作时间来理发，这是违反公司规定的。"

"是的，先生，我是在理发。"他镇定自若地承认，"可是你知道，我的头发是在工作时间长的呀。"

经理一听，勃然大怒，"不完全是，有些是在你自己的时间里长的。"

"是的，先生，您说得完全正确。"比尔答道，"可我并没有把头发全部剃掉呀！"

不论其行为正确与否，单就这幽默的对答就体现出员工的机智，他相信，与自己的老板开个玩笑是在当时情况下最好的处理方式，姑且不论老板听完一席话之后是否欣赏他的聪慧进而提拔他，有幽默感的人都能化怒为趣。

幽默确实可以帮助我们拉进与上司的距离。不过生活中任何事情都不是绝对的，与上司之距离的远近也同样如此，这种距离不可太远也不可太近。如果一个人不认认真真地做好本职工作，成天围着上司转，说好话、空话，刻意拉近关系，或整天坐在那里等着上司安排工作，像个提线木偶一样，上司拽一下，你才动一动，无形中疏远了上司，都是不可取的。

让你的老板笑口常开

上司与下属的关系，首先是一种领导与被领导的关系，但是除此之外，双方还应该建立友爱合作的关系。作为一个下属，在恰当的时间、场合，和上司开一个玩笑，可以得到非常好的效果。

其实，让老板笑口常开不仅仅是找到工作之后的事情，在找工作的过程中，求职者就可以运用幽默的力量逗得老板开口大笑。

找到一份称心如意的工作，是求职者最大的心愿，但求职不易，有时在苛刻挑剔的雇主面前一筹莫展。这时，何不借助幽默的魅力让面试你的老板笑一笑，这对你取得面试的成功必然会有助益。

一个人在外面找工作，他来到麦当劳。老板问他会做什么，他说我什么都不会，不过我会唱歌。老板说你就唱一首试试，于是他就开始唱了："更多选择更多欢笑就在麦当劳……"老板一听就乐了，接着问了他一些对麦当劳有什么了解之类的问题，最后，他被顺利录用了。

上面的例子中，求职者在面试中借助了幽默的力量，他首先就以唱歌的方式唱出了麦当劳的广告语，表明了自己对麦当劳是很关注的，也有一定的了解。他在博得老板一笑的同时，获得了老板的好感。

有一个建筑工人在工地里搬运东西，每次只搬一点。工头看见之后不得不对他说："你是在做什么？你看看别人搬那样重的东西！"

工人说："如果他们要懒到不像我搬这么多回，我也拿他们没办法。"

老板被他逗笑了。

工人以幽默的口气为自己的偷懒行为辩解，老板即使会批评他，也会比较随和，责罚也会比较轻。假如你掌握了一些幽默方法，无妨也在对你颇有微词的老板面前，以若无其事的态度告诉他下面的小笑话，且看他的反应又如何呢：

"幸好我正经娶老婆了。"当然，你的老板无法了解你这一句话的意思时，必定会一副茫茫然的样子，莫名其妙地看着你！就在这时候，你可以自言自语地对自己说："所以我现在才习惯别人对我的唠叨了……"

如果你能够微笑着说话，你的老板也必会露出会心的一笑！而就在你表现出沉着的大家风范，且老板又似乎对你放松敌意时，就正好有机会使他改变对你以往的错误观念。

让你的老板笑口常开，你的工作就能进行得更加顺利。

用幽默改善同事关系

同事是自己工作上的伙伴，与同事相处得如何，直接关系到能否把工作做好。同事之间关系融洽，能使人们心情愉快，有利于工作的顺利进行；同事之间关系紧张，经常互相拆台，发生矛盾，就会影响正常的工作，阻碍事业的发展。

幽默的力量能帮助你在工作上与同事建立融洽的关系。与同事分享快乐，你就能成为一个被同事喜欢和信赖的人，他们会愿意帮助你实现工作目标。甚至当你和同事的志趣并不相同时，快乐分享也能令同事感受到心灵的默契。

首先要在办公室里树立好人缘形象。

幽默是一种最生动的语言表达手法，与幽默的人相处，谈话就很有趣。在工作中遇到难题，如果这时以幽默调节，事情就很可能很快得以解决。如果你需要改善同事们的工作态度，你可以利用幽默的妙语来表明你的观点。

陈鹏在一个会计部门任职员。有一次发薪水的时候，他竟然收到了一个空的薪水袋。他没有气得暴跳如雷，也没有破口大骂。他去问发薪部门的人："怎么回事？难道说我的薪水扣除，竟然达到了一整个月的薪水了吗？"当然，陈鹏得到了补发的薪水。

陈鹏对同事偶犯的错误持一种宽容的态度，而不把它看成一件了不得的事情，批评谩骂同事的愚蠢。他以自己的幽默化解了尴尬。这也正是幽默所要收取到的效果。

我们如果不能领略到别人的幽默对自己的裨益，也就不太可能以自己的幽默来激励别人。为了表现我们重视别人所带给的好处，应该时时保持乐观的态度，同别人一起欢乐。

一位男士对即将结婚的女同事打趣地说："你真是舍近求远。公司里有我这样的人才，你竟然没发现!"女同事开心地笑了。

对上面这位男士的玩笑，女同事没有说他轻浮，反而感激他的友谊和欣赏。当同事期望太多、要求太多之时，我们还是可以用幽默表达我们不同的意见。

有一位电影明星向著名导演希区柯克讨论摄影机的角度问题。她一次又一次地告诉他，务必从她"最好的一边"来拍摄。"抱歉，做不到，"希区柯克说，"我们没法拍你最好的一边，因为你正把它压在椅子上。"

使用幽默语言的人，大都有温文尔雅的语气、亲切温和的处事态度。这样的幽默才使人感到轻松自然。

如果你已经利用幽默力量来帮助你取得成功，你也就能对挫折一笑置之，以轻松的心情面对自己，而以严肃的态度面对自己的新角色。

其次要看到同事的优点。

同事眼里无完人。你的同事身上是有这样或那样的毛病，这很正常，就像在你自己身上也有这样或那样的毛病一样。在现代职场上，你不能对自己的同事有太高的期望，因为大家毕竟都是凡人。如果你在同事身上看到有好的一面，那在他身上必然会有不好的一面。相反，如果你不幸地看到了同事身上的不好一面，那也并不代表他们没有好的一面。所以，你对人要宽容一些，要学会接受期待与现实之间的落差。

不过，还是有很多人只是看到同事身上的小缺点，而对同事的优点视而不见。下面这种抓住同事的缺点进行讽刺挖苦的做法就要不得。

张经理中年谢顶，在一次重要酒会上，他所宴请的客户方的一个小伙子在敬酒时不小心在张经理头上洒了一点啤酒，张经理望着惊慌的小伙子，用手拍了拍对方的肩膀说："小老弟，用啤酒治疗谢顶的方子我试过很多次了，没有书上说得那么有效，不过我还是要谢谢你的提醒。"

全场顿时发出了笑声。人们紧绷的心放松弛下来了，张经理也因他的大度和幽默而颇得客户方的赞许。张经理用他的幽默，巧妙地处理了宴会中的尴尬。

通常，很难看到同事优点的人在工作上不会十分顺利。在职场上做一个对同事宽宏大量的人，即使你同事的身上有这样或那样的缺点和毛病。如果你善于体谅和宽容的话，那么，你就会看到同事身上的优点比缺点多得多，你也就能与同事更好地相处，你的工作就会轻松得多。

宽容的好处还在于它会使别人喜欢接近你，从而使你在以后的竞争中得到更多的支持。公司是一个讲究团队合作精神的地方，你必须有全局意识。如果你遇事不够宽容，那给人的感觉就是你是一个目光短浅和心胸狭窄的人。这种只看重眼前利益的人在现代职场上不会有什么作为。

最后一点，要委婉表达对同事的意见。

在工作中，同事之间容易发生争执，有时搞得不欢而散甚至使双方心存芥蒂。发生了冲突或争吵之后，无论怎样妥善地处理，总会在心理上蒙上一层阴影，为日后的相处带来障碍，最好的办法还是尽量避免它。我们可以委婉表达对同事的意见，运用幽默的力量避免与同事"交火"。

有一家公司的餐饮部，伙食很差，收费却很高，职员们经常抱怨吃得不好，甚至还骂餐厅负责人。有一次，一位职员买了一份菜后喊了起来。他用手指捏着一条鱼的尾巴，从盘中提起来，向餐厅负责人喊道："喂，你过来问问这条鱼吧，它的肉上哪儿去啦？"

当我们对同事所做的事情有不同意见时，我们可以用开玩笑的方式轻松地进行表达，这样既能使同事认识到他们的错误，而又不至于伤害同事之间的感情。中国人常用这么一句话来排解争吵者之间的过激情绪：有话好好说。这是很有道理的。据心理学家分析，言辞过于激烈是同事之间发生争吵的重要原因之一，因此，我们在对同事的某些做法不满时，要善于克制自己情绪，委婉地表达自己的意见。

如果你面对的是一位不合作的同事，首先要冷静，不要让自己也成为一个不能合作的人。宽容忍让可能会令你一时觉得委屈，但这不仅表现你的修养，也能使对方在你的冷静态度下平静下来。心胸开阔是非常重要的。任何人都会出现失误和过错，对别人无意间造成的过错应充分谅解，不必计较无关大局的小事情。同事之间有了不同的看法，最好以商量的口气提出自己的意见和建议，语言得体是十分重要的。应该尽量避免用"你从来也不怎么样……""你总是弄不好……""你根本不懂"

这样的话。而对同事的错误采用幽默的方式来指出，会在气氛和谐中收到事半功倍之效。

幽默的语言能使同事在笑声中思考，而嘲笑却使人感到恶意，这是很伤人的。真诚、坦白地说明自己的想法和要求，让同事觉得你是希望得到合作而不是在挑他的毛病。同时，要学会聆听，耐心地听同事的意见，从中发现合理的部分并及时给予赞扬或表示同意。如果双方思想水平及文化修养都比较高的话，做到这些并非难事。

用幽默的力量管理下属

先进的管理理念并不提倡领导者以高姿态面对下属。如果领导者与下属建立一种互相信任、互相尊重的伙伴关系，双方产生矛盾的机会就比较小，即使产生矛盾也比较容易解决。这样，作为一个领导者，你会发现很多事即使不亲力亲为，也能做好工作，因为你不是一个人在作战，所以你不会很辛苦。领导者要平等地对待下属，对员工关心爱护、幽默和蔼，缩短与下属的距离，这样可以产生更强的亲和力，更容易获得下属的尊敬与认同。

第二次世界大战胜利前夕的一次主攻战役期间，美国将领艾森豪威尔在莱茵河畔散步，这时有一个沮丧的士兵迎面走来。士兵见到将军，一时紧张得不知所措。艾森豪威尔笑容可掬地问他："你的感觉怎样，孩子？"

士兵直言相告："将军，我特别紧张。"

"哦，"艾森豪威尔说，"那我们可是一对了，我也同样如此。"

几句话便使那个士兵放松下来，很自然地同将军聊起天来。

将军的幽默使当时的气氛融洽轻松。有这样的领导在前，属下将士谁不愿赴汤蹈火，拼死疆场呢！

富有幽默感并且善于运用的人，他的工作将是一帆风顺的。有一位大校到某连蹲点，一名士兵见他长得又胖又矮，便冒冒失失地说："首长，你又胖又矮，我们这些士兵谁不能同你比个高低？"

这话带有一点挖苦味，可大校笑呵呵地说："你们这些小鬼还要同我比高低，我不怕，但必须是躺着比！"

这位大校的机智与幽默在士兵中留下了可亲可敬的印象，为以后工作的开展奠定了良好的基础。

面对个别桀骜不驯的下属，领导者不能强行使其就范，宽厚豁达的胸怀及幽默自信的态度才能使之服从。

20 世纪 50 年代初，杜鲁门总统会见麦克阿瑟将军。麦克阿瑟自恃战功赫赫，在他面前表现得很傲慢。会见中，麦克阿瑟拿出烟斗，装上烟丝，把烟头叼在嘴里，取出火柴，当他准备点燃火柴时，才停下来，转过头看看总统，问道："我抽烟，你不介意吧？"

显然，这不是真心征求意见，但如果阻止他，就显得粗鲁。

杜鲁门看了一眼麦克阿瑟将军，说："抽吧，将军，别人喷到我脸上的烟雾，要比喷在任何一个美国人脸上的都多。"

这句话软中带硬，委婉地指出了麦克阿瑟的无礼，难堪的应该是麦克阿瑟了。

适当用幽默的语言回击

做人要力避树敌，但一个有才能的人是避免不了有或多或少的反对者。正所谓"木秀于林，风必摧之"。如何面对反对者充满敌意的进攻？有一次，温斯顿·丘吉尔的政治对手阿斯特夫人对他说："丘吉尔，如果你是我丈夫，我会把毒药放进你的咖啡里。"

丘吉尔哈哈一笑之后，严肃而又认真地盯着对方的眼睛说："夫人，如果我是你的丈夫，我就会毫不犹豫地把那杯咖啡喝下去。"

阿斯特夫人的进攻是如此咄咄逼人，丘吉尔若不回击未免显出自己的软弱，而回击不慎却可能导致一场毫无水准的骂战。丘吉尔毕竟是丘吉尔，一记顺水推舟的幽默重拳，打得阿斯特夫人无从回手！

民主党候选人约翰·亚当斯在竞选美国总统时，遭到共和党污蔑，说他曾派其竞选伙伴平克尼将军到英国去挑选四个美女，两个给平克尼，两个留给自己。约翰·亚当斯听后哈哈大笑，马上回击："假如这是真的，那平克尼将军肯定是瞒着我，全都独吞了！"

约翰·亚当斯最后当选，成为美国历史上的第二任总统。亚当斯的胜利当然不应全归功于幽默，但却不能否认幽默的作用。几乎人人都有遭受冷箭伤害、谣言中伤的经历。放冷箭、造谣言的成本极低，杀伤力却极大。一旦处理不当，便会对被诋毁者造成极大的不利局面。试想一下，如果亚当斯听到攻击之后气急败坏、暴跳如雷，或对天发誓："若有此等丑闻，天打雷劈！"这样抓狂，不仅有失一个总统候选人的风度，也有可能陷入无聊无趣又无休止的辩论泥潭之中。

在冷箭的包围中、谣言的旋涡里，如何从容脱身，实在是一门大学问。置身此类局面下的人，不妨运用幽默的武器，以四两拨千斤的姿态，或许可以潇洒地把对方打个四脚朝天。

林语堂先生说过："幽默之同情，这是幽默与嘲讽之所以不同，而尤其是我热心提倡幽默而不很热心提倡嘲讽之缘故。幽默绝不是板起面孔来专门挑剔人家，专门说俏皮、奚落、挖苦、刻薄人家的话。并且我敢说幽默是厌恶此种刻薄讽刺的架子。"

有一次，诗人马雅可夫斯基在大会上演讲，他的演讲幽默，妙趣横生。忽然有人喊道："您讲的笑话我不懂！""您莫非是长颈鹿！"马雅可夫斯基感叹道，"只有长颈鹿才可能星期一浸湿的脚，到星期六才能感觉到呢！"

"我应当提醒你，马雅可夫斯基同志，"一个矮个子的人挤到主席台上嚷道，"拿破仑有一句名言：'从伟大到可笑，只有一步之差'！""不错，从伟大到可笑，只有一步之差。"马雅可夫斯基边说边用手指着自己和那个人。

马雅可夫斯基接着开始回答台下递上来的纸条上的问题：

"马雅可夫斯基，您为什么手上戴戒指？这对您很不合适。""照您说，我不应该戴在手上，而应该戴在鼻子上喽！"

"马雅可夫斯基，您的诗不能使人沸腾，不能使人燃烧，不能感染人。""我的诗不是大海，不是火炉，不是鼠疫。"

马雅可夫斯基在别人的攻击与诋毁之下，丝毫不乱阵脚，举起幽默的宝剑将那些来自四面八方的冷箭干净利落地斩断。

这就是幽默的力量。它能让一个人面对谩骂、诋毁与侮辱时，毫发不损地保全自己。

幽默让管理充满人性化

有幽默感的人通常不会把自己看得太重要，而且比较能做出好的决策。

有一次，美国 329 家大公司的行政主管进行了一项幽默意见的调查。由一家业务咨询公司的总裁霍奇先生主持此项调查，发现：97% 的主管人员相信：幽默在商业界具有相当的价值；60% 的人相信：幽默感能决定一个人事业成功的程度。各行业人士都对幽默的力量给予很高的评价，工商业界高阶层的负责人更是借助幽默力量来改变他们在职员心目中的形象，改善大家对整个公司的看法。每一阶层的领导人和经理人在建立与下级的良好关系上，也都转向幽默。他们都希望下属把他们看成有亲和力的上级。下面是一个下属对他的老板的看法：

"我的老板，也就是报纸发行人，是世界上最伟大的幽默家之一，"杰米说，"至少以他经常说笑话而言，他是当之无愧。例如他在办公室里设了一个建议箱，多半从里面得到些笑话来讲。但是他太喜欢自己的笑话了，常常花很多时间去编撰。

"他常常去开这个箱子，然后滔滔不绝地说了起来。'这个建议箱真不错，是用上好的松木做的。你可以从洞里看出是多节的松木，你可以看到洞里风光。但是底部没有洞，你看不到地板风光。'"

从中我们可以看出杰米的老板是多么渴望在下属心中树立起他幽默、容易亲近的形象。其实，不管那位老板的做法能不能取得大的成效，只要他心中有一种和员工亲近、交流的想法，相信他一定能与员工达到良好的沟通，建立一种和谐的关系。同上面那位老板相比，下面这个故事中主管的做法更为高明。

在公司管理层会议上，动画部的策划部、制作部和市场部的几个主管之间硝烟弥漫：市场部认为策划部创意不足，导致业务拓展困难；策划部认为制作部执行走样，导致脚本与样片不一致；制作部认为策划部不考虑执行成本与难度，一味追求高大上……

三个部门混战一场，难分难解。

突然，制作部主管向市场部主管发难："你怎么那么得意，是不是因为终于升为了市场部主管？"制作部的主管，从来就是这副嚣张的做派，甚至老板也得让他三分。毕竟，这年头，技术高手很难找，在哪儿都可以找到一碗好饭。

市场部主管不想得罪他："是啊，我得意是因为我当了主管，终于实现年轻时的梦想，可以和主管夫人同床共枕。"

箭拨弩张的局面一下子就缓和下来了，众人发出一片善意的笑声，连制作部的经理也没忍住发笑。主持会议的老总眼光略带欣赏地望着市场部主管。

《芝加哥论坛报》工商专栏的作家那葛伯，也曾经访问了很多家大公司的主管人员，而后整理出几位高级经理人员的意见，发现愈来愈多高阶层的领导人，希望他们在同事和大家眼中的形象更人性化一些。这些领导人鼓舞我们一同笑。不过有的时候，老板的讲话方式不妥也会使部下很不愉快。这就是造成彼此对立的一个原因。因此，老板不应当仅仅看到部下的工作情况和成绩，还应当了解他们内心的烦恼。老板讲话时要极为慎重，注意不要伤害部下的感情。

幽默能避免招来下属敌意。

曾经有一位年轻女子，因不接受领导批评，竟赌气开着一辆汽车，向金水桥撞去，好些无辜的生命死于车轮底下。这幕悲剧发生的导火线就是领导的批评言辞不当。

作为一个领导，一个上级，批评下属的时候要讲究方法，这样才能避免招来下属的敌意。幽默是人际关系的润滑剂，可以促进人际关系的和谐，如果把这种幽默技巧用在批评犯了错误的下属身上，也能收到良好的效果。

经理问女秘书："你相信人会死而复生吗？"

"当然相信。"

"这就对了，"经理笑着说，"昨天上午你请假去参加外祖母的葬礼，中午时分，她却到这里来看望你！"

经理运用幽默技巧，既达到了批评女秘书使她认识到自己的错误的目的，又避免了招来女秘书的敌意。相反，如果一位上级尖刻地批评一个工作做得不好的下属，就会造成了失败的局面。那位下属会失去他的自信心，而同事也会失去他的信任，得不到他的合作。

有一位督导对手下的职员说："我需要这份进展报告的 5 份复印本，马上就要！"

这位职员按下复印机的按钮，立时，25 份复印本就复印了出来。

"我不要 25 份。"督导大声说。

于是这位职员笑着说："对不起，但是你已经要到了那么多！"

然后他俩爆出一阵笑声，笑那复印机不听话。这位职员以轻松的反应来缓解紧张的气氛，并且使得上司接纳了她在严肃与趣味之间巧取的平衡。

古人云："人非圣贤，孰能无过？"如果下属在工作中犯了错误，上级领导不给以适当的批评，只会令下属在错误的道路上越走越远。可见，批评在工作中是非常必要的。但是，如果领导的批评言辞不当，不注意批评的技巧和方法，往往会导致一些意想不到的事情发生。因此，要想得到良好的批评效果，又不至于招来下属的敌意，就需要掌握一些诸如幽默批评之类的批评技巧和方法。

幽默能让你对下属的管理充满人性化。

有人说做职员容易做管理者难，管得轻了效果也不佳，管得重了有反效果，看来要做一个好的管理者确实不太容易。在此我们给管理者们提供一个对员工进行人性化管理的方法，那就是幽默的管理方法。

身处高位的企事业负责人，在人们的心目中往往有一种高不可及的印象，而有远见的高层人士往往希望运用幽默力量来改变他们在公众之中的形象，改善大家对他所领导的公司的看法。而这种形象的树立，就是建立在高层领导人借助幽默对下属进行人性化管理的基础之上的。

有家公司为了教导主管们进行人性化的管理，特别为主管们安排了有关"沟通"的教育训练课程。上了一个星期课之后，有位主管在责备老是严重迟到的一个部属时，挖空心思，想在说他的时候又能保住他的面子。他把这个部属找来，面带笑容地对他说："我知道你迟到绝对不是你的错，全怪闹钟不好。所以，我打算定制一个人性化的闹钟给你。"这个主管对部属挤了挤眼睛，故作神秘地说，"你想不想听听它是怎么人性化的？"

下属点点头。

"它先响铃，你醒不过来，它就鸣笛，再不醒，它就敲锣，再不醒，就发出爆炸声，然后对你喷水。如果这些都叫不醒你，它就会自动打电话给我帮你请假。"

上级在对下属进行管理中，批评与责备有时是必须的，不可缺少的。然而，事实上，一贯的指责和批评很难使自己的下属俯首称臣，也难以取得好的管理效果。鉴于此，如果在管理中采用夹带着浓厚幽默语气的人性化批评，通过满面的笑容来进行管理，那就冲淡了批评与责备的意味，在说者无意，听者有心的情况下，保全了对方的自尊，也达到了管理的目的。

有一位叫 K 的年轻人，他所在公司的经理对下属非常严厉，公司员工都叫他"雷公"。有一天 K 从外面回来，看到经理位子是空的，以为他不在，就对同事说："'雷公'不在吗？"说完发现屏风另一边，经理正与客户谈生意。经理听到了他的话，K 坐立不安，以为大祸临头。客户走后，经理来到了 K 身边，K

惊恐地向经理道歉。没想到经理微笑道："我们的雷公并不一定夏天才会响的。"

K听了这句话，觉得比平常挨骂效果好上百倍。经理也通过幽默改变了在员工中的形象。K的经理改变以前严厉的管理风格，尝试使用带有幽默感的人性化管理方法并取得了良好的效果。

第三章 幽默让生活更美好

一个具有幽默感的人，能时时发掘事情有趣的一面，并欣赏生活中轻松的一面，建立起自己独特的风格和幽默的生活态度。这样的人，容易令人想去接近；这样的人，使接近他的人也能轻松愉悦；这样的人，更具魅力。

用幽默化解尴尬

有一位身材矮小的男教师走上讲台时，有的学生面带嘲讽，有的交头接耳暗中取笑。

这位老师扫视了一下大家，然后风趣地说："上帝对我说：'当今人们没有计划，在身高上盲目发展，这将产生严重后果。我警告无效，你先去人间做个示范吧。'"

学生们哄然一笑，然后鸦雀无声。很显然，他们都为老师的幽默智慧所折服，忘记了他身高的缺陷。

幽默是社交之中的润滑剂，能使激化的矛盾变得缓和，从而避免出现令人难堪的场面，化解双方的对立情绪，使问题更好地解决。

有一位女歌手举办个人演唱会，事前举办方做了大量的宣传，但到了演出的那天晚上，到场的观众不到一半。女歌手镇定地走向观众，拿起话筒，面带微笑地说道："我发现这个城市的经济发展迅速，大家手里都很有钱，今天到场的观众朋友每人都买了两三张票。"全场爆发出了热烈的掌声。第二天的许多媒体纷纷报道，为这位歌手的豁达和幽默叫好，为原本陷入尴尬的女歌手树立了良好的形象。

这位歌手在演唱会上，面对过低的上座率，心里没有遗憾与痛楚是不可能的。心里不舒服，但又必须战胜这种不舒服，怎样以阳光的姿态去把最好的自己献给买票进场的观众？唯有借助幽默。

一个人不经历痛苦、辛酸，便不懂得幽默。而假如他没有充足的自信和希望，也不会幽默，他的痛苦与辛酸也就白费了。

一位著名的歌手参加一个大型的露天晚会。她在走上舞台时，不慎踢到台阶突然摔倒。面对这种情况，她急中生智，说道："看来这个舞台不是一般人都能来的，门槛真高呀！"大家都笑了，她更是保持了自己的风度，巧妙地借幽默摆脱了尴尬。

在总统竞选大会上，西奥多·罗斯福演说完后，到回答听众提问的时间了，由他身边的一个主持人帮他念观众递上来的条子。

在回答了几个选民们关心的问题后，主持人将一张条子上写的两个字原原本本地大声念出："笨蛋！"

主持人的话刚落，连他自己也傻眼了，台下的反对派开始大声起哄。

"亲爱的同胞们！"罗斯福镇静地说："我经常收到人们忘记署名的信，但现在我生平第一次接到一封只有署名，但没有内容的信！"

罗斯福明知是反对派在搞鬼，用这种无聊的方式谩骂自己，但他并不正面去斥责这种行为，而是用幽默的手段，轻巧地将"笨蛋"的帽子还给了对手，从容地化解了尴尬，控制住局势。

人是情感动物，都有着一块自己的情感天地，可是这块天地没有"篱笆"，经常有外物闯入，恣意践踏，让情感受到伤害。

脆弱的人内心就会受到很大的打击，对生活失去信心，但有的人却能应付自如。面对对方的刁难，可以巧妙地渡过难关。

萨马林陪着斯图帕科夫大公去围猎，闲谈之中萨马林吹嘘自己说："我小时候也练过骑马射箭。"

大公要他射几箭看看，萨马林再三推辞不肯射，可大公非要看看他射箭的本事。实在没法，萨马林只好张弓搭箭。

他瞄准一只麋鹿，第一箭没有射中，便说："罗曼诺夫亲王就是这样射的。"

他再射第二箭，又没有射中，说："骠骑兵将军也是这样射的。"

第三箭，他射中了，他自豪地说："瞧瞧，这才是我萨马林的箭法。"

萨马林本不善射箭，无意中吹嘘了一下，不料却被大公抓住把柄，非要看他出丑不可。好在萨马林急中生智，把射失的箭都推到别人身上，仿佛自己失手是为了做个示范似的，终于射中一箭，才揽到自己身上，靠幽默的帮助，他总算没有当场出洋相。而斯图帕科夫大公也一定知道这家伙在吹牛，但有幽默的语言相伴，谁会去计较那些无伤大雅的事情呢，开怀一笑多好。

威尔逊是英国的前首相。有一天，威尔逊在一个广场上举行公开演说。

当时广场上聚集了数千人，突然从听众中扔来一个鸡蛋，正好打中他的脸，安全人员马上下去搜寻闹事者，结果发现扔鸡蛋的是一个小孩。

威尔逊得知之后，先是指示属下放走小孩，同时叫助手记录下小孩的名字、家里的电话与地址。

台下听众猜想威尔逊可能要处罚小孩子，开始有些骚动起来。

这时威尔逊对大家说："我的人生哲学是要在对方的错误中，去发现我的责任。方才那位小朋友用鸡蛋打我，这种行为是很不礼貌的。

虽然他的行为不对，但是身为一国首相，我有责任为国家储备人才。那位小朋友从下面那么远的地方，能够将鸡蛋扔得这么准，证明他可能是一个很好的人才，所以我要将他的名字记下来，以便让体育大臣注意栽培他，将来也许能成为棒球选手，为国效力。"

威尔逊的一席话，把听众都说乐了，演说的气氛顿时变得轻松融洽。

幽默，人生值得拥有

马克·吐温曾经说："让我们努力生活，多给别人一些欢乐。这样，我们死的时候，连殡仪馆的人都会感到惋惜。"马克·吐温的话既有幽默感，又富有哲理。

法国作家小仲马有个朋友的剧本上演了，朋友邀小仲马同去观看。小仲马坐在最前面，总是回头数："一个，两个，三个……"

"你在干什么？"朋友问。

"我在替你数打瞌睡的人。"小仲马风趣地说。

后来，小仲马的《茶花女》公演了。他便邀朋友同来看自己剧本的上演。这次，那个朋友也回过头来找打瞌睡的人，好不容易终于找到一个，说："今晚也有人打瞌睡呀！"

小仲马看了看打瞌睡的人，说："你不认识这个人吗？他是上一次看你的戏睡着的，至今还没醒呢！"

小仲马与朋友之间的幽默是建立在一种真诚的友谊的基础之上的，丢掉虚假的客套更能增进朋友之间的友谊。可见，交朋友要以诚为本。朋友之间要以诚相待，互相关心，互相尊重，互相帮助，互相理解。爱人者人恒爱之；敬人者人恒敬之。关心别人，才会得到别人的关心；尊重别人，才会得到别人的尊重；帮助别人，才会得到别人的帮助；理解别人，才能得到别人的理解。

在家庭生活中，男人常常会因为自己的妻子为赶时髦去购买时装而产生烦恼，免不了一番发泄，但这往往会伤害夫妻情感。如果你是一个有修养的男子，面对这种窘境，即使是批评，也应采取一种幽默的方式，既消弭矛盾，又不伤感情，并给生活增添一份乐趣。

妻子说："今年春天，不知又流行些什么时装？"

丈夫说："和往常一样，只有两种，一种是你不满意的，另一种是我买不起的。"

这位丈夫的幽默，一般通情达理的妻子均能接受，两个人此时都会为之一笑。

谁不喜欢富有幽默感的人呢？即便是没有幽默感的人，对于幽默的人大概也是欣赏与喜欢的吧？因为任何人的内心都喜欢阳光与欢乐，而具有幽默感的人，他们身上散发着阳光与欢乐的气息。

麦克阿瑟将军，他在为儿子所写的祈祷文中，除了求神赐他儿子"在软弱时能自强不屈；在畏惧时能勇敢面对自己；在失败中能够坚忍不拔；在胜利时又能谦逊温和"之外，还向上帝祈求了一样特殊的礼物——赐给他儿子"充分的幽默感"。可见，幽默在人生中值得拥有。

在寒暄时注入幽默元素

寒暄的主要用途是在人际交往中打破僵局，缩短人际距离，向交谈对象表示自己的敬意，或是借以向对方表示乐于结交之意。所以说，在与他人见面之时，若能选用适当的寒暄语，往往会为双方进一步的交谈，做好良好的铺垫。

但有些性急的人不喜欢寒暄。他们觉得寒暄都是无聊的废话，他们不喜欢寒暄，也不屑于寒暄。而过于一般的寒暄话，诸如"今天天气不错"等，常常使人觉得乏味。为增添乐趣，维护良好的人际关系，可以在寒暄的时候打破常规，注入幽默元素。

我们看这个例子：

连续下了几天的大雨，某公司同事们见了面，一个人说："这天怎么老是下雨呀？"一位老实的同事按常规作答："是呀，已经6天了。"一位喜欢加班的同事说："嘿，龙王爷也想多赚点奖金，竟然连日加班。"另一位关注市政的同事说："天堂的房管所忘了修房，所以老是漏水。"还有一位喜爱文学的同事更加幽默："嘘！小声点，千万别打扰了玉皇大帝读长篇悲剧。"

很多有幽默感的老年人很喜欢年轻人和他们开一些善意的玩笑。所以，当你刚出门就遇见老年邻居时，你就可以幽默地和他们寒暄一番，这样很容易就能和他们处好关系。

再看这个例子：

一个大热天，小王赶早趁天气凉爽去公司上班。她刚出家门，就看见邻居刘大妈大清早就在树荫下锻炼身体。她走过去神秘地对刘大妈说："大妈，这么早练功，不穿棉袄，小心着凉啊。"小王的话逗得刘大妈哈哈大笑，并说道："你这个臭丫头！再不走你上班可要迟到了，现在都9点多了。"

小王一听赶紧看看表，才8点半。看到刘大妈在那里得意地笑才知道自己上当了。以后，每逢刘大妈看见小王都非常高兴，还主动和她打招呼，逢人就夸小王聪明伶俐，还张罗着给她介绍对象呢。

此外，新近发生的大事件会成为人们谈论的话题，因为大事件是大家都关注的，人们可以从中找到共同的语言，可以避免话不投机而导致尴尬。下面就是一个利用大事件制造幽默的例子。

前些年，气候反常，快到夏天的时候人们还穿着毛衣。很多熟人见面后的第一句话就是："气候太反常了，都快到夏天了，天还这么冷。"

可是，有一个幽默的汽车司机却别出心裁，他见到同事李师傅的时候就说："李师傅，这不又快立秋了，毛衣又穿上了。"他见到邻居张大爷的时候也会故意幽默地问："张大爷，您老也没有经历过这么长的冬天吧，到这时候了还这么冷。"恰好张大爷也是一个幽默的人，他笑着答道："是啊，大概老天爷最近心情不太好，老是板着一副冷面孔。"

幽默让气氛变得活跃

幽默是活跃谈话气氛的法宝，它能博得众人的欢笑。人们在捧腹大笑之际，享受不受束缚的"自由"，接下来的沟通自然会轻松愉快。很多时候，那些毕恭毕敬的夫妻未必就没有矛盾，而平日吵吵闹闹的恋人可能会更亲热。社交也是如此，若彼此谈得开心，开句玩笑，互相攻击几句，反倒显得亲密无间、无拘无束。

有这么一个故事：

一对很久未见的年轻男女，在街头偶然相遇。他们曾经是恋人，后来因为某种原因分了手。他们决定去一家咖啡厅里坐坐。

等待咖啡的时候，也许是要说的话太多却不知从何说起，两个人相对无言，显得很尴尬。过了一会儿，男的问："你搅拌咖啡的时候用右手还是左手？"

女的答："右手。"

男的说："哦，你好厉害，不怕烫，像我都用汤匙的。"

一句玩笑，场面顿时活跃起来了。他们开始谈现在、过去，以及过去的过去……

看了这个故事，我们明白：当气氛陷入尴尬时，恰当地使用幽默，会活跃气氛，并让交谈变得轻松愉快。

《赤壁》的票房过亿，在文戏的拍摄中，吴宇森用了幽默。在两场激烈、血腥、节奏紧凑的武戏中，漫长的文戏如果过于平淡，很容易让人失去再看下去的兴趣，尤其是在上半部长 140 分钟，除去 50 分钟的武戏，90 分钟都是文戏的情况下，因此活跃一下气氛是很必要的。

在这些幽默手法中，虽然也有因为情节和台词的不合理引致的发笑，但是大多数的笑场还是因为吴宇森的故意为之。像是周瑜和诸葛亮动不动就有一副看别人被欺负而幸灾乐祸的表情。周瑜去拜访刘备，在帐内见到张飞在写字。张飞一头雾水，还没搞清楚状况，就怒目圆睁，以高分贝大吼："混账！干什么啊你！"周瑜被吼得皱起了眉头，转头一看，诸葛亮早就已经把耳朵给捂上了。

而在片中出现了不止一次的"我需要冷静"和"这个阵法已经过时了"的台词，除了恰到好处地让人会心一笑外，想必也会成为流行语。

吴宇森导演在如此凝重的电影题材中巧用幽默，使得凝重的气氛变得活跃起来，不但赢得了观众，还赢得了很好票房。

用幽默打开相互了解的渠道

一位画家大病新愈，消息传到作家朋友那里。作家连忙邮了一件礼品给画家，以示关心与祝福。画家打开裹了一层又一层纸的礼品，最终露出礼品的真面目：一块普通平凡的石头。在这块石头上，刻着一行字："听到您身体康复的消息，我心头的石头终于落了下来！"画家哈哈大笑，将这块普通平凡的石头视若珍宝。

幽默，其实就是增进友谊的强力黏合剂。

一般情况下，两个要好的朋友善意地捉弄对方的方式较为常见。比如朋友弄了个不伦不类的发型，你可以说："妙哉，此头誉满全球，对外出口，实行三包，欢迎订购。"下面是一段朋友间的幽默对话。

一个男人对一个刚刚相遇的朋友说："我结婚了。"

"那我得祝贺你终于找到了爱的归宿。"

"可是又离婚了。"

"那我就更要祝贺你了，你又重新拥有了一片森林。"

朋友间往往无话不谈，因此能够产生幽默的话题也很多。朋友错把黄鹤楼说成在湖南，你可说："不，在越南！"朋友之间的逸乐交谈，有时候会用说大话的方式进行，这种方式也能产生很好的幽默效果。

有两位朋友闲着没事互吹自己的祖先：

一个说："我的家世可以远溯到英格兰的约翰国王。"

"抱歉，"另一个表示歉意说，"我的家谱在大洪水中因来不及搬上诺亚方舟而被冲走了。

说完之后，两个朋友拊掌大笑。

人世间，从来都是锦上添花的多，雪中送炭的少。殊不知锦上的花已经够多的了，多你送的不多，少你送的不少；而雪中送炭却是如此宝贵，哪怕一丁点儿也够人温暖一时，铭记一生。

雪中送炭并非一定要以物质的形式，有时一句安慰的话，甚至一个鼓励的眼神，就可以让人身处寒冬却温暖无比。

我们以安慰病人为例。生病的人最需要安慰，安慰病人也确实有些讲究。说些善意的祝愿："好好休息吧，你不久一定会康复的！"或直接询问病人的详细病状和调治方法，都不能算真正的安慰。那么，怎样才能给病人很好的安慰呢？

某人因工作劳累生了病，卧床不起，他的朋友说："你多么幸运啊，唯愿我也生点病，好让我也能安静地躺在床上休息几天。"类似这种幽默的语言安慰病人的方法，往往会取得良好的效果。

有人去探望一年中因旧病频频复发而第五次住院的老朋友，以自己战胜病魔的经过，来个现身说法：

"这家监狱（医院）我非常熟悉，因我曾经是这里的'老犯人'，被'关押'在此总共 12 个月，对这里的各种'监规'

了如指掌。我'沉着应战'，毫不气馁。有时，我自己提着输液瓶上厕所，被病友称作是'苏三起解'；有时三五天不吃饭，被医生称作为'绝食抗议'；有时接连几天睡不着觉，就干脆在床上'静坐示威'。300多个日日夜夜，我就这样'七斗八斗'斗过来了。如今我不是已经'刑满释放'了嘛！你尽管是'五进宫'，只要像我这样'不断斗争'，就一定会大获全胜！"

这番话说得老朋友和同室病人都乐了，大家的心情也都轻松起来，老朋友的病也似乎感觉轻了几分。看来，探病时的交谈十分需要幽默，因为被病魔缠身的人格外需要欢快的笑声。

有天早晨，海斯因屋顶漏的水滴在他脸上而急忙下床，踩到地上才发现地毯全浸在水里。房东叫他赶紧去租一台抽水机。海斯冲下楼，准备开车，车子的四个轮胎不知怎的全都没气了。他再跑回楼上打电话，竟遭雷击，差点一命呜呼。等他醒来，再度下楼，车子竟被人偷走了。

他知道车子轮胎没气、汽油不够跑不远，就和朋友一起找，总算找到了。傍晚，他穿好礼服准备出门赴宴，木门因浸水膨胀而卡牢，只好大呼小叫，直到有人赶来将门踢开才得以脱困，当他坐进车子，开了不足三里竟遭遇了车祸，于是被人送进医院。

海斯的朋友赶去医院看望他。在听了海斯极度生气的牢骚后，朋友才明白海斯不幸的来龙去脉。朋友笑着说："看来似乎是上帝想在今天整死你，但是却一再失手。你真幸运！"

短短一句话，说得海斯极度兴奋、得意而自豪！

另外，对待朋友的失误，如果用幽默处理是非，也往往会获得更好的效果。如果你用尖刻的指责去对待事情处理不好的朋友，就可能引起更坏的局面。那位朋友会失去信心，而你会失去对他的信任，也就得不到他的更好合作。反过来，如果你用幽默的语言化解问题，反而可以打开相互了解的渠道。

所以，当对方处理事情出了问题，你就对他笑笑吧。这样，不仅会让你以轻松的心态解决问题，而且能让朋友之间更加和谐相处。

下　篇

会拒绝：拿回生活的主动权

第一章　学会拒绝

想要与别人维持一种好的人际关系，人际交往需要一种智慧，要掌握一些技巧。比如要学会不伤害别人的拒绝方法。因不想破坏人际关系而顾虑重重，最终没能拒绝别人的请求，勉强答应……相信大家都有这样的经验。尽管体谅对方是十分重要的，但若只是一方一味忍让，这样的关系迟早也会破裂。短时间内也许还好，想要长时间维持良好的关系，学会决绝是十分必要的。

坚持主见，学会拒绝

在人际交往中，常常会有一些人来请求我们帮忙，这是一件好事。当力所能及时，我们会很爽快地答应下来；而当我们无力相互时，在很多情况下，也会稀里糊涂地就答应了对方的要求，结果事情没办成，落得对方埋怨，不仅影响了之间的交情，还会让对方对你的信任度大打折扣。我们更是郁闷、后悔，恨当时为什么没说"不"！

这时你一定能体会到汪国真说的那句话："当你拒绝不了无理要求时，其实你害了别人，也害了自己。"害了别人则助长了他的惰性，同时也使自己心里不舒服。可是当类似的情况再发生时，你面对朋友的请求，还是没有勇气说"不"。

为什么？答曰："我心里很想说不，可我不知这话应该怎么说出口。"生活中有太多的无奈，很多就是因为我们不太会说那个最难念的字：不。

要解决这个问题，首先，我们必须摆正自己的心态，没有必要给自己制造压力。要明白，在生活中说"不"是不可避免的。说"不"并不是一种反抗。如果朋友因为你的一个"不"字而对你渐渐冷淡了，那你可以向他道明你的苦衷，说明原因，相信他也一定会谅解你的。其次，不敢说"不"的人往往缺乏实力。因为精力、时间有限，不可能处处顾及周详，结果虽然帮了别人，却没帮好，还是对不起别人，与其这样，倒不如开始就拒绝。最后，拒绝是一种艺术，学会说"不"是一种心理解脱，它可以使你不必再为某种承诺而深受压力之苦。

当然，拒绝并不是让你直接对对方生硬地说"不"，拒绝和赞美一样，也有技巧。

1. 用"制度"说话

某公司的一位普通职员走进经理办公室说："我想申请更高一点的出差补助。"

经理回答道："这次出差确实辛苦你了，但是……"经理指着贴在墙上的"出差补充制度"不慌不忙地说："根据本公司出差补助的制度，你的已经是最高的了。"

这位员工看了看，也不再难为经理了。

2. 要尊重对方

被拒绝的人之所以会有一种不愉快的感觉，有一个很重要的原因：对方误认为你之所以拒绝他，是由于你不够尊重他。人们都有这样的想法：与被拒绝而失去实质的东西相比，更不愿意自己在心理上受到创伤。

因此，在拒绝别人时，应该让他心理有一种舒服感。这样你的拒绝就更容易被接受了。

3. 给对方提出另一种选择

有异性朋友约你去家里玩，你觉得你们并不太熟，不可盲目造访，这时你可以问："你家有什么好玩的吗?"你的朋友可能会列出几样东西来，于是你接着说："我家里都有，我觉得还不如出去玩好一些。"

这样表面上是说了一个提议，实际上是拒绝了对方的请求，还可避免回答"为什么不去"，真可谓一箭双雕。

如果对方再追问何时、去何处玩，你就可以说："这我可得好好想想，想好再告诉你。"

根据不同情况说 "不"

很多时候要敢于说 "不"，善于说 "不"。比如，若别人有求于你，而你出于某种原因却无法予以满足，又不好直说 "不行" "办不到"，生怕因此伤害对方的自尊心；或对方提出一些看法，而你不同意，既不想讲违心之言，又不愿直接反驳对方；或你看不惯对方的言行，既想透露内心的想法，又不愿表达得太直白，以免刺激对方。这时候，就要学会巧妙委婉地拒绝，根据不同的情况说 "不"。

有一个男孩爱上了一个女生。某天，这个女孩下班后，男孩在单位外等她。男孩心里盘算着请女孩吃一顿最好的火锅。可是正当他约这个女孩的时候，女孩的妈妈突然出现了。于是三个人便一起去吃饭。

女孩的妈妈选择了最贵的餐馆，点了很贵的菜。可怜的男生，就一直在一旁数着他的钱，盘算着够不够。不过万幸的是，这个餐厅可以刷卡。

后来，女孩的妈妈还是不允许女孩和这个男孩来往。

在这个故事中，这个男孩子为什么没有太多钱还要硬着头皮地答应女孩妈妈的要求呢？可见，有些时候死要面子，不会拒绝，不一定就能办成事情。

其实并不是接受所有人的要求，就能够拥有很好的人际关系，学会拒绝，也是我们处理好人际关系的一种重要方法，也就是说，我们要学会说"不"。

当遇到别人不合理的请求时，我们是否要委曲求全答应对方呢？这个时候，你千万不要轻易地答应，而应该视自己能力所及的范围，不要明明做不到，却不说，结果既造成了对方的困扰，又失去了对方对你的信任。

30岁出头就当上了二十世纪福斯电影公司董事长的雪莉·茜。

好莱坞经理人欧文·保罗·拉札谈到雪莉时，认为与她一起工作过的人，都非常地敬佩她。欧文表示，每当她请雪莉看一个电影脚本时，她总是马上就看，很快就给答复。好莱坞有很多人，看完脚本若不喜欢的话，根本就不回话，而让你傻等。但是雪莉看了给她送去的脚本，都会有一个明确的回答，即使是她说"不"的时候。

由此看来，拒绝别人不是一件罪大恶极的事情，也不要把说"不"当成是要与人决裂。是否把"不"说出口，应该是在衡量了自己的能力之后，做出的明确的回应。虽然说"不"难免会让对方生气，但与其答应了对方却做不到，还不如表明自己拒绝的原因，相信对方也会体谅你的立场。

拒绝别人要明确

很多人，在拒绝别人的时候怕影响彼此的感情，总是喜欢含糊其词。听得懂的人自然还好，能够明白这是对方拒绝的说辞；没听懂的人，自然就会理解得有偏差，然后默默地等待着你的帮助。

等到某天，见交代你这么久的事还未办妥，便又说起："你上次帮我办的事，怎么这么久都还没办好呢"，这时你才错愕地回答他："我什么时候说过帮你的忙？"这时把话说开，对方才领悟过来，你觉得自己很无辜，对方更多的却是埋怨，从此，两个人关系便开始越走愈远。

虽然拒绝别人真的很为难，但是你要记住，不明确地拒绝别人，只会给大家造成不必要的误会，让双方都受到损害。

小王和小张是一起长大的好朋友。但是小王从小就勤奋好学，所以一直念书念到了研究生毕业，工作后也是一帆风顺，现在已经是一家知名企业的部门经理。而小张呢，从小就不爱学习，所以高中毕业便出去打工了。小张在社会上混了那么多年，却也没混出个什么名堂。最近听说小王在某家大公司当经理，便想去谋个好职位。

小张找到小王说："小王，看在我们俩这么多年交情的份上，这个忙你可得帮我啊。"

小王其实很为难，因为他们公司有规定，学历至少是本科以上，但是鉴于好朋友，他又不好直接推脱，只好回答："这个事有点不好办。首先，你的学历不符合规定，难度比较大，何况招人的名额有限。不过，我会尽力争取，当然你不要抱太大希望。"

小张听小王这么说，只觉得可能是有点难，但是小王尽力的话，应该没问题，就没有多想，回家安安心心地等着上班。可是等了两个星期，也没有收到任何通知上班的邮件或者电话。小张再次找到小王："你上次说帮我的忙，怎么还没消息呢？"

小王很为难地说："哥们，不是我不帮你，是真的不行啊，你也知道你的学历不符合我们公司的要求的，我实在无能为力啊。"

小张一听，生气地说道："你帮不了就帮不了啊，直接给句痛快话呀！浪费了这么长时间！"

就这样，小张和小王闹掰了，二十几年的交情也因此没了。

上述所讲到的结果当然我们每个人都不希望遇见。因此就需要我们在拒绝的时候，不要因为过于照顾对方的颜面，而把话说得模棱两可。大多数人都不好意思说出拒绝别人的话。然而很多时候对方提出的某些要求很过分，不是我们自己力所能及的。这就出现了如何拒绝他人的问题，因为硬撑着导致的结果更糟。

拒绝的时候态度一定要坚决。何谓坚决？就是明明白白地告诉对方，这件事自己无法做到，让他另请高明。

"对不起，我真的帮不上忙"和"这问题恐怕很难解决"相比，后者显然会给被拒绝者带来更大的想象空间。当我们试图用一种很婉转的态度拒绝别人时，通常不会收到太好的效果。因为模棱两可的拒绝，并不会让对方丧失希望。正所谓希望越大，失望越大。与其让对方抱着不切实际的幻想空等，不如在最初便狠心拒绝。

我们心里要明白，无论是坚决说"不"，还是委婉说"不"，最终要达到的目的都是相同的，即让对方知道自己的态度。这两种说法的差别仅在于语气上的软硬。

总之，你的言语必须确实明白地表示出你自己的想法。很多事情虽一时能敷衍过去，但总有一天，当对方明白你以前所有的话都是托词时，就会对你产生很坏的印象。所以，与其如此，不如干脆一点儿，坦白一点儿，毫不含糊地讲"不"。

跟上司说"不"不简单

你已经忙得焦头烂额了，上司又给你分配了新的任务；明知道是不能完成的任务，上司还非要你完成；三天内不可能完成的计划书，上司却偏偏只给你三天时间……在工作中，你是否也会遇到一些上司不合理的要求？

一天，公司经理指着五百多页的稿纸对刚到公司不久的秘书小刘说："小刘，请你今晚把这些全部给我打一份出来。"小刘听到这话，面露难色地说："我打不完这么多。""打不完吗？那就请你另觅轻松的去处吧！"恰巧经理正在气头上，于是小刘被"炒了鱿鱼"。

与小刘相同的是，小赵也曾遇到过上司这样的要求，但是小赵的拒绝方式不同，却得到和小刘不同的结果。

"小赵，你今晚务必把这一叠报告整理好。"主任指着厚厚一摞报告对秘书小赵说。

小赵看着厚厚一摞报告，心里非常为难。于是，他用充满内疚的眼神走到主任面前说："主任，对不起。晚一点给你行不？现在恐怕没有时间，我还有其他的重要文件需要处理，还有一些你明天早上需要用的演讲稿我都必须把它整理出来。所以，真的不好意思。"

主任听了，笑了笑说："没关系的，这个也不急着用，你慢慢整理吧！等你整理好了，再把它拿给我好了。"

小赵没有直接拒绝主任说今天晚上完不成，而是让主任知道他的苦衷和难处，暗示自己今天晚上没有把握把报告整理出来。这就是很好的拒绝办法。

小刘被"炒"实在令人惋惜。然而，像小刘这样生硬、直接地拒绝上司的要求，给上司的感觉是她在对抗，不服从上司安排，完全不把上司的话当回事，被"炒"也就难免了。如果小刘当时积极地坐到计算机前马上开始打，过一会儿后，把打好的一部分交给经理看，再委婉地表示自己的困难，那么经理肯定会很满意她的表现。这样不但维护了上司的威信，也会使他意识到自己要求的不合理，从而会延长时限，最后也不至于解雇下属了。

在工作中，当上司提出了一些明显不合理的请求时，这就需要我们认真考虑好，自己能否胜任，是否有能力去完成。把自己的能力与事情的难易程度以及客观条件是否具备结合起来考虑，如果认为自己不能接受，就要选择适合的方法加以拒绝。跟上司说"不"，确实不是一件简单的事，要会巧妙地运用技巧回避锋芒，避免与上司直接对抗。那么，怎样才能让上司听到了你的"不"以后而不会生气呢？

1、理由一定要充足

首先，应先谢谢上司对你的信任和看重，并表示很乐意为他效劳，再含蓄地说明自己的困难。比如，"现在我手里的项目，要月底前完成。其他人对这几个项目都不熟，若是现在让我去接新的项目，这个项目可能会出问题。"这样，充足的理由、诚恳的态度一定能获得上司的理解。

2、不可一味地拒绝

尽管你拒绝的理由很充分，但是上司也许仍坚持非你不行。这时，你便不能一味地拒绝，否则，上司可能会以为你只是在推托，从而怀疑你的工作干劲和能力以至失去对你的信任，在以后的工作中，也会有意无意地使你与机会失之交臂。

3、提出周全的方法

如果上司仍然坚持让你去完成这项工作，这时，你要仔细考虑，千万不可让上司怒气冲天，拂袖而去。

你可以坐下来与上司共商计策，或者说："既然这样，那么过一天，等我手头的工作告一段落，就开始做，您看怎么样？"你也可以向上司推荐一位能力相当的人，同时表示自己一定会去给他提建议。

这样，你就能进一步赢得上司的理解和信任。

总的来说，拒绝上司意味着可能会得罪上司。对于年轻的职场新人来说，这是一个很让人头疼的问题。如果拒绝不当，可能令上司误会你是在逃避责任，或对自己能力的不确定。

如果他今后不再安排什么任务给你，千万别沾沾自喜，以为自己走运了，因为公司永远不需要做不了大事的员工。长期以存在感超低的状态持续下去，不久就会被列入"留校察看"的行列。

因此，不管你拒绝的是公事还是私事，都需要很大的勇气。

虽然，对上司说"不"不是令上司非常愉快的事情，但是如果能够掌握对上司说"不"的技巧，并在实践中有区别地加以应用，一定会"拒而不绝"，让上司在你的诚恳中理解你的不便之处，这样就不至于影响你的工作发展。

对透支你的人说"不"

人因为关系走的近会产生信任，产生交情，但也会因为走的近，让彼此没有了畅快呼吸的空间。许多时候，给我们带来伤害的人，往往是与自己走的最近的人。

和陌生人做生意，价格该怎么谈就怎么谈，因为缺少感情，可以不顾面子去谈，和你走的最近的朋友做生意，却不可以。要么成交，要么绝交！

陈华有个老相识，代理了一家化妆品公司的产品，做了三个多月，也没什么销量。为了完成任务，他在朋友圈中搞起了"摊派"：张三要定 500 元的任务，赵七条件好点，要买 1000 元的货。碍于交情与面子，有的朋友买了，有的以各种理由拒绝。事后，买了他的产品的，他说都是"哥儿们"，没有买的，都是"假朋友"。他以为自己找到了生财的门路，没想到，这是在断自己的后路。半年后，所有人都远离了他。

朋友们都抱怨：你把自己当谁啊？是你绑架友情，执意透支友情在前，为什么一定要把错误归咎于别人呢？

每个人身边都或许有这样的人，他们一边喊着哥儿义气，一边秀着高情商，却在不断透支友情。

在他们眼中，朋友没了价值就是对他"不够意思"，在逼空友情的同时，还要让自己站在道德的制高点。这种做法，只会赤裸裸地伤害别人。

小张是一家公司的职员，大家对他的一致评价是"脑子很灵光"。一次，他的一位朋友做生意赚了点钱，整天琢磨着换一辆好一点的车，同时在朋友圈转让正在使用的车，标价12万。小张有意要买下朋友的车，说："看在咱们这么多年交情的面上，把你的车10万块卖给我吧。"

"说实话，卖12万，问的人还不少呢。你要是有诚意，就再加点。"大家朋友一场，对方做出了一些让步。

小张说："先给你3万，其余的我两年付清。就这么定了。"

朋友有些不乐意，"我也是缺钱才急着卖车，这时间也太长了点！"

小张说："那就一年。"

最后，经过软磨硬泡，就这么成交了。

其实，这位朋友的车标价12万，全款一次付清，想购买的人也很多。他之所以卖给了小张，是因为他实在不知怎么拒绝对方。他怕因为这笔交易而影响到双方的关系，所以，就让自己吃些亏。从这件事可以看出，小张很精明。

生意，和谁都是做，之所以和朋友做，往往是念于交情。再者，我多牺牲一点，付出一点，也不是不可接受，问题是，你要考虑朋友的代价。

人际交往有一个重要准则：保持平衡。即使真朋友，真性情，好到不分你我，也要苛守这个准则。否则，不论在友情，还是在财富方面，如果太过透支对方，迟早会逼走对方。

当然，一味索取固然不妥，但付出时也要适可而止。有人把面子看得很重，碍于面子，经常让付出成为一种负担。朋友结婚，别人随 2000 元礼金，硬着头皮也要跟 2000 元；别人5000 元，即使超出自己承受范围，也要捍卫所谓的颜面。

要知道，人们不会因为你的"透支"而给予你额外的赞美，反倒会觉得你这个人很虚伪。财力、精力或能力有限的情况下，要学会选择性地付出，不是说每个朋友、每件事我都要"照顾"到，也不是每个要求都要满足。

今天我与你应酬，明天我和他应酬，今天参加这个活动，明天出席那个庆典，所有人都要照顾到，办不到！非要打肿脸装胖子，何苦呢？

我不与你应酬，我会告诉你，因为我有更重要的事要办，我负担家庭的责任，负担公司的责任，希望你理解。不能说你是我的朋友，就让我去牺牲整个家庭，牺牲我的事业。

所以，当你承受不起时，要学会对透支你的人说"不"，不要把自己累个半死。尤其在上下左右不能兼顾的时候，离你最近的人，却让你最不舒服，那你一定要学会选择，学会放弃。

人与人交往，不要太过偏离"等价交换"原则。为朋友过度付出，对自己是一种消耗，也是一种负担。如果这种消耗与负担得不到朋友的理解，那这样的朋友多数是假朋友。

第二章 拒绝需要有技巧

在拒绝别人时，我们往往会感到很棘手，不知道该如何开口拒绝，明明知道一些事情自己办不成，可又怕伤害了同事、朋友之间的友谊。怎样开口拒绝，才不会伤害对方呢？这就需要一个策略，要掌握一定的技巧，使自己能轻松愉快地说出"不"字，也能使对方高高兴兴地接受"不"字。

以别人的身份表示拒绝

很多时候，拒绝的话总是让人难于启齿，甚至还要绞尽脑汁去想一些拐弯抹角的拒绝方式，既能把"不"字直接说出口，还能让对方无法采取别的方式再来麻烦你。有时候，拒绝别人你可以不用这么费神，关键是你要懂得借用"别人的意思"。

某造纸厂的销售人员去一所大学销售纸张，销售人员找到他熟悉的这所大学的总务处长，恳求他订货。总务处长彬彬有礼地说："实在对不起，我们学校已同一家国营造纸厂签订了长期购买合同，学校规定再不向其他任何单位购买纸张了，我也是按照规定办事。"

这就是借"别人的意思"来拒绝。这个事件中，虽然是总务处长说出那些的话，但是这拒绝却不是总务处长的意思，而是学校的规定，谁也无法违反，事情就这么简单。所以，借"别人的意思"来拒绝就是这么容易的。

以别人的身份表示拒绝，这种方法看似推卸责任，却很容易被人理解：既然爱莫能助，也就不便勉强。

一位和善的主妇说，巧妙拒绝的艺术使她一次又一次免受了推销人员的打扰。每当销售人员找上门来，她便彬彬有礼但态度坚决地说："我丈夫不让我买任何东西。"这样，推销人员会因为被拒绝的并不仅仅是自己一个人而心理上得到了一点平衡，减少了被拒绝的不快。

有人想找你帮忙，你可以说，我们单位集体决定这些事情的，像刚才的事，需要大家讨论才能决定。不过，这件事恐怕很难通过，最好还是别抱什么希望，如果你实在要坚持的话，待大家讨论后再说，我个人说了不算数。比如，某单位一位职工找到车间主任要求调换工种，车间主任心里明白调不了，但他没有直接回答，而是说："这个问题涉及好几个人，我个人决定不了。我把你的要求反映上去，让厂部讨论一下，过几天再答复你，好吗？"这就是巧借他人来表达你的拒绝，而且完全不会得罪于人，并不是我不帮你的忙，而是我决定不了。对方听到这样的说服，自然也就只有知难而退了。

借"别人的意思"来表示拒绝的好处有：

1. 容易被人理解和接受；

2. 让对方觉得你很诚恳，自然不会再刁难你；

3. 表现出一种对决策的无权控制，从而全身而退。

我们在生活或者工作中，有时候会遇到朋友向我们提出一些我们无法做到的要求，但又不能直接拒绝，这时，我们就可以借别人的话来回绝朋友的要求。

张林在一家商场的电器部工作。一天，他的好朋友来买空调。把店里陈放的样品全部看完后，还觉得不满意，要求张林领他到仓库里去看看。张林面对好朋友，一时不知道该如何说"不"。忽然他灵机一动，笑着说："前几天经理刚宣布过，不准任何顾客进仓库，我要带你进去了，我就可能被责罚。"

张林借他人之口拒绝了朋友的要求，尽管朋友心中不大高兴，但毕竟比直接听到"不行"的回答要舒服些，也减少了几分不快。

让人愉快地接受 "不"

不愿意听到别人的反对与拒绝，这是人之常情。口才高手们总结出一些让别人高兴地、心悦诚服地接受"不"的技巧。

日本明治时代的大文豪岛崎藤村被一个陌生人委托写某本书的序文，几经思考后，他写下了这封拒绝的回函。

"关于阁下来函所照会之事，在我目前的健康状况下，实在无法办到，这就好像是要违背一个知心朋友的诺言一样，感到十分懊恼。但在完全不知道作者的情况下，写一篇有关作者的序文，实在不可能办到，同时这也令人十分担心，因为我个人曾经出版《家》这本书，而委托已故的中泽临川君为我写篇序文，可是最后却发现，序文和书中的内容不适合，反而变成一种困扰。"

在这里，藤村最重要的是要告诉对方"我的拒绝对你较有利"，也就是积极传达给对方自己"不"的原因。而这样的说辞，又不会伤害到委托者想要实现目的的动机。

通常，当我们被对方说"不"而感到不悦的理由之一，是因为想引诱对方说出"好"而达到目的的愿望在半途中被阻碍，因而陷入欲求不满的状况。所以既不损害对方，又可以达到目的说"不"的最好方法，就是当对方委托你做一件事时，当"达到目的"被拒绝后，反而认为更有利的是另一种"达到目的"，而只要满足这一种"目的"就可以了。

藤村可以说是十分了解人的这种微妙心理，所以暗地里让对方觉得"被我这样拒绝，绝对不会阻碍你目标的实现"。我们在拒绝他人时，也可以用这样的方法，让对方觉得说"不"，是为了让对方有好处，这不仅不会损害到对方的感情，而且还可以让对方顺利地接受你所说的"不"。

战国时期韩宣王有一位名叫缪留的谏臣。有一次韩宣王想要重用两个人，询问缪留的意见。缪留说："魏国曾经重用过这两个人，结果丧失了一部分的国土；楚国用过这两个人，也发生过类似的情形。"

接着，缪留下了"不重用这两个人比较好"的结论。其实，就算他不给出答案，宣王听了他的话也会这么想。这是《韩非子》里相当著名的故事。

这种说"不"的方法，之所以这么具有说服力，主要是因为这两个人有过去失败的经历，但缪留在发表意见时，并没有马上下结论。他首先对具体的事实做客观描述，然后再以所谓的归纳法，判断出这两个人可能迟早会把国家出卖的结论。说服的奥秘就在此。相反，如果宣王要他发表意见时，缪留一开口就说"这两个人迟早会把我国卖掉"，结果会怎样呢？可能任何人都会认为："他的论断过于极端，似乎怀恨他们，有公报私仇的嫌疑。"从而产生不易让大家接受"不"的心理，即使他在最后列举了许多具体事实，也可能无法造出类似前面所说的情况来。

所以，我们在必须向别人说出他们不容易接受的"不"时，千万不要先否定性地给出结论，要运用在提议阶段所否定的论点，即"否定就是提议"的方式，不说出"不"，只列举"是"时可能会产生的种种负面影响，如此一来，对方还没听到你的结论，自然就已接受你所说的"不"的道理了。

我们曾听说过堤防因为蚂蚁般的小洞而崩塌的例子。最初只是很少水量流出而已，但却因为不断地在侧壁剧烈地倾注，最后如怒涛般地破堤而出。

这种方法可以适用于说"不"的技巧里，也就是说，要对不可能全部接受的顽固对方说"不"时，要反复地进行"部分刺激"，最终让对方全盘地接受"不"的意思。

例如，朋友向你推荐一名大学毕业生，希望在你能为他谋求一个职位，想在不伤害感情的情形下加以拒绝，这时可以针对年轻人注重个人发展和待遇方面，寻找出一种否定的理由，反复地说："这里的福利待遇都很一般……""在这里干，实在太委屈你了……"等，相信那位大学生听了这些话后，心里就会产生"在这里干没什么前途"的想法，不会再纠缠，客气地向你告辞。

说得好不如说得巧。真正的好口才，讲究的是"巧"，能因人而言，因事而言，当言则言言无不尽，当止则止片言不语。

勇于在适当的时候说"不"

生活中的你，是不是常常有这样的经历：明明想对别人说"不"，却硬生生地把这个"不"字吞到肚子里去了，而违心地从嘴里蹦出来个"是"字？可是后来又越想越不对劲，心里说着"我其实当时应该拒绝他的""这个忙我根本就帮不了""我自己的事情都没有做完，怎么办"……于是你开始自责不已、悔不当初，最后一边为应承下来的事儿忙得焦头烂额，一边为自己不懂得拒绝而深深懊恼。

不懂得拒绝的人，无论是面对上司的命令、顾客的要求、同事的请求帮助以及工作中的任何突发状况，似乎都只能默默承受。因为他们觉得，如果自己说"不"，可能会面临一连串的麻烦：上司的不满、顾客的投诉、同事的怀恨在心……于是，为了维护自己的人脉，为了提升自己在同事间的口碑，为了让自己在工作上少一些阻碍，许多人在面对各式各样的请托和要求时，选择了接受，让自己陷入了如此难堪的局面。

只是，这样做正确吗？不妨看看以下案例再做判断。

张涛和李辉大学毕业后同时进入一家通信公司实习。这家公司可以说是全球无线通信行业的霸主，几乎在世界各地都有它的制造厂。能够进入这家公司，是莘莘学子的梦想，因此张涛和李辉两个人都十分重视这次的实习机会。按照惯例，这家公司会从每一批实习的人员之中选择最优秀的一位留下来。

在进入这家公司之前，张涛便做足了准备。他觉得想要留在这家公司，上司的推荐和同事的口碑应该十分重要。因此，在进入这家公司之后，他对于所有同事都有求必应，诸如帮同事跑腿、帮经理助理打印……虽然常常因此把自己的工作做得不够好，但是他每次得到同事的赞美都觉得这样也值了。大家见这小伙子那么热心，便也逐渐不客气了：甲让他帮自己带早餐、乙请他帮忙接孩子……哪怕这些是与工作毫不相干的事情，张涛全都接受，毫无怨言。

而李辉却截然相反，有人请他帮忙的时候，他似乎总以自己的事情还没做完为借口推托，渐渐地，请他帮忙的人越来越少。因此，大家对张涛的评价越来越高。

三个月的实习时间很快结束了，转眼就到了宣布最终结果的时候。看着被叫进经理办公室的李辉，张涛暗自欣喜："谁教你不注意人际关系，只顾着埋头做事。能留下来的人一定是我。"

半个小时后，李辉从经理办公室走出来，带着平静的表情开始收拾自己桌上的东西。张涛正准备上前安慰他一下，却猛然发现情况似乎有些不对劲。原来，李辉在收拾完自己的东西之后，并没有离开，而是把这些东西放在另一张配有电脑的办公桌上，而那张桌子，正是为留下来的那个人所准备的。

就在张涛愣神的时候，有人拍了拍他的肩膀，示意他到经理办公室去一趟。怀着惴惴不安的心情，他来到经理办公室。

"张涛，这三个月来，你的表现大家都看在眼里。你很热心，你的口碑很好。说实话，站在朋友的立场，我很想留你下来。可是，站在公司的角度考虑，我们需要的是能在工作上做出成绩的人。在这段时间里，我很遗憾地看到你的主要精力并没有放在本职工作上。所以，我只能祝福你在新的公司一切顺利……"

生活中的你，是否有也过这样的经历：对于他人的要求，有时出于面子，有时为了不得罪人，不好意思拒绝，而只好勉强自己，违背自己的意愿，做了不是自己分内的事，还因此耽搁了自己应该做的事。

其实，很多人都会有过这样的经历。实际上，拒绝别人并不代表你对他不友善，也不代表你冷酷无情，没有人情味。不管对谁，只要你不想做或者违反原则的事，就有权利说不。否则，你的生活和工作会因此压力重重，这样会累坏自己的。

总之，要懂得在适当的时候说"不"，拒绝别人不一定是一件坏事。如果你没有时间，没有能力帮助别人，那么拒绝别人的请求是你正确的选择。否则，事情拖下去只会越来越难解决。很多时候，正是因为你不懂得说"不"，才让自己陷入"被逼无奈"的窘境当中。更重要的是，这种草率的决定还会打乱自己的计划和安排，使自己的工作与生活陷入被动。长此以往，你将无法享受给予和付出所带来的真正快乐。

其实，根据实际情况，适当地对周遭的人说"不"，将更有助于自己顺利地完成本职工作，正如李辉那样，善于分辨什么是自己应该做的，拒绝那些干扰，这才是真正懂得工作的人所应具备的正确态度！喜剧大师卓别林曾经说过这样一句话："学会说'不'吧！那样，你的生活将会美好得多。"

拒绝别人要掌握技巧

工作中，我们要管好自己的那一摊活，如果办公室的同事再把他们手头上的活儿强加到我们身上，估计我们最后应该会累得喘不上来气。

然而行走职场，总会有同事找我们帮忙的时候，偶尔帮个一两次其实也算不上什么，但要是次数过于频繁，我们就得想方设法给自己减减压了。看过台湾偶像剧《命中注定我爱你》的朋友们应该知道什么叫作"便利贴女孩"，剧中的陈欣怡就是这么一个随叫随到、有求必应的职场老好人。

在同事们的眼中，她就像一张随手可撕的便利贴，虽然功能小小，但却不可或缺。她为人处世十分善良，总是任办公室的同事们予取予求，大家也总是习惯找她帮忙，但是事后却把她抛诸脑后，完全不记得自己曾经受助于她。

像陈欣怡这样好心的"职场便利贴"，之所以自身的存在感如此薄弱，完全是因为她把别人的事儿太当自己的事儿。她在工作上的配合度极高，对待他人的要求也永远无法拒绝，经常揽下同事们不愿意去做的琐碎活儿。大家想想，要是换成你当她的同事，你会不会指使她去干原本属于自己的工作呢？

根据能量守恒定律，一件事儿要是有人从中得利，自然就有人从中失利。

当办公室的同事从"职场便利贴"那获得到轻松、闲适和快乐时，"职场便利贴"们必然也会因为整日忙于他人手上的活儿，进而耽误自己的工作。

如果"职场便利贴"们没有按时完成自己的工作任务，必然会遭到公司老板的严厉批评，最后沦为加薪升职都无望的职场小人物，而那些曾经得到过他们无私帮助的同事们也并不会好心地站出来，为他们说上几句公道话。

因此，我们务必要学会拒绝，万万不可把别人的活揽到自个儿的身上。

"办公室经常有同事找我帮忙，有的事儿我也不想去干，可我实在是不会拒绝，这到底是为什么呢？"从事人力资源行业多年，小明经常会被人问及这种问题，很多人在表明自己疑惑的时候，尽管言谈之间充满了无奈和无助，但不忍心对别人的要求说"不"。

然而，每次小明给出的回答都会让他们这种自以为是的"善良"土崩瓦解。

心理学家威廉·詹姆斯曾说："人类最深处的需要，就是感觉被他人欣赏。"

其实，人人都喜欢被人赞赏，这原本是一件无可厚非之事，但是对于那些"职场便利贴"们来说，这种心理需求显然要比普通人来得更为猛烈一点。

他们通常都缺乏自信和安全感，与人交往总是信奉多一事不如少一事的原则，不愿意和别人发生争执和冲突，内心极为渴望得到他人的肯定和赞扬。

所以，他们无法拒绝同事的要求，害怕自己在同事心目中的印象从此一落千丈，又或是不想和同事矛盾重重，以免破坏自己向往的和平稳定的生活。

在跟小明诉苦的人当中，同事盛婉婷算是比较容易开窍的一个，她听完小明的一番分析之后，也确实认真反省了一下自己。

最后小明告诉她，以后要是再有同事频繁地找她帮忙，自己一定要学会拒绝。

拒绝别人其实并非一件难事，只要掌握好了技巧，我们既不会帮别人干活儿，也不会轻易地得罪别人。那究竟有什么样的技巧呢？打个比方，当同事三番五次请求我们帮助时，我们要是实在不愿意应承下来，完全可以真诚地告诉他们自己拒绝的理由、苦衷和难处，最后再适时地表达一下自己没能帮上忙的歉疚之情。

每一个人都有同理心，只要我们的态度诚恳，言辞有礼，同事们最后肯定也不会真正地往心里去。

先肯定对方，再提出看法

许多人都有喜欢说"不"的习惯，不管别人说什么，他们都会先说"不""不对""不是的"，但他们接下来的话并不是推翻别人，只是做一些补充而已。这些人只是习惯了说"不"，即使赞成别人，也会以"不"开始。

但是谁喜欢被否定啊？

曾经，有位记者采访过一个知识特别渊博的教授，发现他有个很好的习惯，不管对方说了多么幼稚、业余的话，他一定会很诚恳地说"对"，然后认真地指出对方说得靠谱的地方，然后延展开去，讲他的看法。

高情商的聪明人都习惯先肯定对方，再讲自己的意见，这样沟通氛围也会好很多。即使是拒绝对方，他们也一定不会讲"不"。

两个打工的老乡，找到城里工作的刘某，诉说打工之艰难，一再说住不起店，租房又没有合适的，言外之意是要借宿。

刘某听后马上暗示说："是啊，城里比不了咱们乡下，住房可紧了。就拿我来说吧，这么小的房子，住着三代人。我那上高中的儿子，没办法晚上只得睡沙发。你们大老远地来看我，不该留你们在我家好好地住上几天吗？可是做不到啊！"

两位老乡听后，就非常知趣地走开了。

高情商的人拒绝他人，很少会用否定性的词。现实生活中，到处是这样的例子。

有一档节目叫《我是歌手》，其中有个歌手叫李健，不光歌唱得好，而且情商很高。在节目中，歌手张杰曾提起自己九年前向李健邀歌，结果被婉拒的事。接下来，两个人有一段对话：

李健："张杰的声音变高了啊。"

张杰："嗯，是变高了。"

李健："我以前要是给你写歌就委屈你了。但我觉得你声音还会更高，所以我再等等。"

这段拒绝人的对话，简直可以作为典范。

先是赞美了张杰的高音，又补充说明了对方在音乐领域的进步。既抬高了别人，又明确表达了自己拒绝的意思。

情商高的人，在说话的时候，很少使用否定性的词。即使是拒绝对方，也不会直接说"不可以"，而是用一种婉转的方式表达自己的意见，让人觉得很舒服。

心理学家调查发现：在交流中不使用否定性的词语，会比使用否定性的词语效果更好。比如"我觉得不行"这句话，可以换一种说法，"我觉得再考虑一下比较好"。因为使用否定词语会让人产生一种命令或批评的感觉，虽然明确地表达了自身观点，但不易于接受。

第三章　不伤和气地拒绝别人

对于一些难以应答的请求，如果言辞生硬，直接回绝别人，往往造成不好的结果。在拒绝的时候，一定要照顾到对方的感受，一定要有人情味，不要让对方感到难堪，这样，既可以传达自己的态度，也可使对方知难而退。这种不伤和气的拒绝方式，既可以达到拒绝的目的，又不违反自己为人处世的原则，同时还能体现出自己的高情商。

委婉表达拒绝的想法

在人际交往中，我们常常会遇到一些难以答应的请求。但是，言辞生硬，直接回绝别人，往往造成不好的结果。而这时最好的方式就是委婉表达出自己拒绝的想法，让对方知难而退，这样既不伤朋友间的和气，也不违反自己为人处世的原则。

罗斯福当海军助理部长时，有一天一位好友来访。谈话间朋友问及海军在加勒比海某岛建立基地的事。

"我只要你告诉我，"他的朋友说，"我所听到的有关基地的传闻是否确有其事。"

这位朋友要打听的事在当时是不便公开的，但是好朋友相求，如何拒绝是好呢？

罗斯福望了望周围，然后压低嗓子向朋友问道："你能对不便外传的事情保密吗？"

"能。"好友急切地回答。

"那么，"罗斯福微笑着说，"我也能。"

这位朋友明白了罗斯福的意思，之后便不再打听了。

后来，罗斯福的这位朋友仍然和他交往着，感情并没有减淡，因为那人很清楚罗斯福做事一向是很有原则的。

在上面的故事中，罗斯福采用的是委婉含蓄的拒绝。在朋友面前既坚持了不能泄密的原则立场，又没有使朋友陷入难堪，体现了高超的语言运用能力。相反，如果罗斯福表情严肃，义正词严地加以拒绝，其结果必然是两个人之间的友情出现裂痕甚至出现危机。拒绝对方，也要给对方留足面子。当我们用委婉的方式来表示拒绝，就不会使对方难堪了。

我们对别人说"不"，是维护自己权益的行为。但是在维护自己权益的同时，也应当尽量照顾到对方的感受。虽然拒绝要态度明确，但仍需要通过各种语言的艺术，不要让对方感到难堪。

汉光武帝刘秀的姐姐——湖阳公主的丈夫死后，看中了朝中品貌兼优的宋弘。有一次，刘秀叫来宋弘，以言相探："俗话说，人地位权力高了，就要改换自己结交的朋友；人富贵了，也可以改换自己的妻子，这是人之常情吗？"宋弘回答说："我只听说'贫贱之交不可忘，糟糠之妻不下堂'。这句话的意思是：富贵时不要忘记贫贱时的朋友，最初的结发妻子也不能让她离开身边。"

宋弘自然深知刘秀问话的言外之意，但他进退两难，应允吧，违背了自己的人品，也对不起贫贱相扶的妻子；含糊其词吧，还会招来麻烦；直言相告吧，也不得体，所以他引用古语来"表态"，委婉而又直截了当地表明了自己的态度与立场，也是一个良好的拒绝他人的办法。

说"不"固然不太容易，但说话高手们总会让自己的拒绝明确而合理。不但能够在委婉的语言中让对方免于难堪，给对方一个台阶下，同时也明确地表达出自己的意思，对方知难而退，从而达到拒绝他人目的。

说"不"需要发自内心

不管是在生活还是职场中，我们常常都会遇到这样的问题：一位朋友或者同事突然开口，让你帮个忙。问题就在于，这个事情对你来说，已经超出个人能力范围。答应下来，自己忙上忙下，还不一定能够圆满完成；如果直接拒绝，面子上过不去，毕竟大家都相熟已久了。但是，应该怎么说，才能既不得罪人，又能达到拒绝的目的呢？

有人会直接对他说："不行，真的不行！"如果你真这么说了，当然拒绝的目的是肯定达到了，但是你可能因此失去一位朋友，甚至还会影响到你在这个圈子的口碑。有人会推托说："我能力不够，其实某某更适合。"那你有没有想过：当朋友或同事把你的这番话说给某某听时，他会做何反应？有人会不好意思地说："我真的忙不过来。"这个理由还算不错，可是只能用一次，第二次再用时，朋友或同事一定会用疑惑的眼光来看你。

那么，到底应该怎样说出"不"字来呢？

1. 不妨先倾听一下，再说"不"

在工作中，往往每个人都会遇到这种情况，当你的朋友或同事向你提出要求时，他们心中通常也会有某些困扰或担忧，担心你会不会马上拒绝。因此，在你决定拒绝之前，首先要注意倾听他的诉说，最好的办法是，请对方把自己的处境与需要，讲得更明了一些，自己才知道如何帮他。接着向他表示你了解他的难处，若是你易地而处，也一定会如此。

如果你的拒绝是因为自己有一定工作负荷或者压力，倾听可以让你清楚地界定对方的要求是不是你分内的工作，而且是否在自己的能力范围内。或许你仔细听了他的请求后，会发现协助它有助于提升自己的工作能力与经验。这时候，你在兼顾自己的工作原则下，牺牲一点自己的休闲时间来帮助对方，对自己的发展也是绝对有帮助的。

"倾听"还有一个好处是，虽然你拒绝了他，但你可以针对他的情况，建议如何取得适当的支援。若是能提出更好的办法或替代方案，对方一样会感激你，甚至在你的指引下找到更适当的方法，这样也会事半功倍。

2. 温和但又要坚定地说"不"

当你仔细倾听，明白朋友或同事的要求后，并认为自己确实帮不了忙，只能拒绝的时候，说"不"的态度即要温和又要坚定。好比同样是药丸，外面是一层糖衣的药，就会比较让人容易入口。同样地，委婉表达拒绝，也比生硬地说"不"让人更容易接受。

例如，当你的同事的要求不合公司或部门的有关规定时，你就要委婉地表达自己的工作权限，并暗示他如果自己帮了这个忙，就超出了自己的工作范围，违反了公司的有关规定。在爱莫能助的前提下，要让他清楚自己工作的先后顺序，并暗示他如果帮他这个忙，就会耽误自己手头上的工作，会有一些不必要的麻烦。

一般来说，同事听你这么说，一定会知难而退，而再去想其他办法。

3. 说明拒绝的理由

如果别人想尽办法试图说服你帮忙，那么你则必须采用各种理由"反击"，向他说明自己不能接受的原因。如果我们要让对方心服口服，就必须说出一个值得信服的理由。当然，选择权在我们手上。即使没有理由，我们也可以选择拒绝对方，但一定会让对方感到不悦，毕竟遭受毫无理由的拒绝，任谁都不会开心的。

4. 不要过多地解释

有些拒绝者为了抚慰对方"受伤的心灵"，往往在拒绝之后，说出一大堆安慰的话，或为自己的拒绝说出一连串冠冕堂皇的理由。其实，这些都是画蛇添足，因为太多理由，反而让别人觉得你是在借故搪塞。所以，拒绝的理由只要说清楚就行了，不要解释过度。

在说"不"的过程中，除了使用技巧，更需要诚恳。若只是随随便便的敷衍了事，对方其实都看得到。这样的话，有时更让人觉得你是一个不诚恳的人。

总之，只要你真心地说"不"，对方一定也会了解你的苦衷，而且你也能成功达到拒绝别人的目的。

用幽默巧妙拒绝

我们都知道，幽默是可以化解尴尬的场面，幽默可以获得陌生人的好感，幽默可以拉近陌生人之间的距离……幽默的语言总是有着神奇的作用，而在拒绝别人的时候，幽默也可以获得良好的效果。

有时候自己的至亲好友，从不开口求人帮忙，偶尔万不得已，求你一次，不幸遭到拒绝，会很失望。有的患难之友，曾经在你困难时鼎力相助，如今有求于你，你心有余而力不足，但他不相信，指责你忘恩负义。有的恳求虽然合理，但迫于客观条件的限制，始终无法得到解决。无论哪一种情况，拒绝别人都是一件难于启齿的事。一怕生硬的语言伤害到对方的心灵，二怕不恰当的拒绝破坏两个人原本的关系。那么是否有一种两全其美的方法，既不会伤害别人的面子，还可以巧妙地拒绝呢？回答是肯定的。纵观中外历史，许多名人、伟人都善于使用特别的"语言武器"，很机智地拒绝对方，这种特别的"语言武器"就是"幽默"。

美国有一位女士读过《围城》后，便给钱钟书先生打电话说，希望能够见一见钱钟书先生。但钱钟书先生向来淡泊名利，不爱慕虚荣，于是他就在电话中这样说道："假如你吃了一个鸡蛋觉得不错的话，那你又何必要见那个下蛋的母鸡呢！"钱先生以其特有的幽默和机智，运用新颖而又形象的比喻，拒绝了那位美国女士的请求。钱钟书先生的这番话不仅维护了美国女士的自尊，还使自己避免了不必要的麻烦。

用幽默的语言拒绝对方提出自己难以接受的要求，不仅坚持了自己的原则，还能够保全别人的面子。用幽默的语言既不答应对方的不合理的要求，还避免了使对方尴尬，同时还可以营造一种轻松愉快的气氛，并且还可以显示出被提要求一方具有豁达大度的处世风格。

生活中，拒绝一个人是需要勇气的。因为拒绝就意味着将对方拒之门外，可能拒绝了对方的一片"好意"，有时会让对方很难堪。这时，我们要根据不同的场合和对象进行考虑，选择恰当的方法婉转地拒绝，不能因为自己的拒绝而伤害对方的情感。

拒绝不仅是一门艺术，更是一门学问。当别人对你有所求而你办不到，不得已要拒绝的时候，要学会幽默地拒绝他人。同直接拒绝相比而言，幽默拒绝更容易被接受。因为幽默的拒绝方式在很大程度上顾全了被拒绝者的颜面。

洛克菲勒是一个富翁，他一生中至少赚了10亿美元。但他深知，过多的财富会给他的子孙带来很多的麻烦，所以洛克菲勒将高达7.5亿美元都捐出去了。

然而，他总是会在捐钱之前，会搞清款项的用途，从不随便捐。

有一天，洛克菲勒下班的时候，在回家的途中被一个人拦住。那个拦路人向他诉说自己的不幸，然后说："洛克菲勒先生，我是从10千米以外步行到这里找您的，在路上碰到的每个人都说，你是纽约最慷慨的大人物。"

洛克菲勒知道这个拦路人的目的就是向他讨钱，但他并不喜欢这种捐款方式，但又不愿意使对方感到难堪。怎么办呢？洛克菲勒想了一下，便对这个人说："请问，待会儿您是不是还要按照原路回去？"那人点了点头。

洛克菲勒就对这个人说："那就好办了，请您帮我一个忙，告诉刚刚碰到的每个人：他们听到的都是谣传。"

面对别人无理的要求，你想拒绝，但又不能用明确的语言来拒绝，这样会令人难堪。这时，你可以运用幽默的语言拒绝，不仅表达了自己的拒绝意图，还会使对方乐于接受。

所以，在拒绝别人的时候，我们不妨试着用些诙谐、幽默的语言委婉地拒绝对方，这样更容易被人接受和理解，还能帮助自己免去了很多麻烦。

委婉而不失面子的拒绝方法

在实际生活、工作中，人们时常会遇到别人向自己提出要求，有的提要求的人是你不喜欢的，有些人又恰恰提出了你难以接受的要求，处于这种尴尬的情况之中，你将如何处理。

我认为，遇到以上情况，我们没必要"有求必应"，而要"拒绝"。

在人们交往中过于生硬地回绝显得不近人情，婉言谢绝则是显得彬彬有礼且不失面子。总之，从总体上讲，拒绝并没有什么固定的模式，至于如何拒绝才能得到最佳效果，那只能因事、因人而异了。

清代名人郑板桥任潍县县令时，曾查处了一个叫李卿的恶霸。

李卿的父亲李君是刑部天官，听说儿子被捕，急忙赶回潍县为儿子求情。他知道郑板桥正直无私，直接求情不会见效，于是便以访友的名义来到郑板桥家里。郑板桥知其来意，心里也在想怎样巧拒说情，于是一场舌战巧妙展开了。

李君四处一望，见旁边的几案上放着文房四宝，他眼珠一转有了主意："郑兄，你我题诗绘画以助雅兴如何?"

"好呀。"

李君拿起笔在纸上画出一片尖尖竹笋，上面飞着一只乌鸦。

目睹此景，郑板桥不搭话，挥毫画出一丛细长的兰草，中间还有一只蜜蜂。

李君对郑板桥说："郑兄，我这画可有名堂，这叫'竹笋似枪，乌鸦真敢尖上立！'"

郑板桥微微一笑："李大人，我这也有讲究，这叫'兰叶如剑，黄蜂偏向刃中行'！"

李君碰了一个钉子，换了一个方式，他提笔在纸上写道："燮乃才子。"

郑板桥一看，人家夸自己呢，于是提笔写道："卿本佳人。"

李君一看心中一喜，连忙说："我这'燮'字可是郑兄大名，这个'卿'字……"

"当然是贵公子的宝号啦！"郑板桥回答。

李君以为自己的"软招"奏效了，心里别提有多高兴了，当即直言相托："既然我子是佳人，那么请郑兄手下留……"

"李大人，你怎么'糊涂'了？"郑板桥打断李君的话，"唐代李延寿不是说过吗……'卿本佳人，奈何做贼'呀！"

李君这才明白郑板桥的婉拒之意，不禁面红过耳，他知道多说无益，只好拱手作别了。

以"托物言志"这种打哑谜的方式对话——针对李君以势压人的暗示，郑板桥还以颜色，用违法必究的道理借助"一丛细长的兰草和其间的一只蜜蜂"这样的画，以及"兰叶如剑，黄蜂偏向刃中行"这样的话表达出来，对方自然心知肚明；最后，既然古人说过"卿本佳人，奈何做贼"的话，那就不是我郑板桥不接受你李君的说情，而是古人在拒绝你。

19世纪，狄斯雷利一度出任英国首相。当时，有个野心勃勃的军官一再请求狄斯雷利加封他为男爵。狄斯雷利知道此人才能超群，也很想跟他处好关系，但此人不够加封条件，狄斯雷利无法满足他的要求。

一天，狄斯雷利把军官请到办公室里，与他单独谈话："亲爱的朋友，很抱歉我不能给你男爵的封号，但我可以给你一件更好的东西。"

说到这里，狄斯雷利压低了声音："我会告诉所有人，我曾多次请你接受男爵的封号，但都被你拒绝了。"

狄斯雷利说话算数，他真的将这个消息散布了出去。众人都称赞军官谦虚无私、淡泊名利，对他的尊敬远超过任何一位男爵。军官由衷感激狄斯雷利，后来成了他最忠实的伙伴和军事后盾。

狄斯雷利没给对方一个冷冰冰的回答——"不"，更没有讥笑和嘲讽对方，他传递给对方的是"友情"：让对方明白，自己的要求虽未被满足，但声誉得到了首相的维护——这是比升职更好的东西。

狄斯雷利善于使用特别的"语言武器"，他在拒绝对方不当要求的同时，给足对方面子，这就是狄斯雷利的巧言说"不"的高明之处。

拒绝他人不容易，因为每个人都有自尊心，但不拒绝也不行，因为自己没办法帮忙。以下是可资借鉴的，比较委婉而不失面子的拒绝方法。

1. 学会轻轻地摇头

有些专家说，如果需要拒绝别人的请求时在听完别人陈述和请求之后，轻轻摇头，会令别人易于接受。

轻轻地摇头表示的是委婉拒绝意思。轻轻地摇头，程度一定不要太剧烈，否则令人不易于接受。在摇头之后一般要阐述拒绝的理由，可以使别人理解而不至于怨恨你。

2. 冷淡也是一种有效的拒绝方法

很多时候直言拒绝对方的请求可能会令对方难堪，但如果表示对对方所谈话题不感兴趣可能会免去不必要的麻烦。例如，当某人请你帮他介绍一位你很熟识的企业家认识，你可以说："我与他纯粹是私交，不谈论他的事业。"当有人向你诉说股市风云如何看好，企图向你借钱时，你可以说："我对股市没有兴趣，也不太懂。"这样既能使对方明白你拒绝他的意思，又可以不用直言拒绝。

3. 说些扫兴的话表示拒绝

如果你讨厌说话的对方，又不想得罪他，你可以说一些比较扫兴的话。

比如说含有"反正""但是"等这样词语的话，或在对方说话时不表示感兴趣，仅仅以"嗯，是吗？"做回答，或在对方极有兴趣地问你问题时回答："也许吧！""可能吧！"，这都是一些暗示，会令对方感觉出你对他的反感而退避三舍，更不会提出什么要求了。

4. 委婉打断谈话，阻止对方提要求

当人们兴致勃勃地提出某些话题时，如果经常被打断，会大大丧失谈论兴趣，如果被打断的次数太多，对方可能会主动

结束谈话。

因此，如果不想让对方提出要求，不妨试一下采取这种方法，以求不让对方提出要求。

打断对方时要注意方法，可以装作没听清楚，不断问对方："什么？再说一遍。""打断一下。"也可以在对方说话的间隙插入另一话题，使谈话"跑题"。

拒绝应当勇敢，不做"烂好人"

很多人为了息事宁人，自己强忍着，宁愿当个"烂好人"。还有的人从来不拒人于半里之外，他们觉得说"不"难免伤感情。不敢说"不"的人，他们的目标是被别人喜欢，但代价却是牺牲自我。

周五晚上，梅梅又在电话里向好友抱怨，说女儿的芭蕾课要考试，答应周六陪她去舞蹈学院排练一上午，下午要陪小姑子挑选婚纱，晚上同事开生日派对，她满口答应去帮厨……唉，成天为别人的事忙碌……

"谁让你逞强，应下一大堆事儿？"好友抢白了她一句。

"没办法呀，既然别人开了口，我怎么好意思拒绝呢？"

好友太了解她了，梅梅正是那种有求必应的热心人，只要别人开了口，她总碍于面子，怕惹别人不高兴，心里再不情愿也要硬撑着答应下来。

"不"字从她嘴里蹦出来，似乎比登天还难，到头来，往往搞得自己心力交瘁、疲惫不堪……

梅梅在办公室也是如此，担心自己不承担所有交代下来的工作，就会惹上司不高兴，于是有求必应，从来不去考虑自己的承受能力，结果分内的工作都给耽误了。拒绝别人最让她头疼，在婚姻中也不例外，"不管老公想干什么，我都会让步，还是少惹他不开心的好，他的工作压力已经够大了。就让我当天底下最不开心的那个人吧。"梅梅说道。

在生活中，面对做不了的事情，要勇敢地说"不"。为了一时的面子而勉强行事，是最不明智的行为。俗话说："死要面子活受罪。"如果拿不出勇气来拒绝别人，最后受委屈、吃亏的只能是自己。

勇敢说"不"，这并不一定会给你带来麻烦，反而会减轻压力。如果你想活得自在一点，就请勇敢地站出来说"不"。记住，你不必为拒绝的事情而内疚。

当然在你勇敢地说"不"的时候，你不能硬邦邦地回绝别人，给人造成颜面上的难堪和心里的不快，而要懂得把握拒绝的艺术，那么在说"不"的时候，你要注意哪些呢？

（1）确定别人对你的要求是否合理，不要看别人是否觉得合理。如果你犹豫，或者你觉得为难、被迫，或者你觉得紧张，那可能意味着这个要求是不合理的。

（2）在完全弄明白别人对你的要求之前，不会让自己说"是"还是"不"。

（3）说"不"时要清晰肯定。简单地说出"不"是很重要的，不要让它成为一个充满着借口和辩解的复杂表述。你在拒绝的时候，只要简单明了地解释一下你的感受就行了。直接的解释是一种果断的自信，间接的误导或借口会给你将来留下更多的麻烦。

（4）在拒绝的时候不说"对不起，但是……"。说"对不起"会动摇你的立场，别人可能会利用你的负疚感再提出要求。当你认真地估计了形势，决定拒绝的时候，你用不着觉得抱歉。

（5）在业务来往中，如果对方给你提出超规范要求，如果直接说"不"，断然回绝，往往容易把双方关系搞僵了，从而导致其他工作不能顺利开展，影响极大。这时候，你就要把未出口的"不"改成"我考虑一下再给你回电话"等，然后将话题岔开，对方会感到你很给他面子，比较容易接受。事后，如对方再仔细考虑的话，也就会觉得自己的要求"是不是太过分了"，于是他会自觉放弃，事情就会迎刃而解。

需要拒绝的时候，要敢于拒绝任何人、任何事，只有这样你的生活才会过得洒脱。

拒绝是人类个性的体现

拒绝，就是"不同意"的意思。

拒绝，生活中并不鲜见。作为正直男子，你可以拒绝歪风邪气的侵蚀；作为貌美女郎，你可以拒绝来自社会的种种盲目追求。拒绝不等同于六亲不认式的无情无义，也不等同于失去理智后的一意孤行。在特定条件下，它既是人类个性的一种体现。

明确直言的拒绝，有时自己感到过意不去，也令对方感到尴尬。这就需要采用一些巧妙委婉的拒绝方式，既表达了自己的愿望，又将对方失望与不快的情绪控制在最小范围内，不影响彼此之间的人际关系。

唐宪宗元和年间，大将李光颜屡立战功，有个叫韩弘的将领非常嫉妒他。为了争名夺功，韩弘设一计，他不惜花费数百万钱财，派人物色了一些美貌女子，并教会她们歌舞演奏等多种技艺。他将这些美女特地送给李光颜，希望李光颜从此沉湎于女色而懈怠军务。

李光颜当众对送美女的使者说："您的主公怜惜光颜离家很久，赠送美貌女子给我，实在是大恩大德，然而光颜受国家恩深，与逆贼不共戴天，更何况数万将士，皆远离妻子儿女，我怎么能独自以女色为乐呢？"一席拒绝之辞攻破韩弘的诡计，既令使者叹服，又使部属拥戴。

有人说："平生最怕拒绝别人。"这似乎让我们看到人性的温柔与纯善。但在现实生活中，不拒绝未必为善事，学会拒绝也未必不是好事。

要懂得如何拒绝。有些活动并不太重要，浪费宝贵的时间。而更坏的事情是只忙于一些鸡毛蒜皮的事，这比什么都不干还要糟糕。

应该在有的事情面前勇敢地说不。我们不能因为害怕拒绝而忘记去叩门。如果对方是非分的祈求，请不要迁就，你要拿出勇气来拒绝——轻轻地说声"对不起"。你无意去伤害一颗渴望的心灵，但也不能因此而失去自我。

学会拒绝也是一门学问，当别人有求于你而你又无能为力

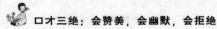

时，不要急于把"不"说出口，不要使对方感到你丝毫没有帮助他解决困难的诚意。

生活中，不可能不拒绝别人，如果每次拒绝都带来仇视敌意，那最后必将成为孤家寡人。所以，学会婉转拒绝是人生的必修课。

高情商自我提升丛书（全三册）

为人三会：
会说话，会办事，会做人

陈亮亮　李　宏　刘少影　编著

吉林出版集团股份有限公司｜全国百佳图书出版单位

图书在版编目（CIP）数据

　　为人三会：会说话，会办事，会做人/陈亮亮，李宏，刘少影编著. -- 长春：吉林出版集团股份有限公司，2020.1

　　（高情商自我提升丛书：全三册）

　　ISBN 978-7-5581-7156-7

　　Ⅰ.①为… Ⅱ.①陈… ②李… ③刘… Ⅲ.①人生哲学 – 通俗读物 Ⅳ.① B821-49

　　中国版本图书馆 CIP 数据核字（2019）第 276698 号

前　言

　　一个人的做人方式会在说话和办事的过程中得以体现，而说话和办事中的细节与态度也恰恰折射出了做人的风格。会说话，会办事，人格魅力自然得到提升；不会说话，不会办事，自然麻烦重重惹人厌。所以说，做人就是做事，做事就是做人，当做人和做事相互交融时，做人中掺入了技巧，做事时透出了境界，再通过恰当的语言让对方感知，生命的意义就会因此而变得更加深刻、更加丰富，为人也会更加洒脱和自信。

　　会说话就是讲究语言表达的方式：说得好，说得精，说得巧。说得好，就是把话说到对方的心坎上，说者会说，听者爱听，产生共鸣；说得精，就是言简意赅，不啰嗦，不冗繁，不赘言；说得巧，是指话说到点子上，言之有据，一语中的，而不是东拉西扯，无理狡辩。

　　会办事就是懂得处理问题的技巧：事办得到，事办得牢，事办得周全。办得到，简单来说就是答应别人的事就一定要完成，对他人交代的事情能够严守承诺，不放空炮，不拖拖拉拉，不论上司交办的、下属请示的、同事委托的、亲友嘱咐的等都如期完成任务；办得牢，就是将事情办得牢靠，让人放心，不让人催促、有所担忧；办得周全，指办事有始有终，不半途而废，不虎头蛇尾，细枝末节都想得到，办得好。会做人就是会处理好三种关系：自己的身心关系，人与社会的人际关系，人与自然的天人关系。简单点说，就是学会让人、学会敬人、学会爱人、学会宽容别人、学会善待别人、学会尊敬别人；不张扬、不狂傲、不显露、不虚伪，这些都是做人的基本要求。有的人会做人，有的人不会做人。会做人的人善于处理做人的问题，赢得他人的尊重和社会的认可，同时也发展和提升了自己。不会做人的人不会处理做人的问题，事业上一败涂地，生活也处于焦头烂额的状态中。学会做人就要从我们自身开始，从提升我们个人的修养和素质开始。

本书告诉读者，会说话、会办事、会做人，此为人立世三宝。以为人做题，以做人、说话、办事做眼，内容古今兼用，中外融通，多侧面、多角度、多层次地揭示为人这个主题，阐述了现代人立足社会为人处世应当掌握的技巧和策略。每一个生动精彩的故事都映照出了人性的光辉，教给我们做人的价值和意义；每一段文字都深入浅出地说明了说话和办事所蕴藏的智慧和艺术，用最直接、最简单、最实用、最有效的方法告诉我们，怎么说话最恰当，最让人爱听，怎么办事最成功，收效最高。只要认真阅读、使用本书，你就会更优秀，让你拥有不可思议的力量，去改变你的现状，拓宽你的视野，丰富你的内涵，实现你的目标。

目　录

上　篇　会说话：情商高就是让人舒服

上　篇

会说话：情商高就是让人舒服

第一章　新鲜有趣的话术精进技巧

　　生活之中，几乎人人都会说话，但是有的人说话让人听着心里舒服，有的人说的话，怎么听怎么刺耳。同样是说话，为什么差别这么大？因为，会说话的人，懂得如何说，别人才愿意听。

　　说话，作为沟通手段，现在已经成为一种不可缺少的生存技能，因此，想怎么说就怎么说是远远不行的。尤其是在一些特定场合下，只有说得得体、说到别人心里去才能打动别人，让别人按你的意志走，达到你想要的沟通结果。

感人心者，莫先乎情

　　讲话如果只追求外表漂亮，缺乏真挚的感情，开出的也只能是无果之花，虽然能欺骗别人的耳朵，却不能欺骗别人的心。著名演讲家李燕杰说："在演说和一切艺术活动中，唯有真诚，才能使人怒；唯有真诚，才能使人怜；唯有真诚，才能使人信服。"若要使人动心，就必须要先使自己动情。第二次世界大战期间，年近 70 岁的英国首相丘吉尔在对秘书口授反击法西斯的战争动员讲演稿时，激动得像小孩一样，哭得涕泪横流。他的这一次演讲动人心魄，极大地鼓舞了英国人民反法西斯的斗志。

与人交谈，贵在真诚。有诗云："功成理定何神速，速在推心置人腹。"只要你与人交流时能捧出一颗恳切至诚的心，一颗火热滚烫的心，怎能不让人感动？怎能不动人心弦？

北宋词人晏殊素以说话真诚著称。他 14 岁时参加殿试，真宗出了一道题让他做。晏殊看过试题后说："陛下，十天以前我已经做过这个题目了，草稿还在，请陛下另外出个题目吧。"真宗见晏殊如此真诚，认为他很可信，便赐予他"同进士出身"。

晏殊在史馆任职期间，每逢假日，京城的大小官员常到外边吃喝玩乐。晏殊因为家贫，没有钱出去，只好在家里和弟兄们读书、写文章。有一次，真宗点名要晏殊担任辅佐太子的东宫官一职，许多大臣不解。真宗对此解释说："近来群臣经常出门游玩饮宴，唯有晏殊与弟兄们闭门读书，如此自重谨慎，正是东宫官的合适人选。"然而，晏殊向真宗谢恩后说："其实我也是个喜欢游玩饮宴的人，但因家里贫穷无法出去。如果我有钱，也早就参与宴游了。"这两件事，使晏殊在群臣面前树立起了信誉，真宗也更加信任他了。

业务员布鲁克欲前往农场向农场主人推销公司的收割机。到达农场后，他才知道，前面已经有十几个不同公司的业务员向农场主人推销过收割机，但农场主人都没有买。

布鲁克来到农场时，无意中看到花园里有一株杂草，便弯腰下去想把那株杂草拔除，这个小小的动作恰巧被农场主人看见了。

布鲁克见到农场主人后，正准备介绍公司的产品时，农场主人却阻止他说："不用介绍了，你的收割机我买了。"

布鲁克大感疑惑地问："先生，为什么您看都没看就决定购买了呢？"

农场主人答："第一，你的行为已经告诉我，你是一个诚实、有责任感、心态良好的人，因此值得信赖。第二，我目前也确实需要一台收割机。"

由此可见，说话的魅力，不在于说得多么流畅华丽，而在于是否善于表达真诚。最能推销产品的人，不见得一定是口若悬河的人，有时候一个不经意的肢体语言，远胜于滔滔不绝。

美国前总统林肯就很注意培养自己说话的真诚情谊，他说："一滴蜂蜜要比一加仑胆汁能吸引更多的苍蝇。人也是如此，如果你想赢得人心，首先就要让他相信你是他最真诚的朋友。那样，就像一滴蜂蜜吸引住他的心，也就是一条坦然大道，通往他的理性彼岸。"1858 年，他在一次竞选辩论中说："你能在所有的时候欺骗某些人，也能在某些时候欺骗所有的人，但你不能在所有的时候欺骗所有的人。"这句著名的政治格言，成为林肯的座右铭。

如果你能用得体的语言表达你的真诚，你就能很容易赢得对方的信任，与对方建立起彼此信赖的关系，让友谊长存。能够打动人心的话语，才可称得上是"金口玉言"，一字值千金。

你待人以真诚，别人以真情回馈

"逢人只说三分话，莫要全抛一片心"，这是一句为人处世的俗语，意思是对人要"阴者勿交，傲者少言"。假如你遇到一个表情阴沉、沉默寡言的人，不要急着推心置腹表示真情；假如你遇到一个高傲自大、愤愤不平的人，要注意自己的言谈。

其实，这只是将自己围在一道防线以内，生怕自己遇人不淑；人与人的心灵之间筑起一堵高墙，越来越多的城市居民进入了"陌生居住"时代，邻里之间"犬之声相闻，老死不相往来"。人们在感叹人与人相处很难时，殊不知是自己把心门关闭起来了，别人又如何进来？

孟子云："欲见贤人而不以其道，犹欲其入而闭之门也。夫义，路也；礼，门也。"想见贤人而不按合适的方式，那就像要人进来，却又把他关在门外。应该用"义""礼"来对待别人。

孟子的这句话的含义是：你待人以善意，别人以善意相报；你待人以真诚，别人以真情回馈。这也就是我们经常所说的"将心比心""以心换心"。

有的人对真诚待人抱怀疑或否定态度，理由是：我真诚待人，人若不真诚待我，那我岂不是很傻、很吃亏吗？

不可否认，生活中存在这样的人：虚伪、狡诈、阴险，一肚子小心眼，玩弄他人的真诚，戏弄他人的善良，算计他人的毫无防备，践踏他人的真情实意，以怨报德、以恶报善。

但是，这种人毕竟是少数，在他们的丑陋嘴脸暴露后，必将被众人所指责和唾弃，并被群体厌恶和排斥。

因此，当我们的善良和真诚被居心叵测的人愚弄之后，吃亏更多、损失更大的并不是自己，而是对方。伤人的人在承受被伤害者愤恨的同时，还要承受他人的蔑视以及被群体排斥的孤独。

有的人怕真诚待人吃亏上当，因此希望别人先主动真诚待己。你真诚待了我，我再真诚待你，这是被动为善的人际关系态度。如果人人都这样想，人人都不肯首先付出，那么这个世界上还能找到真诚吗？

弗莱明是苏格兰一个穷苦的农民。有一天，他救起一个掉到深水沟里的孩子。第二天，弗莱明家门口迎来了一辆豪华的马车，从马车走下一位气质高雅的绅士。见到弗莱明，绅士说："我是昨天被你救起的孩子的父亲，我今天特地过来向你表示感谢。"弗莱明回答："我不能因救起你的孩子就接受报酬。"

正在两人说话之际，弗莱明的儿子从外面回来了。绅士问道："他是你的儿子吗？"农民不无自豪地回答："是。"绅士说："我们订立一个协议，我带走你的儿子，并让他接受最好的教育，假如这个孩子能像你一样真诚，那他将来一定会成为让你自豪的人。"弗莱明答应签下这个协议。数年后，他的儿子从圣玛利亚医学院毕业，发明了抗菌药物青霉素，一举成为天下闻名的亚历山大·弗莱明爵士。

有一年，绅士的儿子，也就是被弗莱明从深沟里救起来的那个孩子染上了肺炎，是什么将他从死亡的边缘救了回来？是青霉素。那个气质高雅的人是谁呢？他是二战前英国上议院议员老丘吉尔，绅士的儿子是谁呢？他是二战时期英国的著名首相丘吉尔。

本杰明·富兰克林曾说过，一个人种下什么，就会收获什么。弗莱明正是因为真诚待人才让自己的儿子有了成才的机会。老丘吉尔也因为真诚待人才拯救了自己儿子的生命，丘吉尔也成为20世纪影响人类历史进程的政治家。

当松下电器公司还是一个乡下小工厂时，作为公司领导，松下幸之助总是亲自出门推销产品。每次在碰到砍价高手时，他总是真诚地说："我的工厂是家小厂。炎炎夏日，工人们在炽热的铁板上加工制作产品。大家汗流浃背，却依旧努力工作，好不容易才制造出了这些产品，依照正常的利润计算方法，应该是每件××元承购。"

听了这样的话，对方总是开怀大笑，说："很多卖方在讨价还价的时候，总是说出种种不同的理由。但是你说的很不一样，句句都在情理之中。好吧，我就按你开出的价格买下来好了。"

松下幸之助的成功，在于真诚的说话态度。他的话充满情感，描绘了工人劳作的艰辛、创业的艰难，语言朴素、生动，语气真挚、自然，让对方心有戚戚焉。正是他的真诚，才换来了对方的合作。

会说话的人，常常是最善于说对方感兴趣话题的人；最会办事的人，也常常是那些做了让对方感激或感动的事的人。

被公认为"魔术师中的魔术师"的哲斯顿，在他活跃的那个年代，他精彩的表演能让超过六千万的观众买票进场看他的演出，使他赚了两百万美元的利润。

卡耐基花了一个晚上待在他的化妆室里，向他请教成功的秘诀是什么。

哲斯顿说，他的成功并不是因为他的魔术知识特别丰富，因为关于魔术手法的书他已经有好几百本，而且有几十个人跟他懂得一样多。他一直做的，就是从观众的角度出发，多为观众着想，懂得表现人性。

哲斯顿对每个观众都真诚地感兴趣。他告诉卡耐基，许多魔术师会看着观众，对自己说："坐在台下的都是一群傻子和笨蛋，我可以把他们骗得团团转。"而哲斯顿却不这样想。他每次在上台时都会对自己说："我很感激，因为这些人来看我的表演，是我的衣食父母，是他们让我过上舒适的生活。因此，我要把我最高明的手法表演给他们看。"

他宣称，他没有一次在走上台时，不是一再地对自己说："我爱我的观众，我爱我的观众。"卡耐基认为，哲斯顿的成功秘方就是如此简单，那就是对他人感兴趣，这就是一位有史以来最著名的魔术师所采用的秘方。

千百年来，刘备"三顾茅庐"一直被传为佳话。刘备邀请诸葛亮出山，听人说诸葛亮"每常自比管仲、乐毅"，当时的名士司马徽则赞之为："可比兴周800年之姜子牙，旺汉400年之张子房。"这样，刘备心中有了底。一顾茅庐，诸葛亮避而不见，张飞耍脾气："量一村夫何必兄长自去，可使人唤来便了。"当刘备二顾茅庐，诸葛亮又避而不见，连一直极为持重老成的关羽也耐不住了。可刘备留下一书，以表诚意。三顾茅庐，诸葛亮故意仰卧草堂迟迟不起，让刘备等三人拱立阶下几个时辰，最后才欣然出山，"定三分隆中决策"，开创"两朝开济老臣心"的伟业。

刘备的诚心终于感动了诸葛亮，真可谓"精诚所至，金石为开"。人人都需要被尊重，特别是拥有较高社会地位、有所建树的能人学者，往往骨子里有些清高或傲气。在与他们交往时，要礼让三分。一旦被你的诚心感动，他们会加倍地信赖你，也会用各种形式来报答你。

学会换位思考，凡事要站在对方的立场去想

如果我是他

美国哲学家、诗人爱默生，有一天和儿子想把一头在牧场上撒欢奔跑的小牛犊赶回牛栏。爱默生在后面使劲推，他的儿子在前面用力拉，但是小牛犊就是不愿跨进牛栏。它倔强地低着头，死死地抵住地面，不按父子俩的意愿行动。他们家的那位爱尔兰女佣见状，把沾有盐味的手靠近小牛犊的嘴。小牛犊便一边吮吸她的手，一边甩着尾巴跟着她进了牛栏。

在生活中，许多人常常自以为是，喜欢以自己的价值尺度去衡量他人的生活方式，结果常常感到困惑：自己认为好的，对方不一定认为好；你认为自己为对方付出了很多，但对方却认为这些付出对他没有意义……

如果你只是从自己的角度来看问题，纵然你有利人利己的美好愿望，有时也难以被对方接受，最终的结果可能适得其反。多数人际冲突的产生，都是由于人们过分强调自己的立场，而

不能从对方的角度来理解问题。事实上，他的做法与你的看法不同，并不代表他一定是错的，而你一定是对的。如果你处在他的位置上，在同样的状况下，你的做法可能与他并没有什么不同。

所以，在人际交往的过程中，要达成良好的人际沟通，寻求他人的支持与合作，营造利人利己的双赢局面，就必须学会换位思考——凡事要站在对方的立场去想："如果我是他的话……"

请读者朋友再看看一位美国出租车司机的故事：

哈维在机场等出租车。当一辆出租车停在他面前时，他看到这辆车干干净净、明亮照人。然后，他看到了司机，小伙子穿戴整齐、白衬衫、黑长裤、黑皮鞋，系着黑领带，英姿焕发，彬彬有礼。司机走下车，打开后座车门，用手挡住车门上框，请哈维上车。

等哈维坐定后，他恭敬地递给哈维一张名片，说："我叫沃利，很高兴为你服务。名片上写有我的服务宗旨，在我为你把行李放进后备箱时，你可以看一看。"名片背面写着："沃利的服务宗旨：用最快的速度，走最经济的路线，在一路友好的氛围中平安地将顾客送达目的地。"

哈维暗自惊叹，当看到车里面和车表面一样一尘不染时，他对这个司机更是刮目相看。沃利上了车，在驾驶座坐下，说："要喝一杯咖啡吗？我的保温瓶里有热咖啡。"

哈维没有想到他会如此周到，于是开玩笑地说："咖啡就算了，不过如果有软饮料的话，不妨来一杯。"

谁知，沃利立即笑着回答道："行啊，我这里有可乐、矿泉水和橘子汁。"

哈维惊讶得说话都有点结巴了："那就、就、就来一杯可乐吧。"

把可乐递给哈维后，沃利又说："如果你想阅读的话，这里有《华尔街杂志》《华尔街时报》《体育画报》和《今日美国》。"

车子启动后，沃利递给哈维一张纸。"这是电台的节目表，如果你想听哪一个频道，告诉我一声。"他又补充说，车上的空调温度可以按照顾客的要求进行调节。然后，他提出了这个时段抵达目的地的最佳路线的建议，请哈维定夺。他还告诉哈维，他可以介绍沿途的景色，也可以不说话保持安静，但这全凭哈维的选择。

哈维问："你是不是总是这样服务你的顾客？"

沃利笑着看了一眼后视镜："事实上，我只是近两年才这样做的。在此之前，我已经开了五年车，和许多别的出租车司机一样，也经常牢骚满腹、怨天尤人。但有一天，我看一本书。书中说，如果你早晨起床，心中担心这一天会是糟糕的一天，结果多半就会如此。作者建议我们：'不要抱怨自己运气不好，绝大部分的机会都是你自己争取来的。与其把精力花在抱怨和发牢骚上，还不如把心思花在工作上。只要认真去做，就能在竞争中脱颖而出！'

"这本书给了我很大的触动，我感到作者好像就是针对我这样的人而写的。我不能再像鸭子一样呱呱地抱怨了，我要改变我的生活态度，像雄鹰一样高高地在蓝天上飞翔。我认真观察了那些喜欢抱怨的出租车司机，他们的车子大多很脏，他们的服务态度大多不是很友好，顾客不是十分满意。我决定进行改变，多为顾客着想，竭诚为他们服务。"

"我想你会有所回报的。"哈维说。"是的，"沃利自豪地答道，"第一年，我的收入就翻了一番。今年将会增加得更多。今天，你很幸运，坐上了我的车，因为我现在一般不会空车，我的活儿不断，用过我的车的顾客们，下次用车，还会想到我，他们会给我打电话或发短信预约。我不方便时，就会推荐那些服务同样周到的司机，我从中收取一定的中介费。"

如此站在顾客的角度周全考虑，怎么会得不到顾客的好感呢？怎么会得不到理解和赞同呢？怎么可能不使自己的收入倍增呢？

攀亲认友

"听口音你像客家人，我们是老乡！""我和你姐姐是同学。""我是你父亲的同事。"

这种"攀亲认友"的开场白很实用，能一下子缩短心理距离，使对方产生莫名的亲切感。

三国时代的鲁肃就是攀亲认友的能手。他跟诸葛亮初次见面时的第一句话是："我，子瑜友也。"子瑜，就是诸葛亮的哥哥诸葛瑾，他是鲁肃的挚友。短短的一句话就使交谈双方心心相印，为孙权跟刘备结盟抗击曹操打下了基础。

有时候，对异国初交者也可采用这种方式。1984年4月，美国总统里根访问上海复旦大学。在一间大教室内，里根总统面对一百多位初次见面的复旦学生，他的开场白就紧紧抓住了听众的心："其实，我和你们学校有着密切的关系。你们的谢希德校长同我的夫人南希，是美国史密斯学院的校友呢。照此看来，我和各位自然也都是朋友了！"此话一出，全场报以热烈的掌声。短短几句话便打开了与听众交流的通道，不仅消除了两国之间的隔阂，还增加了彼此间的友好，这段开场白可真妙啊！

下面看一个真实的故事：

在一家旅馆，一个旅客正悠闲地躺在床上欣赏电视节目，一个刚到达的先生放下旅行包，稍拭风尘，冲一杯浓茶，开始研究那位看电视的旅客。

先生说："你好，来了很长时间了吧?"

旅客回答："刚到一会儿呢。"

先生："听口音您不是苏北人啊?"

旅客："山东枣庄人！"

先生："枣庄，好地方啊！读小学时，我就在连环画《铁道游击队》中知道这个地方。几年前去了一趟枣庄，还颇有兴致地玩了一遭呢。"

接着两个人就谈了起来，那亲热劲儿，不知底细的人恐怕还以为他们是一道来的呢。接着就是互赠名片，一起进餐，睡觉前双方居然还在各自带来的合同上签了字：枣庄旅客订了苏南先生造革厂的一批产品，苏南先生从枣庄旅客那里弄到一批价格比较合理的议价煤。他们的相识、交谈与合作成功，就在于他们找到了"枣庄""铁道游击队"这个共同的话题。

扬长避短

因为面子问题，人们都喜欢别人赞美自己的长处。那么，跟初交者交谈时，应投其所好，以直接或间接的方式赞扬对方的长处作为开场白，就能使对方高兴，对你产生好感，交谈的积极性也就得到极大激发。反之，如果有意或无意地触及对方的短处，对方的自尊心受到伤害，交谈的效果就可想而知了。

宋小姐是一家房地产公司总裁的公关助理，奉命聘请一位特别著名的景观设计师为本公司的一个大型园林项目做设计顾问。但这位设计师已退休在家多年，且此人性情清高孤傲，一般人很难请得动他。

为了博得老设计师的欢心，宋小姐事先做了一番调查，她了解到老设计师平时喜欢作画，便花了几天时间读了几本中国美术方面的书籍。她来到老设计师家中，刚开始，老设计师对她态度很冷淡，宋小姐就装作不经意地发现老设计师的画案上放着一幅刚画完的国画，便边欣赏边赞叹道："老先生的这幅丹青，景象新奇，意境宏深，真是好画啊！"一番话使老先生升腾起愉悦感和自豪感。

接着，宋小姐又说："老先生，您是学清代山水名家石涛的风格吧？"这样，就进一步激发了老设计师的谈话兴趣。果然，他的态度转变了，话也多了起来。接着，宋小姐对所谈话题着意挖掘，环环相扣，使两人的距离越来越近。终于，宋小姐说服了老设计师，出任其公司的设计顾问。

说话要让人听起来舒服

见到一个长得很丑陋的人，3 岁的孩子说"他真丑"，这叫说真话；13 岁的人说同样的话，叫作不懂事；23 岁的人如果这么说，则是没修养。

所谓"诚实"，诚在先，实在后，诚是善意和尊重。实话实说只是一种勇气，说话不伤人才是一种智慧和能力，需要不断修炼。

有这样一个故事：

从前，有一个爱说大实话的人，什么事情他都照实说，所以，不管他到哪儿，都成为不受欢迎之人，总是被人赶走。这样，他变得一贫如洗，无处栖身。

最后，他来到一座修道院，指望着能被收容进去。修道院院长见过他，问明了原因以后，认为应该尊重那些热爱真理、说实话的人。于是，把他留在修道院里安顿下来。

修道院里有几头牲口已经不中用了，院长想把它们卖掉，可是他不敢随便派手下人到集市去卖牲口，怕他们中饱私囊，便叫这个人把两头驴和一头骡子牵到集市上去卖。

当有买主向前询问，这人便实话实说："尾巴断了的这头驴很懒，喜欢躺在稀泥里。有一次，长工们想把它从泥里拽起来，一用劲，拽断了尾巴；这头驴特别倔，一步路也不想走，他们就抽它，因为抽得太多，毛都秃了。这头骡子呢，是又老又瘸。如果干得了活儿，修道院院长干吗要把它们卖掉啊？"

结果，买主们听了这些话就走了。这些话在集市上一传开，谁也不来买这些牲口了。于是，这人到晚上又把它们赶回了修道院。

修道院院长发着火对这人说："朋友，那些把你赶走的人是对的，不应该留你这样的人！我虽然喜欢实话，可是，我却不喜欢那些跟我的腰包作对的实话！所以，老兄，你滚开吧，你爱上哪儿就上哪儿去吧！"就这样，这人又从修道院里被赶

— 15 —

走了。

故事中主人公的遭遇令人叹息，现实生活中也不乏类似的例子。

圣诞节，学校举行庆祝大会，老师一边分糖果、蛋糕，一边说："看啊，小朋友们，圣诞老人给你们带来了什么礼物？"凯蒂马上站起来，严肃地说："世界上根本没有圣诞老人。"老师虽然很生气，但还是压住心中的怒火，改口说："相信圣诞老人的乖女孩才能得到糖果。"凯蒂回答："我才不稀罕糖果。"老师勃然大怒，处罚凯蒂坐到前面的地板上。

有一位证券公司的高级主管对我说，他最不能忍耐的就是他的太太有意无意地泼他冷水。当他打电话跟太太说，今晚不能回家吃饭，因为公司全体同仁决定，一起为他庆祝 40 岁生日时，这位曾是他大学同班同学的妻子，马上嗤之以鼻地说："哦，你何德何能，为什么人家要帮你庆生？"一句话使他满腔热情结成冰，心想："早知你这么刻薄，下次不回家吃饭，我就不该告诉你。"

其实，他太太说的话并不表示瞧不起他，也许是有点"酸葡萄"心理，或只是单纯的"不会说话"。被人指责"不会说话"的人，通常很少认为那是自己的短处，反而会沾沾自喜地认为自己很"直"，暗暗以为是优点，如此一来，改进的可能性就很低。

爱情本身就很容易因年久失修而变质，这样的态度，只会让彼此的关系如履薄冰。结果，只能要么把冷水泼回去，要么保持沉默，警告自己不再将自己快乐或得意的事告知另一半。最后，双方渐行渐远，夫妻关系降至冰点。

同事之间亦然。直率的语言犹如一把锋利的双刃剑，在伤害别人的同时，也会刺伤自己。

在公司的一次集会中，李萍看到一位女同事穿了一件紧身的新装，与她的丰腴身材很不相称，李萍实事求是地说了一句："说实话，你的这件衣服虽然很漂亮，但穿在你身上就像给水桶包上了艳丽的布。因为你实在太胖了！"

女同事瞪了李萍一眼，生气地走开了，让周围大赞"漂亮""合适"的其他同事也很是尴尬。久而久之，同事们把她排除在集体之外，很少就某件事去征求她的意见，李萍成了不折不扣的孤家寡人。

交往中的智慧话语

在浩如烟海的文字中，有一些是人们极其常用，又对人际交往起着重要作用的短语，若能在适当场合适当使用，会给我们带来意想不到的良好效果。

下面收录的是当代社会里用得最多，也是最有效果的智慧话语。

1. "早上好！"

无论你昨天多么累，在今天早上起来后，在这新的一天里，都要精神抖擞地向你周围的人道一声："早上好！"特别是对你的老板和同事。

问一句"早上好"，就是要打破从昨天下班以后到今天早上一直处于停顿状态的同事关系，重新开始新的一天的人际关系，因此，对别人说"早上好"是一种必要且严肃的行为。

"早上好"是一句问候语，是亲善感、友好感的表示，更是一种信任和尊重。平日里，相互见面时叫"你好""再见"也能起到与"早上好"一样的良好效果。

2. "请"

在西方国家，几乎在任何需要麻烦他人的时候，"请"都是必须挂在嘴边的礼貌语。如"请问""请原谅""请留步""请用餐""请指教""请稍候""请关照"，等等。频繁使用"请"字，会使话语变得委婉而礼貌，是比较自然地把自己的位置降低，将对方的位置抬高的办法。

3. "谢谢！"

五岁的小涛手里拿着一个雪糕兴冲冲地跑来，对爸爸说："小张叔叔给我买的。"

爸爸说："你说了'谢谢'吗？"

小涛说："没有呀。"

爸爸说："真没有礼貌。快去！对小张叔叔说声'谢谢'。"

过了不久，小涛回来了。

"谢了，但已经没用了。"小涛回答说。

"为什么？"

"小张叔叔说不用谢。"

这则笑话是富有启示性的。在人际交往中，有许多人在不同程度上就是这个"小涛"。他们在这方面主要有两个缺陷：

一是认为没有必要说"谢谢"；

二是确实不会说"谢谢"。

前者是认知上的问题，后者是技术能力上的问题，但都会对人际交往造成不利，必须予以改变。

感谢有下列几种功能：

（1）表达自我情感。人们在接受别人的善意言行之后，都会产生一种感激之情，情动于衷，发乎言辞。一句"谢谢"，常常就是这种情感的自然流露。

（2）强化对方的好感。人际交往是一个互动过程，一方的善意行为必然得到另一方的酬谢。而这种酬谢又将进一步使对方产生好感，并做出新的善意行为，达到双方关系的进一步融洽。

（3）调节双方距离。

千万不要忘了你身边的人，你的家人、你的朋友、你的老板、你的同事。他们是了解和支持你的人，说出你对他们的谢意，并用良好的心态回报他们吧。这样，他们就会给予你更多的信任、支持和帮助。

对他人的道谢要答谢，答谢可以是"没什么，别客气""我很乐意帮忙""应该的"。

（4）"对不起！"

说声"对不起"，生活更容易。

有一句话说得好："智者千虑，必有一失。"一个人再聪明能干，也会有犯错误的时候。人在做了错事之后，往往有两种截然不同的态度：一种是拒不认错，找借口为自己辩解开脱；另一种是坦诚承认错误，向大家说声"对不起"，并勇于改正，找出解决的途径。

道歉是一个很微小的行为，但又是让很多人忽视的行为。

然而，有了过失与错误，就应该及时道歉，说声"对不起"。"对不起"是消除后遗症的"定心丸"，说得越及时越好，说得越真诚越好。道歉既是尊重别人，也是尊重自己，不但能弥补过失，还能加深情谊，化解危机。

学会说"对不起"，看似简单，但它的效用，非别的字眼可以比拟。"对不起"能使强者低头，使怒者消气，使说者成熟。

（5）"我不知道"

对自己不知道的事情，坦率地说不知道。这样反而更容易赢得别人的尊重。孔子曾说过："知之为知之，不知为不知，是知也。"这启示我们，当我们真的不知道时，不妨直言"我不知道"。因为真正的智者，都有勇气承认"没有人会知道一切事情"这个事实。

"我不知道"是一种动力，让我们不断学习，不断进步，赢得尊重，获得成就。

6. "我喜欢你"

人是自己的一面镜子，你越喜欢自己，你也就越喜欢别人。当你越喜欢别人时，你也就越容易与对方建立起良好的友谊基础。通常，要想让别人服从你的建议，要让别人乐意帮助你，首先就是喜欢你这个人。要别人喜欢你，首先你要喜欢对方。

"我喜欢你"是乔·吉拉德用得最好的一句简洁的话。每个月他都至少向13000个老主顾寄去一张问候卡片，而且每个月问候卡片的内容都在变化，但唯一不变的是在卡片正面印着的信息——"我喜欢你"。

每个人都希望别人喜欢自己、接受自己，只要是善意的，我们何妨向对方说出"我喜欢你"呢？

第二章 沟通之道，置双方于同一平面

一个会说话的人，懂得如何运用幽默。在生活中，他们时时、处处能发掘事情有趣的一面，欣赏生活中轻松的一面，建立起自己独特的风格和幽默的生活态度。这样的人，容易令人想要接近；这样的人，使接近他的人也分享到轻松愉悦；这样的人，更能增添人生的光彩；这样的人，说话也更有具魅力，更富艺术。

渴望被欣赏是一种本能

1852 年秋天，屠格涅夫无意间被一个初出茅庐的无名小辈写的小说《童年》所吸引。他几经周折，找到了作者的姑母，表达了对作者的欣赏与肯定。姑母很快写信给侄儿："你的第一篇小说引起了很大的轰动，大名鼎鼎的作家屠格涅夫逢人便称赞你。他说：'这位青年人如果能继续写下去，他的前途一定不可限量！'"

作者收到姑母的信后欣喜若狂，他本是因为生活的苦闷而开始写作打发心中寂寥的，由于名家屠格涅夫的欣赏和赞美，竟一下子点燃了心中的火焰，找回了自信和人生的价值，于是一发而不可收地写了下去，最终成为享有国际声誉的作家和思想家，他就是列夫·托尔斯泰。

由此可见，赞美的威力是不可限量的。赞美需要智慧，需要一颗欣赏之心。

如果你学会了欣赏别人，学会了发现美，你的眼界必将大大拓展，你为人处世的境界也必将高人一等。

一位漆布纺织公司老板，年年都为员工举办旅游活动，有一年突然不办了，原因是每年他都花大笔的钱，却从来没有一个员工跟他说："好开心，谢谢老板！"

一位母亲丢一大把稻草在晚餐桌上，全家错愕，她说："我为全家做了几十年饭菜，老老小小从没给过一句肯定，岂不是跟给你们吃稻草一样吗？"不要以为家人之间不需要甜言蜜语，连爱心不求回报的妈妈都有渴望被肯定的一天。

赞美 ≠ 恭维

赞美也需要一颗真诚之心。赞美是每个人都渴望的，但赞美不等于阿谀奉承，不等于一味地说好话、说动听的话。

真诚的赞美可以使人如沐春风，可以使人不断完善；而虚情假意的赞美则往往令人生厌、大倒胃口。

传说包拯就任开封知府后，要选一名师爷，经过笔试，包拯从上千人中挑选了十个很有文才的人。第二个程序是面试，包拯把他们一个接一个叫进去，随口出题，当面回答。

　　包拯面试题目出得也很别致。前面九个一一进去后，包拯指着自己的脸问他们："你看我长得怎么样？"那九个人抬头一看他的脸庞，吓了一跳：头和脸都黑得如烟熏火燎过一般，乍一看，简直就像是一只黑熊；两只眼睛大而圆，瞪起来，白眼珠多，黑眼珠少。他们想：如果把他的模样如实讲出来，别说当师爷，说不定还会遭一顿打呢！不如循守常道，恭维一番，讨他喜欢。于是一个个恭维他"眼如明星，眉似弯月，面色白里透红，纯粹是清官相貌"，如此胡编瞎话，气得包拯将他们全部赶走了。

　　第十个应试者进来了，包拯也问相同的问题，那人对着包拯打量了一番，说道："大人的容貌嘛……""怎么样啊？""脸如坛子，面色似锅底，不仅说不上俊美，实在该说是丑陋无比。特别是两眼一瞪，还有几分吓人呢！"包拯一听，故意把脸一沉，喝道："放肆，你竟敢这样说起本官来了，难道就不怕本官怪罪于你吗？"那人答道："大人您别生气，小人深信只有诚实的人才可靠，大人虽相貌丑陋，但心如明镜，忠君爱国，天下人皆知包青天的美名，难道大人没有见过白脸奸臣吗？"一席话说得包拯心中大喜，那人后来得到了包拯的信任与重用。

　　这个应试者之所以成为十个顶呱呱的才子中的幸运者，是因为他的赞美更加有远见，足见其洞察力不一般。通过对他人真诚的赞美，由缺点推到优点，最终成为赞美他人的受益者。

赞美别人时要注重细节

最常见的赞扬方法就是表达直接的赞美。这种赞扬直接告诉对方你对他们的行为、外表和气质的哪些方面表示赞赏。然而，赞美一个人仅仅是夸他"你真棒""你很漂亮"吗？这是远远不够的。当你这样赞美他时，他内心深处立即会涌起一种心理期待，想听听下文，以求证实："我棒在哪里？""我漂亮在哪里？"此时，如果没有具体化的表述，是多么令人失望啊！

哪里，哪里

一个中学生去肯德基买冰激凌时对服务员说："姐姐，我们同学都说你给的冰激凌又大又好……"结果，那位服务员给的圆桶冰激凌多得快要溢出了。

一个人在饭店吃饭，看到服务员端上来一盘精致的菜肴，禁不住赞美道："这萝卜刻的牡丹花像真的一样！"此话传到了厨师那里，最后，那位厨师亲自出来，非要送他一个萝卜刻的孔雀，说是让他带回去，用水淋淋，能保存好几天。

这样的事例不胜枚举。我们来研究一下较为常见的几种赞美：

行为："你是一位好老师。"

外表："你的头发很漂亮。"

衣着："我很喜欢你的鞋。"

这样的赞美可以通过两种方式进行改进：

1. 具体一些

如果你毫无保留地告诉对方你的喜好，让他们相信你的话只适用于他一个人，而不是任何一个人，那么你的话就会更加有力，令人信服。

例如：

行为："我喜欢你在我们练习的时候，亲自给每个人做辅导。"

外表："我觉得这个新发型让你的眼睛更加漂亮了。"

衣着："那双白色帆布鞋很配你的卡其裤。"

2. 称呼对方的名字

人们认为，自己的名字是世界上最美丽的文字，会对包含其名字的话语给予更多的注意。

例如：

行为："何晴，我喜欢你在我们练习的时候，亲自给每个人做辅导。"

外表："何晴，我觉得这个新发型让你的眼睛更加漂亮了。"

衣着："何晴，那双白色帆布鞋很配你的卡其裤。"

这样具体化的赞美，可视可感，真实存在，对方自然能够由此感受到你的真诚、亲切与可信，更容易让对方接受你的赞美。

只有认真而用心地观察对方，才能说出他的优点，越具体表明你越关注对方。所以说，具体的程度与你关注的深度是紧密相连的。

最甜的西瓜

西瓜是夏季最受欢迎的水果，但要挑到称心如意的西瓜着实不易。

杨伊是一位单身白领，看看她在论坛上给大家分享的挑瓜秘诀吧。

一天下班后，杨伊经过路边的一个水果摊，见那里的西瓜便宜了五毛，想买一个回去。她动手敲了两个，实在敲不出什么名堂，只好请水果摊的老板帮忙。

她说："你会帮我挑一个好的吧？"那位老板笑而不语，但是开始在几个西瓜间挑选。

杨伊有点不放心，说："老板，你会帮我挑一个好的吧？很多老板，帮客人挑，其实都挑不好的，你应该会帮我挑一个好的吧？我在你这里买过橙子、菠萝之类的。"她大概连续说了六七遍"你会帮我挑一个好的吧"，搞得那位老板都有点不知所措了，连续挑了六七个西瓜，才挑中一个给她。

水果摊老板的眼光果然独到，杨伊买到的这个西瓜甘甜多汁，让人爱不释"口"，大呼过瘾。

一周后，杨伊再次来到水果摊前，想了想，然后说："老板，你上次帮我挑的西瓜太好吃了，是我今年吃的最甜的一个西瓜，我觉得你挑得特准，这次再帮我挑一个更好的吧！"那位老板听了，简直受宠若惊，手都有点抖了，一连拍了七八个西瓜，抬头对杨伊说："姑娘，听你这么一说，我的手怎么也没准了？"结果挑了十来个西瓜，才挑出来，并说："姑娘，如果这个瓜不甜，我给你换。"

当然，杨伊的愿望实现了，这个西瓜果然比上次还要甜还要好吃。

因为，当这位老板听到"这次再帮我挑一个更好的吧"时，内心一定想着："无论如何也得挑个比上次还甜的。"

网友们透过杨伊的帖子学到赞美技巧，纷纷如法炮制，果然屡试不爽：有的老板脸上乐开了花，有的不厌其烦地观色听音，还有的掂掂西瓜找手感……总之，他们要想尽办法证明自己挑瓜的高超手艺。

一个鼓励可能成就一个孩子的一生

一群小学四年级的孩子在叽叽喳喳地回答老师的问题，老师在黑板上写着："雪化了是什么?"一个孩子站起来说："雪化了是水。"另一个孩子站起来说："雪化了是冰。"第三个孩子站起来说："不对，雪化了是水蒸气。"每一次，老师都会回应一个肯定的微笑。

这时，教室的角落里一只怯生生的小手慢慢地举了起来，老师鼓励她站起来回答。小女孩用稚嫩而怯懦的声音回答说："雪化了是，是，是春天。"

这一次老师回应的不只是肯定的微笑，还带领全班同学给了她热烈的掌声，小女孩那紧绷的小脸一下子舒展开来，露出了笑容。

是的，老师的一个鼓励可能成就一个孩子的一生。

找到他人与生俱来的长处

只要你愿意，你总能够在别人身上找到某些值得称道的东西，也总是可能发现某些需要改正的东西。这取决于你寻找的是什么。

一位心理学家曾成功地改变一个被认为"不可救药"的儿童，他的方法就是发现他值得赞美之处。

孩子的父亲说："这是我见过的独一无二的孩子，简直没有一点可爱的品质，没有一点。"于是，心理学家开始从孩子身上寻找某些他能够给予赞美的东西。他发现这孩子喜欢雕刻，并且工艺很巧妙，而在家里他曾因在家具上雕刻而遭到惩罚。心理学家便为他买来雕刻工具，还告诉他如何使用这些工具，同时赞美他："你知道吗？你雕刻的东西比我所认识的任何一个儿童雕刻得都好。"不久，他又发现了这个孩子身上其他几个值得赞美的品质。

一天，这个孩子使每一个人都大吃一惊：没有什么人要求他，他就把自己的房子清扫得干干净净，焕然一新。当心理学家问他为什么这样做时，他说："我想你会喜欢。"

赞美能鼓励他人前进

既然具体化的赞美能收到如此奇效，那么，我们如何观察才能发现对方具体的优点，并以恰当的语言表达出来呢？

我们可以从以下几个方面入手：指出具体的部位，说明它们的特点。

这适用于对外表的赞美。比如，面带福相，气质儒雅，高雅脱俗，身材火辣……我们可以从他的相貌、服饰等各方面寻找具体的闪光点，然后给予评价。

叶女士带着六岁的爱女去见别人介绍的钢琴老师，老师拿起小女孩的手仔细端详了一会儿，说："您女儿的手指纤细，很美，很适合弹钢琴。"叶女士很高兴，当即就填写报名表，连钢琴班的具体情况都没问。

再看看一位成功的销售员自己推崇的"语言美容法"是怎样发挥神奇功效的吧。多年以前，他曾经拜访过一个客户，这个准客户有一份金额很大很大的单子，但是他脾气很怪异，"聪明绝顶"，像阿Q听不得人家说"光""亮"一样，他也很忌讳别人谈到他的头发。准客户的头发虽然梳得油光锃亮，但那却是他心中"隐隐的痛"。

这位销售员的一句赞美的话，至今还被当作培训教材。他对客户说："先生啊，我觉得你的头发真不错啊！"客户脸上已经有了愠色。

销售员接着说："我爸爸也是这样的头发，但是怎么梳也梳不出你的效果啊。"客户哈哈大笑。

一位摄影师在为一名女模特儿拍照，女模特儿在镜头前有点紧张。摄影师在拍照前十几秒对她说："小姐，你的耳朵真漂亮，我从来没有见过这么漂亮的耳朵。"

女模特儿平常被人夸的地方太多了，已经习以为常。但此时居然听到有人夸赞她的耳朵，以前连她都没有注意过自己的耳朵，她赶紧摸了摸自己的耳朵。

当她的手自然放下时，摄影师的快门已经按下去，抓拍到了女模特儿的完美瞬间。

摄影师在关键时刻赞美别人看不到的地方，这一招真是厉害！

与名人相比较

对于外表的赞美，如果能结合名人来做比较，效果会更好。社会名人和明星往往是大家喜欢甚至崇拜的对象，他们的知名度也比较高。如果你能指出某一个人的整体或某个部位像哪一位名人或明星，自然也赞美了他的形象。

在上海某文化企业主办的一次培训课程中，来自北京的学员徐蕾和助理张萌，经过七天的近距离接触，彼此间消除了陌生感。以下是两位女孩之间的对话。

徐蕾说："此次课程让我受益颇丰，真的很感谢你们无微不至的服务。"

"谢谢你，很高兴听到你这么说。"张萌莞尔。

徐蕾注视着她，突然说道，"呃，你的气质有点像美国的一位女明星。"

张萌惊讶地瞪大了眼睛，盯着她问："像谁?"

"嗯，大嘴美女，演《风月俏佳人》那个……"她停顿了一下，继续说，"对，朱莉亚·罗伯茨! 有没有人说你有点像朱莉亚·罗伯茨?"

张萌羞涩地笑了："谢谢! 徐蕾，你是第一个这么说我的人。"

就这样，一个对对方优点的赞美，拉近了彼此的距离。当然，现在她们已成为非常要好的朋友。

此种模拟的赞美方法简单实用，但有一点需要注意：如果那位明星漂亮或者帅气，你可以放心大胆地说他的长相颇似明星；假如那位明星的长相光不能用漂亮或帅气来形容，那就不妨换一种赞美方式。此时，你不妨说："你真有个性，像某某明星。"

其实，我们身上的优点和才能，几乎全是别人帮忙发掘的。起初各种可能性与潜能是一排初露尖尖角的小荷，他人偶尔注意到哪株，哪株就特别沐浴到了雨露阳光，慢慢地茁壮起来，茁壮到显眼，显眼到任何人都开始留意并夸赞，于是，这株就成了我们身上的最闪亮的一点。

这样的例子并不鲜见，它就发生在我们的身边，可以信手拈来——被称赞穿衣有品位的男人，会更有品位；被称赞漂亮的孩子，会愈长愈漂亮；被称赞老来俏的女人，会越发不肯老，越发俏丽；被称赞有魅力的女子，周围会被异性环绕……

赞美，就是这样又灵验又可随处取材的上等滋补品。

从否定到肯定的完美转化

在人际交往中，不能轻易否定别人。然而，只单独把一个人捧起来，却让这个人有了一种唯我独尊的感觉。

否定他人，肯定对方

请比较一下这两句赞美之辞有什么不同：一句是"我喜欢聪明的人，你也不例外"，另一句是"我很少佩服别人，你是例外"。你觉得哪句话更中听？

我想你的答案一定是后者。没错，前者在肯定别人的同时也肯定了你，但不如后者只单独把你捧起来，于是，让你有了一种唯我独尊的感觉。

1. 两个优秀的人

你可以举出一位大家公认的优秀者，然后，将对方与这个优秀的人相提并论，自然表明对方也是出色而优秀的人。

同部门领导讲话时，这个优秀的人可以是单位的老总；同老总讲话时，这个优秀者可换成本行业的知名人士；同本时代的优秀者讲话时，只能选取历史上的能人与之匹配了。总之，这个用于比较的优秀人物应该高于对方。

2. 两个可敬的人

在这个世界上，父亲是我们敬重的男人，母亲是我们敬爱的女人。当你把对方与父亲或母亲放在一起时，便可彰显你对对方的尊重和热爱。

"这个世界上，有两个男人我既佩服又敬重，一个是我的父亲；孟总，另一个就是您。"——把他与父亲相提并论，足见其地位之高。

"这个世界上，有两个女人做的饭我最爱吃了，一个是我妈妈；娜娜，第二个就是你。"——把她与伟大的母亲放在一起，女朋友当然是心花怒放了。

明贬实褒的夸奖技巧

有一种赞美方式叫明贬实褒，正话反说，表面上看是否定，其实是在逆向地肯定和赞美。这种讲法会给人以出其不意之感，比正面的褒扬更能让人铭记于心。

例如：阿杰对邻居老郭说："你们老两口真是纯粹自个儿找罪受，有这么优秀的儿子，你们就等着享清福吧，干吗还整天起早贪黑，这么辛苦呢？"街坊邻居，谁不喜欢别人称赞自己的儿子有出息，此话明贬实褒，表面是在批评其夫妻二人，实际则让对方产生自豪感。正话反说法的诀窍正在于此。

台湾综艺天王吴宗宪的主持风格很"痞"，经常恶搞嘉宾，让人无地自容。有人以为吴宗宪"为痞而痞"，因为如果生活中还这副模样，那实在太可怕了。可是，对吴宗宪再了解不过的王伟忠却一点也不给这位弟子留情面，"吴宗宪是个痞子，他在节目里耍活宝耍无赖，其实生活里，他就是这样的人。他是我看过的所有艺人里，最真实的一个。"虽然王伟忠直言吴宗宪既痞又邪，但分明是明贬实褒。吴宗宪台上台下不"分裂"，几乎做到了演艺界"表里如一，自娱娱人"的最高境界。

先抑后扬式赞美

还有一种为人所接受的赞美技巧是：先抑后扬式——否定过去，肯定现在。

"我记得你以前话很少的，现在变得活泼开朗了。"

"她小时候是个丑小鸭，现在是个大明星了。"

"我记得你以前做菜一般，现在怎么厨艺这么精湛?"

"他小时候家里很穷，现在成功且富有。"

"创作《哈利·波特》的英国作家 J. K. 罗琳，曾经是个靠失业救济金过活的单亲妈妈，如今却是身价过十亿的富婆，比英国女王还富有!"

如果一个人成功了，你否定其过去，事实上更能彰显他现在的成就。也正因为如此，"为了肯定今天，适当否定昨天"已成为许多记者常用的写法。

家庭中也需要赞美

美国《人物》杂志选出 2009 年度全球 100 名最美丽人物，美国第一夫人米歇尔·奥巴马名列其中。米歇尔自称："家人的赞美令我美丽。"她告诉《人物》杂志："我有认为我长得漂亮的父亲和哥哥，他们每天都让我有那样的感觉。他们认为我聪明、敏捷、有趣，我听到许多那样的话。我知道有许多年轻女孩没听过，但我是幸运的。"

别吝啬赞美你的孩子

一位朋友说起她和母亲关系自小就疏离，长大之后顶多能相敬如"冰"的原因，就是她母亲泼冷水的专长。

她自小成绩优秀，考第二名时，母亲先问的第一句竟是："第一名多你几分？"得到第一名后，她原以为会得到赞赏，母亲却说："成绩好没什么了不起，女孩子的品德最重要。"母亲生日时，她将零用钱买了她觉得很漂亮的生日礼物，母亲却觉得浪费钱，要她回去换，她嘟着嘴抗议自己的一番孝心都白费了，母亲却说："没揍你已经很好了。"甚至当她长大成人后，和母亲一起买衣服，站在试穿镜前时，母亲也在她背后"赞赏"她："没想到你全身上下，就这双小腿长得还可以。"

这样没有建设性的批评，可不能辩称是"忠言逆耳"，说者不见得有意，听者却是大大伤了心。

"数子十过不如奖子一功"，表扬孩子是非常重要的，它的作用常常要比批评大得多，效果也要好得多。一次小小的表扬和鼓励，对孩子的深远影响有时是终生的。

原通用电气总裁杰克·韦尔奇小时候有口吃的毛病，每当小朋友嘲笑他"小口吃""笨蛋"时，他总会哭着去找母亲。母亲拍拍他的小脑袋，爱抚地说："孩子，那是因为你太聪明，所以你的嘴巴无法跟上你聪明的脑袋瓜。"韦尔奇破涕为笑，他不再自卑。因为他对母亲的话深信不疑，相信自己有一颗聪明的脑袋。后来他发奋学习，45 岁那年成为美国通用电气公司历史上最年轻的董事长和首席执行官。他在自传中说："那是迄今为止我听到过的最美妙的一句话，也是母亲送给我最伟大的一件礼物。"

一句赞美能改变一生

有一个调皮的孩子，他偷偷地向邻居的窗户扔石头，还把死兔子装进桶里放到学校的火炉里烧烤，弄得臭气熏天。

他 9 岁那年，父亲娶了继母，继母来自富有的家庭。父亲告诉她要好好注意这孩子，"他可让我头痛死了，说不定会在明天早晨以前就拿石头扔向你，或者做出别的什么坏事，总之让你防不胜防。"

让人出乎意料的是，继母微笑着走近这个孩子，托起他的头看着他，接着回头对丈夫说："你错了，他不是全州最坏的孩子，而是最聪明的，但还没有找到发泄热忱地方的孩子。"

男孩的心里热乎乎的，眼泪几乎滚下来。凭着继母这一句话，他和继母开始建立友谊；也就是这一句话，成为激励他的一种动力，帮助他和无穷智慧发生了联系，使他成为 20 世纪最有影响力的人物之一。这个男孩就是戴尔·卡耐基。

幸福就在嘴巴上

韩国电影《悲怆》中才华横溢的女钢琴家因为长期得不到教授丈夫的欣赏和赞美而红杏出墙，当丈夫悔悟并原谅她时，无法回到昔日的她选择跳楼自尽，丈夫则悔恨终生。

在男女关系中，表扬是增进感情的绝佳途径，但男人们在这方面显然还不够聪明，他们要么好的方面不说，要么讽刺打击，要么敷衍了事……许多家庭危机也随之降临。

女人比较感性，男人对女人的微笑和赞美是对女人最好的激励。丈夫的挑剔、指责、埋怨，常常使女人望而生畏、心灰意冷：炒菜怕丈夫嫌难吃，不敢做；买衣服怕丈夫嫌难看，不敢买。久而久之，就没有了做饭、买衣服的兴趣，谁愿意干费力不讨好的事呢？

其实女人的心肠最软，经不得几句好话。丈夫一句真心的赞美，就能让妻子做饭的劳累跑到九霄云外；一句对新衣由衷的赞赏，就能让妻子欣喜若狂，甚至打消她继续购置新装的打算，为家庭节省不少开支呢。

一位婚姻面临破碎的女士试着把自己从女强人、高管的位置上撤下来，尽量去发掘丈夫的优点。起先，她感到很别扭，很不自然；慢慢地，她发现了丈夫大有优点，而且越留神，发现得越多，表扬也就脱口而出，结果赞美的"花籽"开出了绚丽的花朵：她的丈夫不再沉默寡言，不再是惹不起躲得起，不再频繁地"出差"和"加班"，他开始谈笑风生，做家务的积极性高涨，对妻子体贴有加，家里不再"乌云压城城欲摧"，而是雨过天晴，一派大地复苏、草长莺飞的明媚景象。

一束赞许的目光，一个会心的微笑，一个轻轻的拥抱，悄悄递上的一杯热茶，都是婚姻里爱的一种表达、一种延续。赞美与鼓励不仅是生活的巧克力，更是婚姻关系的黏合剂。

经过这样的训练，你的家人或身边朋友90%的缺点都可能转变成值得赞美的地方。所有的事情只在于你是否下定决心去做。

帮助别人就是帮助自己

有一个人被带去参观天堂和地狱，以便比较之后能聪明地选择好的归宿。他先去看了魔鬼掌管的地狱。第一眼看上去令人十分吃惊，因为所有的人都坐在酒桌旁，桌上摆满了各种佳肴，包括肉、水果、蔬菜。

然而，当他仔细看那些人时，他发现他们当中没有一张笑脸，也没有伴随盛宴的音乐或狂欢的迹象。坐在桌子旁边的人看起来沉闷、无精打采，而且瘦得皮包骨。这个人还发现每个人的左臂都捆着一把叉，右臂捆着一把刀，刀和叉都有四尺长的把手，使它不能用来吃。所以即使每一样的食物都在他们的手边，结果还是吃不到，一直在挨饿。

然后他又去了天堂，景象完全一样：同样的食物，刀、叉和那些四尺长的把手。然而，天堂的居民却都在唱歌、欢笑。这位参观者困惑了：为什么情况相同，结果却如此不同。在地狱里的人都在挨饿，而且很可怜，可是天堂的人都吃得很好而且很快乐。最后，他终于看到了答案：地狱里的每一个人都试图自己吃饭，天堂里的每一个人却都在喂对面的人，同时也被对面的人所喂，因为互相帮忙，结果帮助了自己。

这个启示很明白：如果你帮助其他人获得他们需要的东西，你也因此得到想要的东西。而且你帮助的人越多，你得到的也越多。

就职于纽约市一家大银行的乔·理特，奉命进入某家公司进行信用调查。他知道某一个人拥有他非常需要的数据。于是，理特去拜访那个人，他是一家大工业公司的董事长。当理特被迎进董事长的办公室时，一位年轻的秘书从门边探头出来，告诉董事长，她今天没有什么邮票可以给他。

"我在为我 12 岁的小儿子搜集邮票。"董事长向理特解释。

理特开门见山地说明了来意，可是董事长却含糊其词，一直不愿做正面回答。显然，他不想说出心里话，无论怎样好言相劝都没有效果，这次见面很快就结束了。

起初理特很着急，不知该怎么办才好。情急之中突然想起董事长为他儿子搜集邮票的事情，随即想起他服务的银行国外科，每天都有许多来自世界各地的信件，有许多各国的邮票。

第二天一早，理特再去找那位董事长，请秘书传话进去说有一些邮票要送给他的孩子。董事长满脸带着笑意，客气得很。"我的乔治将会喜欢这些，"他一面不停地说，一面抚弄着那些邮票，"瞧这张！这是一张无价之宝。"

他们花了一个小时谈论邮票，瞧瞧他儿子的照片，然后他又花了一个多小时，把理特想要知道的数据都说了出来——理特甚至都没有提议他那么做，他把他所知道的，全都说了出来。而且还当即打电话给他以前的一些同事，把一些事实、数字、报告和信件都一股脑儿告诉了理特。理特大有收获，满载而归。当然，理特的这篇报告也得到了领导的表扬，并且为此还升了职。

事情就是这样：无法与关键人物搭上关系时，事情往往很难取得进展，可一旦与关键人物建立联系，事情就好办了。"帮人最终帮自己"，这成了理特后来一直信奉不疑的真理。

"好风凭借力，送我上青云。"人际交往，互利互惠。帮助别人，就是在为自己的人情信用卡储蓄，特别是在人患难之际施予援手，救落难英雄于困顿。真心助人，其回报不言而喻。

第三章　会话之道，任何场景好好说话

人与人之间交往，表达太重要了，一个善于表达的人，不但能够准确表达自己的意思，而且可以轻松赢得他人的好感与信任。心理学界流传这样一句话：你的内心世界是怎样的，你的外在世界就是怎样的。为了表达而表达，会给人一种虚伪、不值得信任的感觉。如果你还有掌握高情商表达的技巧，那么，请你先回归真诚，学会好好说话。

从谈心开始，沟通无障碍

谈心与聊天不同。聊天的话题广泛，随聊随换，而谈心则是针对一定的心理、思想分歧而进行的。

1. 目的明确

办事要取得成功，必须明确目的，有所准备。

明确目的主要指谈心后要达到的结果。比如两人对彼此有看法，互不服气，以至于影响到工作上的合作。谈心之前要明确目的，为的是让对方更多地了解自己，摒弃前嫌，携手共进。

有所准备是指在谈心前精心构思交谈用语、谈话内容及谈话进程，怎样开始，说些什么，何时结束，都进行充分准备，以免谈起来话题零乱分散，甚至言不及义，影响表达效果。

有所准备还包括预设谈话中，可能出现各种情况的处理方法。有了这些准备，谈心活动就不会演变成争吵或僵持，就能根据对方的反应调节交谈方式，确保交谈目的的实现。

2. 说好"开场白"

谈心开始前，见面的第一句话需要先构思好。这时，可以让表情来代替，一个真诚自然的微笑，表明你与对方谈心的态度是诚实的。首先，在情感上就给对方以很大影响，然后再来上一两句寒暄的话，进一步表明你的友好态度和诚意。这样的"开场白"有利于气氛的缓和，有利于谈话的继续进行。

开场白过后，应很快地切入主题，譬如消除某个误会，说明某种情况等。因为这时双方的关系只是表面的礼节性的和缓，若过多地牵扯其他的内容，会引起对方的反感，同时也会暴露你的弱点。直接切入正题，让双方就一个问题展开对话，进行沟通，尽快消除分歧，澄清误会，说明情况，以便达成共识。

3. 表达诚意

谈心是要向交谈对象阐明自己的某种观点或见解，而不是加剧矛盾。因此，要以诚恳之心选用中性的，不带有强烈刺激性的词语，减少对方的反感和受刺激的心理效应，传达出你希望冰释前嫌的诚意。

在整个谈心过程中，对个性极强、难以理喻的谈心对象，要把握其特点，除了使用能阐明观点的话语外，更要以情动人，多使用具有情感交流作用的词语来舒缓气氛，沟通心灵，理顺情绪。如有两位老同志，许多年前因工作产生分歧，相互不理睬。其中一位多次上门希望化解，但对方态度强硬，拒不接受。这次他又去了，说了这样的话："我今年55岁了，你比我大，该是58岁了吧？咱们都是过了大半辈子的人了，还有多少年好活呢？我真不希望咱们到另一个世界还是对头。"从人生时日无多这个老年人易动情的话题入手，使对方产生情感共鸣，终于消除了多年的隔阂。

4. 注意语气、声调和节奏

谈心时，如果语气、声调和节奏运用不当，也会影响到说话的气氛以及最终结果。

谈心时，语气要和缓、委婉，不能声色俱厉，咄咄逼人。和缓、委婉的语气能冲淡对方的敌对心理，能给对方一种信任感、诚实感，不至于造成双方心理上的敌对防御，不至于激化矛盾。语气往往体现在说话的表述方式上，追问、反问、否定往往使语气显得生硬、激烈，易引起对方反感；而回顾、商榷、引导、模糊等语气，往往能制造平和融洽的谈话气氛，有利于减轻双方的压力，阐明事实、表明观点。

声调在谈心的效果上有重要作用。当一个人心存怒气时，说话的声调无疑会上扬，形成一种尖刻的、没有耐心的高声调。这种调子有很强的传染性，会使对方马上也像受传染一样针锋相对，厉声对厉声，尖刻对尖刻，只会使事态扩大，矛盾加深。

语言的节奏有快有慢，有缓有急。使用快节奏讲话往往会使你显得心急，情绪不稳，易激动发火，这不利于交谈对方的思考和应对，显得你没有诚意；节奏太迟太缓，显得缺乏生气，没有信心，影响谈话效果；交谈语言节奏适度，方显自然、自信、有力，易于从心理上影响对方，产生良好的心理效应。

共鸣是交谈的一种境界

人与人之间交涉，很难在一开始就产生共鸣，往往必须先引发对方与你交谈的兴趣，经过一番深刻的对话，才能让彼此更加了解。

当一个人尝试说服他人、对另一个人有所求的时候，这样的论点也同样适用。最好先避开对方的忌讳，从对方感兴趣的话题谈起，不要太早暴露自己的意图，让对方一步步地赞同你的想法。当对方跟着你走完一段路程时，便会不自觉地认同你的观点。这个说服的方法叫"心理共鸣法"。

伽利略年轻时就立下雄心壮志，要在科学研究方面有所成就，他希望得到父亲对他事业的支持和帮助。

一天，他对父亲说："父亲，我想问您一件事，是什么促成了您同母亲的婚事？"

"我看上她了。"

伽利略又问："那时您有没有想过找过别的女人？"

"没有，孩子。家里的人要我找一位富有的女士，可我只钟情你的母亲，她从前可是一个风姿绰约的姑娘。"

伽利略说："您说得一点也没错，她现在依然风韵犹存，您不曾想过娶别的女人，因为您爱的是她。您知道，我现在也面临着同样的处境。除了科学以外，我不可能选择别的职业，因为我喜爱的正是科学。别的事情对我毫无用途也毫无吸引力！难道要我去追求财富、追求荣誉？科学是我唯一的需要，我对它的爱有如对一个美貌女子的倾慕。"

父亲说："像倾慕女子那样？你怎么会这样说呢？"

伽利略说："一点也没错，亲爱的父亲。我已经18岁了，别的学生，哪怕是最穷的学生，都已想到自己的婚事，可是我从没想过。我不曾与人相爱，我想今后也不会。别的人都想寻求一个标致的姑娘作为终身伴侣，而我只愿与科学为伴。"

父亲始终没有说话，仔细地听着。

伽利略继续说："亲爱的父亲，为什么您不能支持我实现自己的愿望呢？我一定会成为一位杰出的学者，获得教授身份。我能够以此为生，而且比别人生活得更好。"

父亲为难地说："可我没有钱供你上学。"

"父亲，您听我说，很多穷学生都可以领取奖学金，我为什么不能去领一份奖学金呢？您在佛罗伦萨有那么多朋友，您和他们的交情都不错，他们一定会尽力帮助您的。"

父亲被说动了："嘿，你说得有理，这是个好主意。"

伽利略抓住父亲的手，激动地说："我求求您，父亲，求您想个法子，尽力而为。我向您表示感激之情的唯一方式，就是……就是保证刻苦钻研，成为一个伟大的科学家……"

伽利略在与父亲的交涉中取得圆满的结果，这为他日后成为一位闻名遐迩的科学家打下了基础。

伽利略在与父亲的交涉中采用的就是"心理共鸣"的说服方法。这种说服法一般可分为以下四个阶段：

1. 导入阶段

先不直奔主题，而是谈论引起对方的共鸣或兴趣的话题。伽利略先请父亲回忆和母亲恋爱时的情况，引起了父亲的兴趣。

2. 转接阶段

逐渐转移话题，引入正题。伽利略巧妙地通过这句话把话题转到自己身上："我现在也面临着同样的处境……"

3. 正题阶段

提出自己的建议和想法。伽利略提出"我只愿与科学为伴"，这正是他要说服父亲的主题。

4. 结束阶段

明确向对方提出要求，达到说服的目的。为了使对方容易接受，还可以指出对方这样做的好处。伽利略正是这样做的。他说："为什么您不能支持我实现自己的愿望呢？我一定会成为一位杰出的学者，获得教授身份。我能够以此为生，而且比别人生活得更好。"

做到让别人心怀感激

说话如同射箭，射出去的箭就收不回来。在人与人交谈的过程之中，轻轻的一句话，有可能使人对你心怀感激，也可能令人对你心生怨恨。下面这则寓言《一句话一辈子》很好地印证了这一点。

在茂密的深山老林里，一个樵夫救了一只小熊，老熊对樵夫感激不尽。有一天，樵夫迷路了，遇见了老熊，老熊不仅留他住宿，而且还以丰盛的晚餐款待了他。第二天清晨，樵夫对老熊说："你招待得很好，但我唯一不喜欢的地方就是你身上的那股臭味。"老熊听后心里很不痛快，说："作为补偿，你用斧子砍一下我的头吧。"樵夫按要求做了。若干年后，樵夫再次遇到老熊，他问老熊："你头上的伤口好了吗？"老熊说："噢，那次头痛了一阵子，伤口愈合后我就忘了。不过那次你说过的话，让我心痛了一辈子，总也忘不了。"

这则寓言要警示世人的是这样一个哲理，在交谈之中，真正伤害人心的不是刀子，而是比刀子更厉害的东西——语言。良言一句三冬暖，恶语伤人六月寒。一句抚慰人心的话语，能够点亮一个人的心灵，甚至会影响人的一生。

1961年，当贫民窟的黑人穷孩子罗尔斯淘气地从窗台上跳下，伸着小手走向讲台时，新任校长皮尔·保罗对他说了一句话，他说："我一看你修长的小拇指就知道，将来你会是纽约州的州长。"当时，罗尔斯大吃一惊，因为长这么大，只有他祖母的一句话让他振奋过一次，祖国说他可以成为5吨重的小船的船长。这一次皮尔·保罗校长竟说他可以成为纽约州的州长，着实出乎他的意料。他记下了这句话，并且相信了校长。从那天起，纽约州长就像一面旗帜鼓舞着他。他的衣服不再沾满泥土，说话时也不再夹杂着污言秽语，他开始挺直腰杆走路。在以后的四十多年间，它没有一天不按州长的标准要求自己。在罗尔斯51岁那年，他真的成了州长。由此可见美言一句的分量。

而一句不经意的恶语能令人寒彻心扉，记恨终生。正如孙子所言："赠人益言，贵比黄金；伤人之言，恶如利刃。"我们都有这样的经历。小时候，有人只讲一句话就会让我们感激不已，但有时候，有人只讲一句话，就会让我们恨他一辈子。

要有新发现，才有好赞词。在与他人交谈的过程中，尤其是与顾客交谈时，赞美固然重要，但是，千篇一律的赞美，或总是用几句固定的话、陈旧的方式，是不会达到赞美的效果的，而且容易使人生厌。由于你的话语过于平淡，而不能引起对方的情感波动，就不可能博得人心。

一个人或许在工作中没有什么特点，但玩台球却很高明，或者歌唱得不错，等等，都可以进行赞美。因为很少有人会注意到他的这些不为人知的专长。俗话说：物以稀为贵。你的赞美内容对被赞美者来说越是少见，则赞美越是可贵的。

美国一个黑人生意人，在与一个白人做生意时，那个白人竟不遵守自己的诺言，迟迟不将货款付给他，且有赖账的迹象。这个黑人于是打电话给白人，他说："先生，我爷爷也是一个生意人，他曾经告诉我，在南北战争以前，白人是很少向黑人许诺的，但一旦许下诺言，无论怎样都会兑现；因此，我一直很相信您的为人，相信您一定不会忘记自己说过的话。"通过这样一番交涉，黑人竟轻而易举地拿到了全额的货款，从而免了上法庭打官司等一系列烦琐的事情，及不可预知的后果。

卡耐基在一篇叫《激发人类潜在的高贵动机》的文章里写道："我们每一个人都是理想主义者，都喜欢为自己做的事找个动听的理由。因此，如果要改变别人，就要找一个能打动人心的理由。"他还说："平铺直叙地报告事实真相是不够的，必须使事实更生动，有趣而戏剧化地表现出来，才能有效地引起别人的注意。"

我们在交谈时，如果用全新的、细致的赞美去戏剧化地向他们报告事实，引起他们聆听的兴趣，那么就会出奇制胜。

赞美要讲究艺术，才能皆大欢喜，达到交谈的目的。赞美也要得当，否则不免令人有阿谀、逢迎之感，徒然遗人笑柄，反为不美！

说服是一种魔力

一般说来，要使自己说话更有说服力，可以运用以下方法：

1. 尽量使用简单的词汇和简短的句子

最言简意赅的文章总是最好的文章，其原因就是它不仅显得铿锵有力，而且很容易理解，对于讲话和对话也可以说是同样的道理。熟练掌握这种艺术的人，说话使用的词汇和发布命令所使用的词语，都简单、简洁、一语中的，并且很容易理解的，不会有人听不明白。

2. 说话要直截了当而且中肯

如果你想在你所说的各种事情上，都取得驾驭对方的卓越能力，一个最基本的要求就是要集中一点，不要分散火力。

3. 要以权威的语气讲话

为了达到这个目的，你必须熟悉你讲话的内容，你对你的题目了解得越多、越深刻，你讲得就会越生动、越透彻，语气就越肯定、自信。

4. 要为对方提出最好的建议

如果你能做到这一点，你也就可以永远立于不败之地。

5. 不可盛气凌人，要坦率而开诚布公地回答所有问题

即使你可能是你要讲的这个专题的权威人士，你也没有任何理由可以盛气凌人地对待对方。一位著名的管理大师说："我遇到过的任何一个人，总会在某个方面比我更精通。"

6. 要使用策略

当你对付固执的人或者棘手的问题时，你需要使用策略。其实做起来也很容易，就如你对待每一个女人都像对待一位夫

人一样，对待每一个男人都像对待一位绅士一样。

7. 话如其人

朴实无华的语言是真挚心灵的表达，是美好情感的展现。因而，语言的朴素美来自平日的处事态度，话如其人，言为心声，平时为人处世质朴真诚，说话也就自然不会扭捏做作。古语说："堂堂君子，其行也正，其言也质。"正是说以真诚的态度为人，永远是语言朴素美的前提。语言的朴素美贵在保持个性，该怎么表达就怎么表达，或严肃，或幽默，或直率，或调侃，或委婉，只要是发自内心，保持本色。

有的人开口"当然"，闭口"绝对"，武断得惊人。这样，别人就无话可说了。有人说，武断是交谈的毒药，这话一点不错。谁也不愿和这样的人进行交谈。

即使同一个词，修饰后也有程度的差别，如使用"一切""根本""多数""一些""凡是"等词汇，都要根据实际情况来选择，万万不能掉以轻心。把"部分"说成"一切"，把"可能"说成"肯定"，就会使自己陷入被动，实际上是一种"虚张声势"，说了会碰钉子。

当然，强调"语言的朴实无华"不等于反对含蓄。说话的含蓄是一种艺术。把重要的、该说的部分故意隐藏起来，或说得不显露，却又能让人家明白自己的意思，这就是所谓"只需意会，不必言传"。

所以说，含蓄是说话的艺术，是因为它体现了说话者驾驭语言的技巧，而且也表现了对听众想象力和理解力的信任。如果说话者不相信听众强大的理解力，把所有意思全盘托出，这种词义浅显、平淡无奇的语言会使话语逊色，甚至使人生畏。

8. 远离假话，摒除大话

我国人民历来有着赞颂说真话的美德。早在《韩非子·外诸说左上》中就有关于曾子教妻的故事，一直历久不衰。曾子把妻子开玩笑说的话付诸行动，将猪杀了，让孩子相信母亲的诺言。曾子的妻子未必是在有意欺骗孩子，曾子虽近乎愚拙，但是他坚持了一种最可贵的精神，不让妻子说假话，不对孩子说假话。

大话与假话的性质接近。说大话在口才表达上，不但不能给你的话题增辉，反而令你的话题和观点黯然失色。墨子曾对他的学生说，话说得太多，就像池塘里的青蛙，整夜整日地叫，弄得自己口干舌燥，却没有人注意它；但是鸡棚里的雄鸡，只在天亮时啼叫，却可以一鸣惊人。说话何尝不是如此，与其人咿咿呀呀说一大堆废话，不如简明扼要。现代人时间观念增强了，说废话空耗别人宝贵的时间，不能不说是一种极大的浪费。

9. 不说空话

大多数的孩子都喜欢吹肥皂泡，被吹出来的肥皂泡在阳光下闪耀着色彩艳丽的光泽，实在美妙。随着五彩泡泡的不断升高，接着一个接一个纷纷破碎。所以人们常把说空话喻为吹肥皂泡，真是最恰当不过了。对一些充满各种动听、虚幻诱人的词句，细细咀嚼却没有任何实在的内容，是迟早会被人识破的。

10. 制止套话

说话的目的是为交流思想，传达感情。因此，总得让人家知道你心中要表达的是什么。只要开口，不管是洋洋万言，还是三言两语，不管话题是天马行空，还是一问一答，都应使人一听就懂。

一些人惯于用一些现成的套话来代替自己的语言。三句话不离套词，颠来倒去那么几句，既没有思想性，更没有艺术性，令人听后味同嚼蜡。

如何巧妙说 "不"

世界著名影星索菲亚·罗兰在自传《生活和爱情》中，引用了卓别林的一段话："你必须克服一个缺点。如果你想成为一个生活异常美满的女人，你必须学会一件事，也许是生活中最重要的一课，必须学会说'不'。你不会说'不'，索菲亚，这是个严重缺点。我很难说出口，但我一旦学会说'不'，生活就变得好过多了。"卓别林是想告诫人们要坚持一种严肃的、独立自主的生活态度。

生活中有不少人，认识不到"不"字的伟大，遇事优柔寡断，畏首畏尾，结果常使自己处于被动地位，听命于人。这些人心里都知道不要什么、不能怎样，和为什么不要、为什么不可能，可就是学不会说"不"，于是简单的"不"字，只在嗓眼里打滚，怎么也跳不出来，这真是人生的一大憾事。

在说服他人时，如果不懂得说"不"，那么成功说服的概率就会大打折扣。

1. 先降低对方对你的期望

与你交谈的人，都是希望你能答应他的要求，或赞成他的观点。一般来说，对你抱有的期望越高，你越是难以拒绝。因此，在拒绝之前，倘若过分夸耀自己，就会在无意中抬高了对方的期望值，增大了拒绝的难度。如果适当地讲一讲自己的短处，就降低了对方的期望。在此基础上，抓住适当的机会多讲别人的长处，就能把对方的求助目标自然地转移过去。这样不仅可以达到拒绝的目的，而且使被拒绝者得到一个更好的归宿，由意外的成功所产生的愉快和欣慰心情，取代了原有的失望与懊恼。

2. 让对方明白自己的处境

当一个人有事求别人帮忙时，有时会只希望别人能满足自己的要求，却往往不考虑给他人带来的麻烦和风险。如果能实事求是地讲清利害关系和可能产生的不良后果，把对方也拉进来，共同承担风险，即让对方设身处地去判断，这样会使提出要求的人望而却步，放弃自己的要求。例如，有个朋友想请长假外出，来找某医生开个肝炎的病历和报告单。对此作假行为，医院早已多次明令禁止，一经查实要严肃处理。于是，该医生就委婉地把他的难处讲给朋友听，最后朋友说："我一时没想那么多，经你这么一说，我也觉得这个办法不可行。"

在人际交往中，只要还有一线希望达到目的，谁也不愿意轻易地接受拒绝，究其原因是侥幸心理在起作用。俗话说："不撞南墙不回头。"在拒绝别人的要求时，要将铁一样的事实摆在对方眼前，无论怎样坚持意见的人，也不得不放弃自己的要求。

3. 态度一定要诚恳

拒绝总是令人不快的。"委婉"的目的也无非是为了减轻双方、特别是对方的心理负担，并非玩弄"技巧"来捉弄对方。特别是上级、师长拒绝下级、晚辈的要求，不能盛气凌人，要以诚恳的态度、关切的口吻讲述理由，使之心服。在结束交谈时，要热情握手，热情相送，表示歉意。一次成功的拒绝，也可能为将来的重新握手、更深层次的交往播下希望的种子。

4. 尽量使话语温柔缓和

当你想拒绝对方时，可以连连发出敬语，使对方产生"可能被拒绝"的预感，使对方形成对于"不"的心理预期。

交谈中拒绝对方，一定要讲究策略。委婉地拒绝，对方会心服口服；如果生硬地拒绝，对方则会产生不满，甚至怀恨、仇视你。所以，一定要让对方明白，你的拒绝是出于不得已，并且感到很抱歉，很遗憾。

5. 要顾及对方的自尊，给对方留台阶

人都是有自尊心的，一个人有求于别人时，往往都带着惴惴不安的心理，如果一开始就说"不行"，势必会伤害对方的自尊心，使对方不安的心理急剧加速，失去平衡，引起强烈的反

感，从而产生不良后果。因此，不宜一开口就说"不行"，应该尊重对方的愿望，表达关心、同情，然后再讲清实际情况，说明无法接受要求的理由。由于先说了那些让人听了产生共鸣的话，对方才能相信你所陈述的情况是真实的，相信你的拒绝是出于无奈，因而是可以理解的。

当拒绝别人时，不但要考虑到对方可能产生的反应，还要注意使用准确恰当的措辞。比如你拒聘某人时，如果悉数罗列他的缺点，会十分伤害他的自尊心。不妨先肯定他的优点，然后再指出缺点，说明不得不这样处置的理由，对方也许能更容易接受，甚至感激你提出的问题。

6. 要明确表明态度

有的人对于要拒绝或是接受，在态度上常表现得暧昧不明，而使对方产生期待。虽然想表示拒绝，却又讲不出口。

听了别人几句甜言蜜语，就轻易地承诺下来的举动，也是因为自己态度不明确所造成的。

肢体语言的智慧

在与人面对面交谈时，对方有时为了拒绝你，可能编个谎话来搪塞。当然，当时你并不知道他在说谎，除非谎言当场被揭穿。然而当场识破情况很少见，大多数人是在事后才知道，而在当时你是毫无防备的。也许说谎者惯于此道，让人信以为

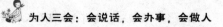

真，但是总有一些动作或手势显现出他刚才说了谎话，只是你没有留意观察而已。

1. 掩嘴

这是一种明显的孩子气的动作，用拇指触在面颊上，将手遮住嘴的部位称作掩嘴。也许说谎者大脑潜意识中使他想忍住那些骗人的话，而导致了掩嘴这一动作。也有人假装咳嗽来掩饰其捂嘴的动作。如果一个同你谈话的人常伴有掩嘴的手势，说明他也许正在说谎话。可当他讲话时，听者掩着嘴，说明也许听者觉察到他在说谎。

2. 揉眼睛

说谎者为了防止别人看出其虚假的表情，常用这种手势掩饰自己。说谎时，男人一般用力揉眼睛。如果说了大谎，他讲话时眼睛经常会不自然地向别处看，通常会向地板上看，女人说谎时通常轻揉眼睛稍下的部位。

3. 挠脖子

说谎者讲话时常用写字的那只手的食指挠耳垂下方部位。有趣的是这种手势通常会多次使用。

4. 摸鼻子

这种手势是老练、乔装的形式。摸鼻子手势包括在鼻子下方轻揉几下，或者很快地揉一下，甚至摸鼻子也摸得特别快，几乎不容易察觉到。

有一种关于摸鼻子手势产生的解释是，当相反的想法进入脑子时，潜意识就会指令手去掩嘴。然而在掩嘴的最后时刻，为了使动作不明显表示出来，手又不知不觉地离开面部，快速摸鼻子的动作就这样产生了。

5. 搓耳朵

这种手势暗示听者没有听出谎言。搓耳朵的变化形式还包括拉耳朵，这种手势是小孩子双手掩耳动作在成人动作中的一种重现。搓耳的说谎者还会用手拉耳垂或将整个耳朵朝前弯曲在耳孔上，后一种手势也是听厌烦了的标志。

在错综复杂的人际关系中，这几种小动作虽然不见得就是判定谎言的直接依据，但是起码能给你一种参考。另外，也可提醒你在交谈时，若说了善意的谎言，一定要警惕这五种会泄露你的秘密的肢体语言。

中　篇

会办事：让人接受的办事方式

第一章　办事的心态

有许多事情，特别是一些人为的事情，在正常情况下可以很轻松地应对。但有些特殊的事情，是我们始料不及的，其结果往往是因人而异。对不同的事，要采用不同的方式去面对，相信结果也各有不同。

清楚自己的轨道

在正式办事之前，先掂量掂量自己实际能力有多大。如果你想请人帮忙，得先掂量一下你自己有什么值得交换。

低配置电脑运行不了高版本软件。若你的道德、学问、能力不能在成就你的事业上起重大作用，那么这些都无法做交换的条件。

1. 看清自己的位置

每个人在社会上的角色不同，社会分工也不同，农民种地，工人做工，教师教书，不同角色承担着不同的工作任务。现代社会正处于一个转型期，社会的分工也越来越细，这就对现代人的生存本领提出了更高的要求。人们不仅要能够适应多变的社会角色，还应对自身的角色有一份清醒的认识。

人微言轻，位高权重。在现代社会上，人们的人格虽然是平等的，但是每个人在社会中所处的地位和身份却有不同，而身份不同，其办事能力也是不相同的。现实中，我们常见到这种现象，与亲戚交谈时，一般来说，辈分高的人出面要比辈分低的容易一些；在社会上交涉，求有社会地位的人出面帮忙，就比地位不高的人出面顺畅。之所以形成这样的差异，就在于每个人在社会中的身份与地位的不同。

因此，无论是进行何种交涉，我们都必须认清自己的身份、地位，看自己的分量能办多大的事，能跟什么样的人交谈，采取什么样的方法和途径才合适。只有心里有了这个谱，交谈才会更有针对性、分寸感，自然地就会减少许多不必要的麻烦与障碍，就更容易达到办事目的。

依据自己的身份、地位与人交往，还有更重要的一点，那就是应有较强的灵活性，依据自己身份地位的变化，随时调整自己的思想与方法，特别是在日常交往中以职位优势取胜的人，更应注意到这点。

2．回避不适应自己性格的事

性格是指人对现实中客观事物经常的、稳定的态度，以及与之相应的习惯化的行为方式。比如说，有的人小心谨慎，有的人敢拼敢闯。小心谨慎与敢拼敢闯就是两种截然不同的习惯化的行为方式。人们根据他们这些外显出来的习惯化特征来区别这两种人的性格。

性格成型之后，一般来讲是很难改变的，诚实的人为人处世都很诚实，他推想别人也都诚实；诡诈的人很多时候都诡诈，他猜测别人也诡诈。因此，诚实的人去行诡诈之事肯定会弄巧成拙。

有人认为，性格可以随人生经历而改变，是可以在后天环境中磨炼变化的。但要看到，人的性格形成之后，具有很强的稳定性。一夜之间判若两人的情况多属半短期行为，是因为受到较大刺激突变的结果；一段时间以后，固有性格又会重现，这是习惯化的行为方式的缘故。性格稳定后，既不容易改变，对人的行为也会产生极大的支配作用。逆来顺受惯了的人，如果不经历大的波折、大的痛苦，是很难迅速转变成为一个坚决果断、敢做敢当的人的。即使由于这样那样的历史机缘，这种人即使身负重担，时间一长，他还是习惯于受人支配（或自己动手）的行为方式。像金庸笔下的张无忌（《倚天屠龙记》的主人公），身上就带有这种特征。他的武功智慧是超一流的，学成盖世神功也纯属巧遇，当上了明教教主也是因为形势所迫，到头来，他还是这样归隐山林。

明白了这一点，就要依据自己的性格去处世，回避不适应自己性格的事，这样才能提高自己的办事成功率。

3. 考虑人缘因素

人缘对办事是否顺畅与成功的影响很大。人缘好的人，在社会上的形象就好，社会评价也高，因而与人交往时也容易得到理解、同情、支持、信任和帮助。一个人的人缘的好与坏，直接反映着这个人在社会上办事的能力和水平。所以，自己的人缘因素一定要考虑。

凡事预则立，不预则废

办事一定要周密策划，沉着应对。应该讲法时，对他讲法；应该说理时，和他说理；应该论情时，与他论情；应该谈利害时，向他谈利害。在办事过程中，耐心是最强有力的武器，尤其是在双方弄僵时更具功效。在几经僵持后，对方深知无可再争，只好让步。所以最后的僵持，也许不是形势的恶化，而是好转的前奏。

1. 先礼后兵

交谈的目的是为了达成有利的协议。因此交谈前必须具有足够的实力作为后盾，才不会轻敌被擒，但也不可滥用兵力。所以力量绝不是前锋，它只是后盾，非到不得已，不轻易使出王牌。

气氛尽可能融洽，对方必然愿意做适度的让步。莎士比亚说过："当人们满意时，就会付出高价。"所谓礼多人不怪，动之以情，往往能使交涉圆满完成。

2. 顺应时势，见机行事

高尔夫球好手从来不会总是使用同一根球杆来打球，他们会按照不同场合，选择合适的球杆。同样的道理，办事也没有常规可言。不按常规出牌的奇袭战术，往往能出奇制胜。所以，何时该认真或冷淡、坦诚或神秘、开口反驳或保持静默、暂时让步或坚定立场、细心观察或按兵不动、给予或索取，等等，都要能随机应变，把握得恰到好处。

办事过程中要随时注意风向，不过分坚持己见，随时检讨得失，修正战略，才能富有弹性。"随风转舵，见机行事"这八个字，就是使自己在交谈中，争取到最高利益的诀窍，这种"没有原则，就是原则"的策略有时是办事的利器。

3. 侧面进攻，环环相扣

若想把一棵大树连根拔起，恐怕难度很大。但如果将它的根一根一根去挖断，难度就小了很多。有时候，我们为一个问题交涉时，对方坚定不移的不配合立场，有如盘根错节的一棵大树，这时我们千万不要气馁，我们可以运用迂回接近的战术，一步一步地从每一件小问题谈起，最终达到自己的愿望。

4. 委婉含蓄，诱"敌"深入

生活中，我们有时会听到有人这样评价一个人："他说话能噎死人！"这就说明说话太直接了容易使人一时难以接受，事倍功半。甚至，有时我们的本意虽然是好的，但是由于说得太突然太直接了，而难以达到目的，误人误己。话说得委婉一点，含蓄一点，使对方自己领悟自己的意思，可以给双方更多的考虑空间，也容易让人接受。

5. 知己知彼，循序渐进

"探"，即探寻。古代兵法有种说法叫"不打无准备之仗"。"探"的目的就是为了知彼，知道对方心里在想什么，再确定下面要说什么，要不要说。由浅入深，循序渐进，方能步步为营。此外，用探寻的语气也显得比较礼貌一些。与其说："我在 10 点的时候去拜访你！"不如说："我能否在 10 点钟左右去拜访您一下？"或"明天 10 点钟您有空吗？我能不能在那个时间去拜访您一下？"这样，原意虽然没有改变，口气却温和多了，给人的感觉是由命令的语气变成了请求的语气。语言的妙处真是无穷！

运用杠杆的原理

当人们遇到难以搬动的重物时，都会想到运用杠杆的原理，以较小的力量轻松地撬起数以倍计的庞然大物。

现代企业家们通过抵押贷款、融资等方式，以较少的资金、资产为代价，获取更大的投资效益，这正是成功地利用了财务杠杆的作用。

同样的原理也可用于办事之中，如果你巧妙地运用你的长处，你所得到的利益会大得令你惊奇。

1. 掌握运用杠杆原理的时机

丑陋的放高利贷者和商人女儿的故事，便是运用杠杆原理，交涉制胜的例子。

一个英国商人欠了一个放高利贷者一大笔钱，且因此生意萧条，这个可怜人发现自己无法还清他的借贷。这意味着他将破产，而且他必须长期孤独地被关在地方债务人监狱。然而，高利贷者提供了另一解决方法。他建议，如果这个商人愿意把他年轻漂亮的女儿嫁给他，他就一笔勾销债务，以作回报。

这个放高利贷者既老又丑，而且声名狼藉。商人以及女儿对这建议都很吃惊。不过放高利贷者十分狡猾，他建议唯一公平解决途径是让命运做决定。他提出了以下的建议：在一个空袋子里放入两颗鹅卵石，一颗是白的，一颗是黑的。商人的女儿必须伸手入袋取一鹅卵石。如果她选中黑鹅卵石的话，就必须嫁给他，而债就算还清了；如果她选中白鹅卵石，她可以和父亲在一起，不需嫁给他，而且债务也算还清了。但是，假如她不愿意选一颗鹅卵石的话，那么就没什么可谈的了，她的父亲必须关在债务人监狱。

商人和他的女儿不得已，只好同意。放高利贷者弯下身拾取两颗鹅卵石，放入空袋。商人的女儿用眼角的余光看到这个狡猾的老头选了两颗黑鹅卵石，她明白自己的命运已经判定了。

她不得不同意，似乎没有条件可言。的确，放高利贷者的行为极不道德，但是假如她当场揭穿他的伎俩，采取强硬立场，那么按照当时英国的法律，他的父亲必进监狱。如果她不揭穿他，而选了一颗鹅卵石的话，她必须嫁给这个丑陋的放高利贷者。

然而，这正是运用杠杆原理的时机。

故事中的女孩不但人美，也很聪明，她了解自己，也了解她的对手。她知道她的对手是一个不择手段的奸诈之徒，也知道最终解决之道，必须让自己扮演甜美可爱、天真烂漫的少女角色来迷惑对方。

制定对策之后，她把手伸入袋子取一鹅卵石，不过在将要判定颜色之前，她假装笨拙地取出石头，然后失手将鹅卵石掉到了地上，与其他的鹅卵石混在一起而无法分辨。"哦！糟糕，"女孩惊呼，继而说道，"我怎么这么不小心。不过没有关系，先生，我们只要看看在你袋子里所留下的鹅卵石是什么颜色，便可知道我刚才所选的鹅卵石颜色了。"

最后，故事中的女孩成功了，因为她在知道规则对她十分不利之后，能毫不畏惧地妙用规则，把劣势变为优势。

要像女孩一样成功化解危机，就要运用自己的个性和自身的长处，避开自己的弱点。客观的自我评估是成功运用杠杆作用的关键。而自我评估的关键是流行于中世纪哲学家的一句警语："如何在不利、无奈的情况下尽力求得好结果，是件值得嘉许的好事。"

美国一位名叫葛林·特纳创立的推销术曾震惊了整个商业界。他运用他所发展的销售技巧教导其他的销售员扬长避短，相信自我，激发他们赚大钱的抱负。

特纳先生刚开始是一位挨户上门推销缝纫机的销售员。他有一项严重的缺陷——即生有很明显的兔唇。很快地，他便利用这个缺陷，使其成为他的销售噱头的一部分。他对他的顾客说道："我注意到你在看我的兔唇，女士。哈！这只是我今早特别装上的东西，目的是让你这样漂亮的女士注意到我。"特纳先生是位很成功的销售员。虽然他的货品不断改变，可是他的推销方法不变，他同时推销、贩卖自己和各种货品——兔唇和任何产品。

发挥个人之长处的另一部分是好钢要用在刀刃上，要使你的努力用到最终解决问题的关键之处，不要把努力浪费在无效的行动上。在交涉时要精确选择有用资料，去除无用资料。办事过程就是沟通过程，堆积不相干、误导的因素，只会混淆主要问题而已，毫无益处。

2. 学会借力使力

柔道策略是一种办事技巧，也是杠杆原理的运用。它是运用对手的力量来为己谋利。也就是说，面对强大的对手要获得自己所想要的结果时，不要与他硬碰硬。要像老练的斗牛士，诱使牛往你的方向冲来，不过在双方即将撞击的一刻，巧妙地闪到一边，让你的对手无法战胜你。

如果你与咆哮、谩骂、具攻击性的对手进行交谈时，最简单的方法是运用柔道策略。这些人不管是什么原因，总是想要跟人一决雌雄。他们的谈话充满攻击性，过于坚持自己的看法，惹人不快。

对付这种人最不明智的做法便是和他一样用攻击性的策略。这种处理方法的结果是导致你情绪不稳、血压升高，或者更糟。处理此种情况的最好方法是运用对手的力量对待他自己。此时，不要气恼，只要平心静气地告诉他："秦先生，我向你保证，我来这里是做生意，不是来跟你一决胜负的。我想我有一些重要的事要做，我知道你也有很多生意要做。我们为什么不先达成协议，然后，如果你愿意的话，再一决胜负不迟。"

由于你的忍辱负重，你会让具攻击性的对手消除敌意。如果他诚心交谈的话，就能平心静气地谈生意。不过，许多人相信制胜之道是采取强悍姿态使对手畏惧。事实上，攻击性行为可能只是装出来的。不管怎样，你的处理方法是先坚持自己的立场，表现出坚定的自信心来。

3. 运用杠杆原理的底线

运用杠杆原理使自己占据优势是一项强而有力的办事技巧，就像任何强大的工具一样，必须小心使用。如果你运用杠杆原理为自己取得有利位置时，千万不要滥用你的优势。相反，你必须在适宜的气氛下实现目标，怀着友善的态度达成协议，将有利于调节对手和你的态度，去进行交涉。

例如，你在交涉某一房地产的价钱，你知道屋主由于急需用钱，必须卖掉它。如果像这样的优势被你取得，要善用它，而不要滥用它。千万不要诋毁、羞辱你的对手，纵使你占了优势。务必态度优雅，充满善意和诚意，不要在任何交易中让你的对手一人承担所有的恶果。

"这栋老房子实在好，我真希望能多付一些钱，因为它值的价钱实在不只这么多。可是我的预算仅止于此，实在不能再多付了。"就如同一位精明人士说过的一句话："善有善报。"

还有另一个要注意的事。虽然每一件事都可交涉，但是并不是每一次交涉都必有最后的解决之道。逼人太甚，可能会激起对方反击，所以切记凡事不可做得太过分。

寻找破局点，出奇制胜

已故的美国前总统肯尼迪在前往维也纳和苏联领导赫鲁晓夫进行高峰会谈之前，收集了对方所有的演说词、发表过的一切谈话，甚至对方的餐饮习惯和喜爱的音乐，也在他希望了解的范围，目的是他要了解赫鲁晓夫是如何思考和处理事情的，以便会谈时能够直攻要害、一举制胜。后来，事实证明，他这种掌握对方心理的策略是十分成功的。

在态度上，要婉转温和，不可盛气凌人，凡事给人留得余地，因为强弱势的跌涨并不是绝对的，就像人一样，弱者有时也会随着时间的流逝而发生转变，表现出惊人的力量来，所谓

"风水轮流转"就是这个道理。所以在交涉时应灵活处理，如果情况形成一面倒的局面，占优势的一方最好不要占尽便宜，俗话说的"穷寇莫追"就是这个道理。

有时，交涉的双方可能是熟识的亲友，彼此之间存有情感的纠葛。所以，在交涉中感情和理智有时是分不开的，要是一味地讲求效率，不顾人情，可能会变成众叛亲离，反而偏离了预定目标，形成表面获胜，实质失败的情况。如能略施小惠、兼顾情理、顺水推舟，不强行说服对方，而是与对方分享利益，使竞争合作保持良好的平衡关系，这种"怀柔"的方式，有时候反而更显智慧。

必要的时候，不反对对方的意见，并适度向对方让步，承认自己的缺点，感谢对方的指正，表明妥善处理的决心，也能使双方达到共赢的局面。

保持信心，力挽狂澜

当事情几乎陷入绝境，而无法挽回的时候，你不妨用一句话来安慰和支持自己，这句话就是："竭尽全力，无怨无悔"。

也就是说，只要尽己之心，全力以赴，结果是否成功并不重要——就让命运之神去做安排吧！

1. 保持信心，精诚所至

罗先生现在是某贸易公司负责人，但是前些年，他并不是很走运。然而，罗先生正是在"竭尽全力，无怨无悔"的信念支持下，成就了许多看似不可能的事。

他原是一家杂志社的记者，因该社经营不善倒闭，他便成为一名自由撰稿人。后来，他又到了某广告公司从事编辑工作；不多久，又下海经营了一家规模颇大的贸易公司，成为人力资源部的职员。而后因为颇具才干，很得领导的赏识，便晋升为业务部经理。此后，凭着自己的努力，罗先生成了一位优秀的专业贸易人员。

但是，多才多艺的罗先生对他先前的采访、撰稿工作一直十分留恋。有一段时间，他一连好几天守候在一个摄影棚里，目的只为和某影星接近，好收集一些有关明星专辑的稿件资料。

偏偏很不巧，就在罗先生准备出版某专辑的同时，该影星所属的某电影公司也想出版一本纪念特刊，里头将安插一篇有关他的专访报道。于是，某影星开始对罗先生采取拒绝的态度。

接连下了好几天雨。该影星的态度仍然坚决，罗先生忽然灵机一动，心想："或许就只有这个办法，可以改变对方的心思了。"因此，他决定冒着大雨，到该影星的摄影棚前，执着地坐在他必经的道路上等着。

终于，这位影星被他的诚意感动了，改变了自己的态度，答应接受他的访问，并提供专辑的资料。

罗先生认为该影星之所以能够回心转意，主要是自己具有这样的信念：精诚所至，金石为开。打这以后，他就抱着这种信念处理任何事情，结果无论业余爱好，还是销售业务都能得到良好的成绩。

"化不可能之事为可能"，这是你身处劣势时应持有的信心。

2. 做最坏的打算，全力以赴

有些人往往还未去办事之前，就认为"这事不可能吧""别人不肯答应吧"，会产生诸如此类消极的想法，殊不知正是这想法妨碍了自己。

拿破仑曾说："我的字典里没有'不可能'这个词。"同样，你的字典里也要丢掉"不可能"这几个字。其实，人是很能适应环境的一种高级动物：只要肯尝试，没有一件事是绝对"不可能"的。

你是否曾无意识中，经常使用许多否定的语句？如"不可能""不行""没办法"之类，或者在你的家人、同事之中，也有人时常采用这种说法？而凡是说"做做看""说说看""我赞成""一定能够成功""有兴趣"这类字眼儿的人，常常是能勇往直前、积极行动的人。

虽然只是用语不同而已，但是在你内心深处，对于所求之事的看法，已经无形中受到了影响。

必须要下定决心，在日常生活的言谈之中，尽量少说否定的字眼儿；而且，还要进一步以肯定的字眼儿来代替。若能做到这点，你自然就会具备积极行动的姿态，会大大地增加对别人的说服力。例如："卡里就只剩1000块钱了。"就应该改为："卡里还有1000块呢！"

如果总在办事前设置一些否定词，必将会大大降低办事成功的可能性。

一个人如果对成功的可能性感到怀疑，不妨先降低目标，做最坏的打算，这样就会缓冲失败时对你的打击。这是一种在不愉快状况下，保护自己面子的防卫措施。这种心理措施在日常生活中比比皆是。

例如在约会时，在等候之余往往有怀疑"他（她）是否会来"，如此即使不能如意，也不至于感到面子上难堪。倘若对对方赴约坚信不疑，而一旦预见落空，就会因面子上挂不住而大光其火，或心灰意冷，感叹"流水落花人归去"，甚至会不欢而散，分手各归。

《格利佛游记》有一句名言："不抱任何希望的人最有福气，因为他永远不会失望。"尽管这句名言可能含有讽喻之意，但反映了常见的心理现象，和前面所说的降低目标意义相同。我们常说的"向最好处努力，往最坏处打算"也是这个意思。

期望值越高，失望也就越大。犹如对待名胜古迹，高兴地慕名而去，结果一看不过如此，往往失望而归。所谓看景不如听景，说的就是这个意思。而在山坡峡谷，林间溪边，信步所至，随意漫游，所见一花、一木、一泉、一石，倒常常会为之惊喜，为之流连，并因之而获得意外的欢愉。

抗逆力的智慧

　　找人寻求帮助时受到冷遇很常见。对此，不同的人有不同的反应，或拂袖而去，或纠缠不休，或怀恨在心。这样的反应其实是不利于办事的，甚至有时会因小失大，影响办事效果。因此，了解受到冷遇的具体情况，而做不同的反应，是十分必要的。

　　若按遭冷遇的成因而分，无非以下三种情况：

　　一是自感性冷遇，即估计过高，对方未能使自己满意而感到的冷落；二是无意性冷遇，即双方考虑不同，顾此失彼，使人受冷落；三是蓄意性冷遇，即对方存心慢怠，使人难堪。

　　当你被冷落时，要区别情况，弄清原因，再采取适当的对策。

　　对于自感性冷遇，应反躬自省，实事求是地看待彼此关系，避免怀疑人和忌恨人。

　　常常有这种情况，在准备办事之前，自以为对方会以热情接待，可是到现场却发觉，对方并没有这样做。这时，心里就容易产生一种失落感。

　　其实，这种冷遇是对彼此关系估计过高，抱太大希望而导致的。这种冷遇是"假"冷遇，非"真"冷遇。如遇到这种情况，应重新审视自己的期望值，使之适应彼此关系的客观水平。

这样就会使自己恢复平静，心安理得，去除不必要的烦恼。

吴君到多年不见面的一个老同学家去拜访，想顺便请求老同学帮点小忙。这位老同学如今已是商界的实力人物，每天造访他的人很多，感到很疲劳，大有应接不暇之感。因此，这天对吴君的拜访，招待之时略显怠慢。

吴君心想会受到这位朋友的热情款待，不料遇到的是他不冷不热的态度，心里顿时有一种被轻慢的感觉，认为此人太不够朋友，小坐片刻便借故离去。他愤愤然，决心再不与之交往。后来才从其他人那里了解到，这是老同学应酬太多的缘故。于是他改变了想法，并采取主动姿态与之交往，老同学虽然仍是如往常般款待他，但还真为他办了不少实事。

对于无意的冷遇，应理解和宽恕。在社交场合中，有时人多，主人难免照应不周，特别是各类、各层次人员同席时，出现顾此失彼的情形是常见的。这时，照顾不到的人就会产生被冷落的感觉。

当你遇到这种情况，千万不要责怪对方，更不应拂袖而去，而应设身处地为对方着想，给予充分理解和体谅。

比如，有个司机开车送人去做客，主人热情地把坐车的迎进屋，却把司机给忘了。开始司机有些生气，继而一想，在这样闹哄哄的场合下，主人疏忽是难免的，并不是有意看低自己，冷落自己。这样一想，气也就消了，他悄悄地把车开到街上吃了饭。

等主人突然想起司机时，司机已经吃了饭，并把车停在门外了。主人感到过意不去，一再检讨。见状，司机连说自己不习惯大场合，且胃口不好，不能喝酒。这种大度和为主人着想的精神使主人很感动。事后，主人又专门请司机来家中做客。两人关系不但没受影响，反而更密切了。

这种主动谅解的态度引起的震撼，会比责备强烈得多，同时还能感召对方改变态度，用实际行动纠正过失，使彼此关系得到发展。

办事时被人拒绝是常事。一时的拒绝并不等于从此无望，如果你能正确分析对方拒绝的心理原因，根据实际情况采取不同的处理方法，就有可能使你的请求出现新的转机。退一步来说，不能立即使对方改变态度，也能给对方留下良好的心理印象，为以后的交涉打下一定的基础。

从心理上分析，人家拒绝你，是有不同类型的，现将主要类型和对策列举于下：

1. 一般的拒绝

这是指对方虽然当时拒绝你，但那不是经过深思熟虑后做出的决定。他们对你有一些想帮忙的愿望，但由于对你缺乏了解，尚未建立对你的良好印象，因此，疑虑重重，陷入了一个想帮又不想帮的矛盾心理状态。为尽快解脱这种矛盾的心理，对方有时就会表示暂时不帮忙。

这样的决定随意性大，改变也较容易。有效的办法是多接近他们，很自然地展现自己的"真实面目"，让对方充分和全面了解你，对方的疑虑消除了，你也就成功了。

2. 固执的拒绝

这是指对方在拒绝前，对你有比较深入具体的了解，经过分析、对比、反复权衡利弊后做出的选择。这样的选择或是因为人家认为帮你忙不值得；或是因为你的个性、品质使对方大失所望；或是由于对方的某种固执的偏见。

要改变执意拒绝者的态度，一般情况下是不可能的。因而也不必白费力气。假如你确认对方是由于固执的偏见而拒绝答应你时，则可以用真诚的行动去感动对方，使之改变偏见。不过这需要较长的时间。

3. 隐蔽的拒绝

这是指对方拒绝你的请求是出于某种心理需要，不愿把真正的原因说出来，而用某些不真实的理由搪塞你。对方不愿说出真实心理的理由是复杂的，大致有如下几种：

一是你提出的要求太高，对方无法满足，但又羞于说出本人能力的不足；二是对方对你不放心，对你拿不准，但又不好意思说出来；三是是否对你"特殊关照"，决策人意见不一致，觉得没必要把"内政"告诉你。

对于这种交涉对象，要尽可能弄清其拒绝的真正原因，然后再采取相应的求助方法，或解释说服，或降低自己的某些要求，或等待时机。

要分辨拒绝是属于哪种类型并不容易，需要有较强的察言观色、听话听音的能力，以及较准确的判断能力，而这些能力又需要丰富的社会交往锻炼才能获得。

做到让他人无法拒绝你

当你满怀希望地与人交涉，但你提出的要求竟然当场遭到对方的拒绝，那场面是很令人难堪的。这种被拒绝而产生的尴尬，往往会使人感到心冷、失落，心理失衡，甚至出现不正常情绪，比如记恨或报复的心理，因而影响彼此之间的关系。

造成这种尴尬的原因是多方面的，有些是无法预见的，难以避免，但有些却是可以通过自己的努力加以避免的。从办事的角度来看，避免尴尬也是办事能力的组成部分。懂得并力争避免不必要的尴尬场面的出现，是每一个办事者都应该掌握的。

首先，在办事之前，要对交涉对象和自己提出的要求及可能被满足的程度有基本的估计，起码要估计三个方面的情况：

一是看自己提出的要求是否超出了对方的承受能力。如果要求太高，脱离实际，对方无力满足，这样的要求最好不要提出。否则，必然会自找难堪。

二是看对方的人品和自己与之关系的性质、程度。如果对方并非好施乐善之人，即使你提出的要求并不高，对方也会加以拒绝。对于这种人最好不要提出要求，不然也会自寻尴尬，此外还要看彼此关系的深浅，有时你与人家并没有多少交情，就提出很高的要求，结果碰壁的可能性就会很大。

三是看你提出的要求是否合理合法。如果所提要求违反政策规定，人家肯定是会拒绝的，最好免开尊口。

在进行求助性办事前，需要先做上述估计，然后再决定如何提出自己的要求，这样做，一般说来是可以避免很多尴尬场面出现的。

其次，要学会办事的试探技巧。人际交往的情况是很复杂的。有时，即使你事先做了充分估计，也难免遭遇意外，或出现估计失当的情况。这样，尴尬场面仍然可能降临到你的头上。在这种情况下，如何避免出现令人难堪的局面呢？运用必要的试探方法，就成了交涉临场时避免尴尬的选择了。常见的方法有：

1. 自我否定法

就是对自己所提问题拿不准，如果直截了当提出来恐怕失言，造成尴尬。这时，就可以使用既提出问题，同时又自我否定的方式进行试探。这样在自我否定的意见中，就隐含了两种可能供对方选择，而对方的任何选择都不会使你感到不安和尴尬。比如，有一位年轻作者在某刊物上发表了两篇散文，可是收到相当于一篇的稿费，他想这一定是编辑部弄错了，可是又没有把握。他担心直接提出来，如果是自己弄错了，那就太尴尬了。于是，他这样提出问题："编辑老师，我最近收到了50元稿费，这一期上刊登了我两篇稿子，不知是一篇还是两篇的稿费？"对方立即查了一下，抱歉地说是他们搞错了，当即给以补偿。这位作者是用了一些心思的。他把两种可能同时提出，而且把自己的想法作为否定的意见提出。这样即使自己搞错了被对方否定，也因自己有言在先，而不会使自己难堪。

2. 投石问路法

当你有具体想法时，并不直接提出，而是先提一个与自己本意相关的问题，请对方回答，如果从其答案中自己已经得出否定性的判断，那就不要再提自己原定的要求、想法了。这样可以避免尴尬。

如有个女青年买了块布料，拿回家后才发现售货员找的钱不对，但是，又没有把握人家真的找错了，于是，她又回去，问道："小姐，这种布多少钱一米？"对方答后，她立即明白是自己算错了，说了句"谢谢"，满意地离开了商店。看来，这个姑娘的处理方法是明智的。

这一事例告诉我们，当自己拿不准的时候，最好不要直言相求或者否定对方，最好使用投石问路法，先摸情况，再决定下一步行动也不迟。有些人不是这样，他们处理问题易于冲动，情况没有搞清，就向人提出挑战，结果却是自己错了，使自己陷入窘境。比如，有的人买东西，自己没有算清楚就对售货员说："你少找我钱了！"等到人家一笔一笔算清楚了，证明人家没弄错时，那就尴尬极了。

3. 触类旁通法

当你想提一个要求时，还可以先提出一个属于一类的问题，以此试探对方的态度。如果得到肯定的信息时，便可以进一步提出自己的要求；如果对方的态度是明确的否定，那就免开尊口，以免遭到拒绝尴尬。用触类旁通法进行试探，其好处是可进可退，进退自如，在办事中有广泛的用途。

4. 顺便提出法

有时提出问题，并不用郑重其事的方式。因为这种方式显得过分重视，至关重要。一旦被否定，自己会感到下不来台。而如果在执行某一交际任务过程中，利用适当时机，顺便提出自己的问题，给人的印象是并未把此事看得很重，即使不满足也没有什么关系。比如某业务员在与某厂长谈判，谈判告一段落时，业务员向厂长提出一个问题，说："顺便问一句，你们厂要不要人？我有个同事想到你们这里来工作。"厂长说："我们厂的效益不错，想来的人很多。可是目前我们一个人也没有进。""噢，是这样。"在对方的否定答复面前，他一点也没有感到尴尬，但是已达到了试探的目的。试想，如果一开始就以郑重其事的态度向对方提出这个问题，并遭到对方的拒绝，那现场的气氛就可想而知了。

再如，青工小赵随同厂长去拜访一位有名望的书法家，在谈完正事之后，小赵乘机说："万老，我很喜欢您的名字，如果您在百忙中能给我写一幅，那就太好了。"万老说："近来我身体不太好，以后再说吧！"很显然这是在拒绝。但是，由于是顺便提出的要求，小赵并不感到尴尬。

实际上在很多情况下，顺便提出的问题，往往是自己要说明的真正意图，但是，由于使用这种轻描淡写的方式顺便一说，就使自己变得更主动一些，有退路可走，可以有效地防止因对方否定而造成的心理失衡。

5. 玩笑法

有时还可以把本来应郑重其事提出的问题用开玩笑的口气说出来，如果对方给予否定，便可把这个问题归结为开玩笑，这样既可达到试探的目的，又可在一笑之中化解尴尬，维护自己的尊严。

6. 打电话

打电话提出自己的要求，与当面提出有所不同，由于彼此只能听到声音而不见面，即使被对方所否定，其刺激性也较小，比当面被否定更易接受些。比如，有位作者写了一篇稿子，等了一段时间没有回音，于是就打电话询问结果："编辑老师，我想问问那篇稿子的处理情况……""噢，是这样，稿子已经看到了，我们认为还有些距离，很难采用……""是这样，谢谢您。"作者在较为平静的气氛中，接受了一个被否定的事实。

第二章　办事的规则

何谓办事智慧？主要是指讲话的策略。在任何时候，对任何场合，对任何事物，采用的策略，将由你办事的水平高低决定。有时发挥超常，就是没有钱也能读书，没有靠山也能找到工作，没有英俊的面庞，也能让美丽的姑娘动心。

请大家多多关照

有些人初到一个新环境，第一件事就是向周围的同事、同学做自我介绍，然后说"请大家多多关照"，表示了一种希望得到信任和帮助的愿望。

人们在工作中表现出的人际关系，是一种相互依存的关系，因为大家的事业是共同的，必须依靠合作才能完成。而合作又需要气氛上的和谐一致，而情感上互不相容，气氛上别扭紧张，都不可能协调一致地工作。

在一个单位里，每个人都有着自己的个性、爱好、追求和生活方式，因环境、教养、文化水平、生活经历等区别，不可能也不必要求每个人处处都与他所在的群体合拍。但是谁都懂得，任何一项事业的成功，都不可能仅依靠一个人的力量，谁也不愿意成为群体中的不和谐因素，被别人嫌弃，而"孤军作战"，这就是共同点。一个有修养的、集体感强的人，是能够利用这一共同点，以自己的情绪、语言、得体的举止和善意的态度，去感染、吸引或帮助别人，使人与人之间相处得更融洽。

1. 以诚动人

同事之间每天接触、一起工作的时间较长，相互间的了解比较多也比较深，如果有事找同事交涉却又掖掖藏藏，不把事情说明白，容易使同事对你产生不信任的感觉。因此，找同事交涉就要先说明究竟为了什么事，坦言自己为什么要找他。这样，精诚所至，只要同事能办到的事，一般是不会回绝你的。

2. 客气礼貌

不要以为同事是天天见面的熟人，就一副大大咧咧的样子。与同事沟通时，说话一定要客气，而且要以征询的口气与同事探讨，请求他帮忙想办法。受到如此的尊重，同事如果觉得力所能及，自然会乐于帮助。

3. 让对方感到他是主角

人们最喜欢的就是谈论自己的事情，对于那些与自己毫不相关的事情，多数人会觉得索然无味。而对你来说最有趣的事情，有时不但很难引起别人的共鸣，甚至还会让人觉得可笑，年轻的母亲会热情地对同事说：我的宝宝会叫"妈妈"了，她这时的心情是很高兴的。可是，旁人听了会和她一样的高兴吗？别人会认为这是很正常的事情。所以，在你看来是充满了喜悦的事，别人不一定会有同感。在与人交涉的时候，要多照顾对方的感觉，应努力让对方感到主角是他。

与同事共事时竭力忘记你自己，不要老是无休止地谈你个人的事情，你的孩子、你的生活。人人喜欢的都是自己感兴趣或熟知的事情，那么，在交涉中，你就可以明白别人的兴趣点，而尽量将话题引到让对方说自己的事情，这是使对方高兴的好方法。你以充满了同情和热诚的心去听他叙述，一定会给对方留下好印象，并且他会热情欢迎你，愉快接受你。

要与同事和睦相处

能与同事和睦相处，在日后的工作中必定能做到沟通顺畅。与同事相处并没有太多的繁文缛节，但也不能大大咧咧，随心所欲。要知道，得到一个同事的认可，也许要用数年的时间，而失去一个同事的帮衬却用不了一天。以下是同事之间相处的法则：

1. 寒暄、招呼作用大

和同事在一起，工作上要配合默契，生活上要互相帮助，就要注意从多方面培养感情，制造和谐融洽的气氛，而同事之间的寒暄有利于制造这种气氛。比如，早上上班见面时微笑着说声"早上好"，下班时打个招呼，道声"再见"，等等，这对培养和营造同事之间亲善友好的气氛是很有益处的。

另外，外出公差或工作时间要离开岗位办件急事，也最好和同事通个气，打个招呼，这样如果有人找时，同事就可告诉你的去向。如果来了急事要处理，同事也好帮助料理。寒暄、招呼看起来微不足道，但实际上它又是一个体现同事之间相互尊重、礼貌、友好的大问题。

2. 合作不能"挑肥拣瘦"

与同事们一起共同合作，切莫"挑肥拣瘦"，把脏活、累活、难办的推给别人；把轻松、舒服、有利可图的工作揽下给自己。同事们拼力苦干，你却暗地里投机取巧。这样，同事们就会不愿与你合作共事。同事之间只有同心协力，不斤斤计较，协同作战，才能共谋大业，共同发展。

3. 取得佳绩不要炫耀

工作中取得了成绩，心里感到喜悦和高兴，这是人之常情，但千万不可在同事面前炫耀卖弄。过多谈论自己的成绩、功劳，就会使同事感到你有抬高和显示自己，轻视或贬低他人之嫌。

4. 不要苛求和挑剔同事

每一个人都会有自己的缺点和不足。与自己相处的同事也是一样，工作和生活中总会出现一些过失、显现一些缺点，甚至错误，这是在所难免的。对于同事的过失和错误，要善于体谅和宽容。

人非圣贤，孰能无过？对于同事的过失和不足，只要不是原则问题，只要不影响大局和全局，除进行友善的帮助和提醒之外，更重要的是采取宽容和大度的态度去原谅，只有这样才能赢得同事的友好和精诚合作。如果采取苛刻和挑剔的态度对待同事，同事也不会与你同心、同德来共事。

5. 不搬弄是非

和同事相处不搬弄是非，这一点也是很重要的。比如有些人在老李的面前讲老张的不是，在老张的面前又讲老李的不是；还有的人喜欢搞道听途说，传小道消息。这样一来，同事间就会纠葛不断，风波迭起，搞得同事之间不得安宁。因此同事之间要相安共处，就要不搬弄是非，不该问的不去问，不该说的不去说。不要对一些同事论长道短，也不要对不清楚的事乱发议论，要加强品德修养。一个人应该养成在背地里多夸赞别人的好处，少讲或不讲别人的坏处的习惯。

以豁达的态度对待冲突

在办公室里经常会有人因对工作之争，勃然大怒，其实这并不奇怪，说明他们对工作态度认真、情绪高昂。

在工作中与其他同事意见相背是很常见的事，碰到一两个难以相处的同事也是很正常的。

但同事之间尽管有矛盾，仍然是可以和谐共事的。任何同事之间的意见往往都是起源于一些工作中的具体的事件，而并不涉及个人的其他方面。这种冲突和矛盾往往由于人们的思维习惯性不同，时间一长，就会逐渐淡忘。所以，不要因为过去的小矛盾而耿耿于怀。只要你大大方方，不把过去的冲突当一回事，对方也会以同样豁达的态度对待你。

当产生矛盾的双方都没有花时间去进一步了解彼此，也没有创造一些机会去心平气和地阐述各自的看法，导致双方缺乏对彼此的信任，个人间的关系也就会不断倒退。怎样才能够改变这种局面、改善彼此的关系呢？

你不妨尝试着抛开过去的成见，更积极地对待这些人，至少要像对待其他人一样对待他们。一开始，他们也许会有戒心。你更需要有足够的耐心，因为将过去的积怨平息的确是件费功夫的事。你要坚持善待他们，一点点地改进，过了一段时间后，表面上的问题就如同阳光下的水滴一样，蒸发之后便消失了。

尽全力工作，但不必为他人代劳

作为一名员工，也许你学识渊博，也许你才华横溢，但是最重要的还是做好自己的本职工作。有些人经常放着自己手中的事情不做，或者在完成自己工作的情况下，去做他人的事情。这类人中有的是想借此炫耀自己的能力；有的则是过于热情，想通过帮助他人搞好人际关系。想炫耀自己的人当然会招来别人的反感，因为此类人在炫耀自己的同时忘记了他人正在受到无形的贬低；而极度热情的人在完成他人的工作时，往往也剥夺了他人展现自己能力的机会。

在中国的历史传说中，有一位杰出的领袖叫尧。在尧的领导下，人民安居乐业。尧很谦虚，当他听说隐士许由很有才能的时候，就想把领导权让给许由。尧对许由说："日月出来之后还不熄灭烛火，烛火和日月比起光亮来，不是太没有意义了吗？及时雨普降之后还去灌溉，对于润泽禾苗不是徒劳吗？如果您担任领袖，一定会把天下治理得更好，我占着这个位置还有什么意思呢？我觉得很惭愧，请允许我把天下交给您来治理。"许由说："您治理天下，已经治理得很好了。我如果再来代替你，不是沽名钓誉吗？我现在自食其力，要那些虚名干什么？鹪鹩在森林里筑巢，也不过占一棵树枝；鼹鼠喝黄河里的水，不过喝饱自己的肚皮。天下对我又有什么用呢？算了吧，厨师即使不做祭祀用的饭菜，管祭祀的人也不能越位来代替他下厨房做菜。"

尧很谦虚，想将天下的管理权交给贤人许由。许由也很识趣，表示既然尧已经治理得很好了，自己并不属于管理者一类的人，何必越俎代庖。这个传说很鲜明地告诉我们要做好自己的本职工作、不要越俎代庖的道理。在日常工作中，要认真做好自己的本职工作，如果你由于精力过于充沛而去做同事的工作，那么，即便做得好，同事也不会说什么，最多是客气地向你表示感谢，并委婉地暗示下次不要这样做了；而若是做坏了，不仅会帮倒忙，给同事带来麻烦，还要背上"多管闲事"的罪名。

工作中的机会不是常有的，每个职场中的人都需要借这些机会获得成功，证明自己。所以，在机会出现的时候，要让应该得到机会的人好好地把握，不要出于热心或者其他目的去干预或者争抢机会，要让人们自己去应付，竞争需要公平。在同事需要帮助并请你帮助时再动手，否则就用善意的语言作为鼓励，对于你的好意，同事也会心领神会，对你心存感激。所以，工作中要各司其职，做好自己的本职工作，不要随便做同事的工作。

冷漠待人，你也无法得到支持

在职场中，我们需要与同事相处并进行良好的沟通，这样才能有融洽的人际关系，才能使你的工作充满动力。如果你因为一些自己的事不开心，又不愿意与别人说，一直对人冷冷淡淡，那么同事会认为你对其有什么意见，你就会逐渐被疏远。如果你真的对某个同事有意见而故意对其冷淡，那么同事也会因此而对你冷淡，最终"受冻"的还是你自己。所以，如果有意见，应当和同事进行恰当的沟通，这样才能化解误会，增进感情，获得良好的人际关系。

刚大学毕业的小珍满怀热情和雄心地来到一家生产数码设备的公司工作，本想通过自己的努力大干一番，但是没有想到刚一到公司就遭遇了人际关系问题的困扰。

公司的同事总是很忙碌，这倒没有什么，但是同事们在忙碌时对她的态度很冷淡。在面对面走过时总是装着没看见，从来不会与她打招呼；她主动打招呼，同事的反应也总是冷冰冰的，有几次对方甚至都没有反应。小珍感到自己自讨没趣，于是之后也装着没看见，但是这让在大学时总是与人热情相处的小珍感到非常不适。在激烈的思想斗争中，她失去了方向，久而久之，小珍感觉身心疲惫，工作上也渐渐没有了当初的激情。后来，小珍和朋友倾诉了自己的苦恼，并得到了朋友的指点，于是小珍开始逐步改善与同事间的关系。

小珍经常买些吃的和同事们一起分享，有什么不明白的问题就虚心请教，别人需要帮助时就主动上前伸出援手。渐渐地，人们在与小珍接触时，脸上的冰冷不见了，而是洋溢着温暖的微笑。人际关系问题解决了，小珍的工作变得顺利了许多，而且取得了不错的成绩。

小珍的人际公关行动是成功的，她最终成功地和同事们打成一片，工作也很顺利。也许是工作的压力太大了，也许是小珍当初的沟通不够，但是无论怎样，小珍那些同事面对新人的做法都是欠妥的。要知道，我们每个人在遇到类似小珍所经历的情况时都会像小珍一样苦恼，所以我们不应该对自己的同事冷漠。当你对同事冷淡时，同事也会冷淡对你，长此以往，你的人际关系就会僵化，最终影响你的工作。

小超和小丽在同一个办公室，小超刚从学校毕业来到公司，小丽则已经工作了五年之久。起初，两人关系还不错，还一起去买折叠床放在办公室里，中午休息用，经常一起去食堂吃饭等。后来，小超和办公室其他几个女孩子搬到楼下一个空闲的办公室午休，但是小超一时疏忽没有叫小丽一起搬下去。后来，小超发现主任对小丽的态度不太好，可能是因为她工作了六年仍不怎么出色的缘故。主任对小超的态度很好，经常鼓励她，觉得她刚毕业，是可塑之材。但是小超没有什么谄媚之举，只是对本职工作认真负责，不懂就问。可从此，小丽对小超的态度越来越冷淡，从无话不谈变为几乎形同陌路，工作上两个人经常出现不合拍的现象，极大影响了工作效率。直到后来小超主动找小丽谈，才化解了彼此之间的误会。

小丽得不到赏识，内心有些许的挫败感是可以理解的；但是，她对小超的冷漠让两个人的关系无缘无故地从好变坏，影响了工作，这是得不偿失的。我们要像小超一样，有问题主动沟通，不要耽搁，因为，时间一长，误会就会加深，就真的变成了矛盾。

在交流中，我们要调整好心态，不要总是看谁不顺眼就对谁冷淡。即使知道对方对自己有意见，也要若无其事地和其交往，然后多观察，争取慢慢地去了解他，主动地和他交谈，从而化解彼此间的矛盾。对一个人冷淡会让对方感到敌意，同时，自己总把事情憋在心里，也是很难受的，所以，不妨和对你有意见的人或自己对其很有意见的人去个轻松的场所，打开天窗说亮话。冷淡同事，"受冻"的将是你自己；把埋在心里的话都说出来，有利于彼此间消除误会和矛盾，加深感情，促进工作的顺利开展。

敢于表现自我，但切忌争功

工作中，你要想有好的发展，就要使人们知道你有真本领。展露才华是好事，因为可以由此让管理者对你有一个全新的了解，可以让你获得更多的机会以施展你的本领。不过，在展露才华的时候要注意方式，我们可以将自己取得的成绩展示给领导，但是不要和同事抢功。和同事争功不但会使人际关系被破坏，还会使领导对你的人品产生怀疑，甚至导致成果付诸东流，带来不必要的损失。

小青和小梅都是公司里的得力干将。平时，小青签字的材料要交给老板，在交之前，需要同事小梅查看一下，结果小梅经常把小青签字的材料重新打印一次，签上自己的字，然后交给老板。老板在签字的时候看到小梅的签字，就以为是她做的报告。小青发现以后，就让小梅查看自己的材料以后再交还给自己，然后直接拿给老板。另外，有好几次，小青在报告里输入数据后，小梅核对说数据不符，结果一看果真不符。小青心里纳闷："当初我输入的时候怎么就是相符的呢？"后来发现原来是小梅修改了数据的一部分，让其最终结果不相符。小梅平时也总喜欢抢小青的工作，而小青的解决办法就是比她做得快。别人发给她们的邮件，小青总能比小梅回得快，回得全。最后小梅没有了办法，只得放弃。

从这个例子中，我们看出小梅非常爱抢别人的工作成果，喜欢据别人的功劳为己有，这样做显然是失当的。自己辛辛苦苦的劳动瞬间就化为别人的成果，换成谁都会感到不平衡，所以，在平时的工作中，我们要展现属于自己的功劳，而不要去抢同事的功劳。在这里要特别推荐小青的工作方法，她在面对同事争抢自己功劳的时候，没有向对方发火，而是运用了非常智慧的方法。这使得她的态度一直非常积极，工作按部就班，并不断取得新的成绩。

郑军和一个女同事是同一年进入一家公司的，那个女同事非常积极，什么工作都揽到自己那里做，包括本属于郑军的工作。本来他们共同负责一个项目，可这个女同事几乎没有留给郑军什么可以做的工作。在向领导汇报时，女同事自然口若悬河，根本不给郑军任何表现的机会。郑军性格比较内向，女同事则比较外向，和周围的其他人接触多一些、关系比较好一些，所以，郑军拿她没有办法。最后郑军不得不听取了朋友的意见，到经理那儿诉苦。

郑军并没有说谁抢他的工作，自己没有事情做，而是以正面的形式说某某工作非常积极，非常享受这份工作，所以在做工作的时候，总是争取做更多。这个积极的精神真的很好，不过这样使得自己的工作量变得很少，空闲的时间太多，所以请经理考虑一下给自己新的工作。因为自己和某某一样，也非常希望能为公司做更多的事情，学习更多的知识，积累更多的经验。最后经理查出了事情的原因，使得那个女同事有了很大的收敛。

郑军遇到的女同事很强势，不但自己的工作完成得迅速，而且毫不客气地将郑军的工作拿过来自己做，功劳也都往自己

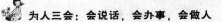
身上揽。面对这样的同事，郑军的内心肯定是复杂的，当然，他最后的处理方式还是很妥当的。在日常的工作中，为了不给同事增添烦恼，也不给自己找麻烦，我们还是不要抢同事的工作为妙。

在同事取得成绩的时候，要怀着一颗积极的心态祝福同事，即使你很羡慕这些成绩，也不要嫉妒，更不要去抢，正确的做法是自己加倍努力，把同事当成自己努力的目标，从而使自己获得更好的成绩。这样做，不但不会让同事因为你的成功而对你心生不悦，还能赢得他人的尊重和敬佩。如果你能在别人取得成绩时大度地祝福，事后自己努力取得傲人成绩，那么，不但会使你的能力得到广泛认可，同时，由于大家的积极努力，营造了一种你追我赶、公平竞争的良好氛围，也有助于整个团体的快速发展与进步。所以，切记，可以显露才华，但不要和同事抢功劳。

第三章　办事的分寸和尺度

　　办事时开口的时机，可以决定办事能否顺利进行。一句贴切的语言，一句动人的言辞加上动之以情、晓之以理的真诚话语，你是一座冰山也会将你融化。会办事的人，会适度地把握说话时机。

朋友间办事的基本原则

　　千里难寻的是朋友，朋友多了路好走。为得到朋友的支持，可遵循以下五个原则：

1. 信任为本

　　信任既包含你对朋友的信任，也包括朋友对你的信任。朋友之间最基本的态度就是信任。如何赢得朋友的信任呢？

　　当别人委托你做某件事时，你应该尽力去帮别人完成，不管对方是郑重其事地嘱托，还是口头上的请求，你都应该当作自己的事情一样来处理。如果实在难以完成，应尽力完成力所能及的部分，并向对方说明不能完成的理由并表示歉意，这样你就会赢得对方的信任。

当你委托朋友办事时，要充分信任对方，委托给他的事情让他以自己的方式去处理。如果对方不能完成，并诚恳地阐述了理由，就应向对方致谢之后再另想办法。

2. 理解为桥

朋友之间还需要理解，理解是朋友之间的桥梁。了解你的朋友，会使你的朋友对你推心置腹，为你两肋插刀。

春秋时期的著名政治家管仲和鲍叔牙从小就是很好的朋友。长大后，鲍叔牙要管仲同他一起去做生意。管仲家里穷，没有本钱，鲍叔牙便拿出自己的钱与管仲合伙做生意。当管仲赚到的钱多了一些时，鲍叔牙理解管仲上有老下有小、家境不宽裕的处境，丝毫不为此感到不平。后来，他们都成了齐国的官员，鲍叔牙在任时间长，官职却比管仲低，别人为他不平，但鲍叔牙却很理解管仲，准备辞官以减轻管仲的压力。无怪管仲感叹地说："生我者父母，知我者鲍君也！"管仲与鲍叔牙的友情，被誉为"管鲍之交"。

君子之交，贵在相互理解。稳固的友情是建立在充分理解之上的，因此要充分理解你的朋友，不要只站在自己的角度上想问题。

3. 宽容作舟

宽容是一种博大而深邃的胸怀，是人类的最崇高美德之一。《菜根谭》中有一句话："处事让一步为高，退步即进步的根本；

待人宽一分是福，利人实利己的根基。"这是很有道理的话。

这个世界上的人形形色色，有道德高尚的君子，也有势利卑鄙的小人，人们之间发生冲突、产生摩擦是难免的。但是以不同的态度对待冲突、摩擦，却会产生截然不同的效果。有的人心胸狭窄，有仇必报，一点小的冲突也会上升为大的矛盾。而有的人则心怀宽广，容忍为先，善于大事化小，小事化了，使人们觉得他易于接触，因而朋友众多。

另外，得理不饶人绝对够不上宽容的美德。宽容的人，就算真理在手，与朋友交往时也要把调子降低三分，在不动怒的情况下和颜悦色地说服朋友。这样，你们的友情才能够得以维持，朋友也会认为你是一个心胸豁达的人。

4. 钱财分开

有些朋友之间由于交情很好，往往不计较财物，"有钱同使，有衣同穿"。刚开始时感觉不错，时间长了往往会出问题。由于两个人开销会比一个人大，往往会在这方面谁多出了钱、那方面谁多占了东西等小问题上产生矛盾，久而久之，影响感情。

俗话说，亲兄弟，明算账。朋友之间的财物尽量不要混用，感情好是一回事，财物又是另一回事。在财物的使用问题上，朋友之间要保持一定的距离，各人处理各人的财物，朋友之间只讲友情，不讲钱财，这样会避免一些可能发生的摩擦与冲突。

5. 适度迁就

做人应该有原则性，但是在某些条件下，适当地迁就一下

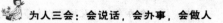

朋友也是有必要的。

有时，由于某种客观因素干扰，别人虽然心存一片好心，却帮你坏了事。对于这样的情况，不要过多责怪别人，事情既然已经过去，就不必太过纠缠。但是如果事情严重伤害了自身的利益，则不能随便迁就了，而应根据事态的后果，酌情予以合理的追究，要保护自己的合法权利。

适当的"迁就"可以使你心胸宽广，使别人对你产生敬意，也可使你远离那种朋友之间耿耿于怀的折磨。

争取朋友的支持

当你在生活中或事业中遇到一些困难，仅靠自己则势单力薄无法克服，需要靠朋友来帮忙才能渡过难关。那么，怎样争取朋友的支持呢？

1. 承认自己的不足，恳请朋友帮助自己

承认自己的不足，会给人一种被信任的感受，有助于对方接受你的请求。

2. 以适当的解释说服朋友

解释应简单明了。如果朋友对你的意图不理解而拒绝，适当的解释很有必要。

3. 以平等的身份来请求朋友的支持

请求朋友帮忙时不要像下命令似的差遣朋友帮你办事，而应在平等的基础上询问朋友是否愿意，或是否可以帮忙。这样朋友有一种被尊重的感觉，自然会愿意帮你。反之，若可怜兮兮地请求朋友的帮助，朋友即使帮助，你在他的印象中也要失色不少。

4. 以实际成绩为基础

你在请求朋友帮助时，如果附以自己干出的实际成绩，会显得很有说服力，也很坦诚。朋友在这种情况下，往往会毫不犹豫地选择帮你。

哪些朋友不宜结交

前几天跟人聊天，我说："你作为赌鬼，你不是戒不了赌，你是戒不了那个叫你去赌博的人。如果你把那个人戒掉，你的赌也就戒掉了。"

有些朋友可能是你人生最大的障碍，甚至是你人生的最重要的下沉者，就拽着你的双脚，让你永远飞不起来。应该如何提纯？如何回避？哪些朋友不能交？

1. 悖人情者不敢交

亲情、爱情都是人之常情，如果一个人的行为显示出他在人之常情中的处事态度十分恶劣，那么这种人是不能交往的。这种人往往极端自私，为达目的不择手段，并惯于过河拆桥、落井下石，因此，这种人不可交。

2. 势利小人不屑交

如果某人是非常势利、见利忘义的那种小人，这种人不适合以朋友的角色出现在生活中。

势利小人的一个通病是：在你得意时，他锦上添花；当你失意时，他落井下石。他不懂得什么是真诚，他只看重权势与利益。因此，这种人不能交往。

3. 酒肉朋友不可交

"铁哥儿们"大碗喝酒、大口吃肉时，胸脯擂得震山响。但一旦真有事情需要他们出手援助时，他们往往唯恐避之不及。《增广贤文》说得好：有酒有肉多朋友，急难何曾见几人。因此，"动口不动手"的酒肉朋友是靠不住的。

4. 两面三刀不能交

有的人当面一套，背后一套。对这样的人应该小心防范，更别说跟他交朋友了。

《红楼梦》里的王熙凤，被人称为"明里一盆火，暗里一把刀"，表面上对尤二姐客套亲切，背地里却欲置之于死地而后快。与这样两面三刀的人交往时，应多注意他周围的人对他的评价，与这样的人在短期交往中，是很难发现这种性格特征的，但接触时间长了便会清楚明白了。

这种两面派是千万不能结交为朋友的，不然他会令你尝尽苦头。

朋友间相处的错误方式有哪些

千里难寻的是朋友，朋友多了路好走。朋友历来是人生非常重要的助力者。在和朋友交往的过程中，我们尤其要注意少犯以下几种错误：

1. 临时抱佛脚

与朋友相处最基本的原则，就是不要与朋友失去联络。不要等到有麻烦时才想到别人，若是长时间不联系，你们的朋友之情可能逐渐淡化。因此，主动联系就显得十分重要。

许多人都有这样的经历，当你发生了困难，认为某人可以帮你解决，本想马上找他，但后来想一想，过去有许多时候，本来应该去看他的，结果没有去，现在有求于人就去找他，会不会太唐突了？甚至因为太唐突而遭到他的拒绝？这叫"平时不烧香，临时抱佛脚"。所以，要与朋友经常联络，增进感情。

2. 有求必应

我们经常会陷入自寻烦恼的思想斗争中去，是因为我们跳入别人的问题中去了。某人投给你一个忧虑，而你认为你必须接住它，并做出反应。例如，你实在很忙，这时一个朋友打电话来，用一种激动的腔调说："我的妈妈简直让我发疯。我该怎么办？"你不是说："我实在很难过，但我现在很忙，真的不知道该提些什么建议。"而是自动地接住这个球，并尽力去解决这个问题。然后，你感到压力重重或怨恨自己完不成计划，似乎所有人都在向你提出要求。

记住，"你不必一定要去接住这个球"，这是消除你生活中压力的一个非常有效的办法。当你的朋友来电话时，你可以放下这个球，意思是，你不必仅仅因为他或她在请你加入，你就必须参与进去。

这并不是说你永不接球，只是说你这样做是出于自己的选择。这也不意味着你不关心朋友，或是说你麻木不仁或毫无用处。建立一种更独立的生活观，要求我们了解自己的极限，并对此过程中我们应该在哪一部分负起责任来。我们的生活中每天许多球投向我们——在工作中或来于我们的子女、朋友、邻居、销售员甚至是陌生人。如果我们接住所有投向我们的球，我们肯定会发疯的！关键是要知道，什么时候才去接另一个球，这样我们才不会感到被拖累、怨恨，或被压垮。

如果我们在朋友面前，被迫得"非答应不可"，而实际上明知这事自己无法适应时，又怎么办？

对于自己根本没有能力办到或不想办的事情，最好及时地回绝。拒绝并不是简单地说一句"不行"，而是要讲究语言艺术：既拒绝了对方的不适当要求，又不致伤害对方的自尊，也不损害彼此的关系。

须知，许了的承诺，就应努力做到。因一时怕对方失望，乱开"空头支票"，愚弄对方，一旦自食其言，对方一定会更加恼火。

3．热情过度

物极必反的道理同样适用于朋友之间的交往。

杰西克婚姻上遇到麻烦，妻子离开了他，投入了情人的怀抱。杰西克像所有被抛弃的男子一样，有点丧失理智，借酒浇愁，每天一下班就缠着希尔去酒吧，希尔的妻子为此常常抱怨。为了躲避杰西克，希尔与妻子躲进了旅馆，希尔知道，今晚再也不用见那张熟悉的面孔了。

希尔解释说："我和杰西克的友谊是公司所有人都知道的，我们白天在一起工作，讨论问题经常会使我们口干舌燥。杰西克是个重友情的人，最早时，我们经常下班后去外面吃晚饭，顺便谈一些轻松的话题。后来我厌倦了，开始推托回家。可怕的是，在我借故离开后，他追到我的家里，他不再喝酒，只是没完没了地向我介绍他的想法，并经常说：'我们是世界上最好的朋友，胜过夫妻和所有的合伙人'。我不得不点头。

天哪！这种事竟然持续了半个月，我和妻子的承受力像加压的玻璃瓶马上就会爆炸，于是我在家里对杰西克的谈话置之不理，可这不能阻止他的谈话，并增添了他的抱怨。他说，不管怎么样，希望我不要抛弃他。

我和妻子商量了很长时间，决定在去欧洲旅行之前，先住进旅馆，等到杰西克恢复正常再说。其实，我心里十分清楚，他根本就没有什么不正常。他只是希望我们的友情胜过一切，但他从来就没有注意一下我妻子愤怒的眼睛。"

也许有很多人遇到过这种情况，朋友的热情让你害怕甚至恐惧。《友谊自天而降》一书中说："朋友之间各自的家庭、工作和其他社会环境都不尽相同。作为朋友，如果不考虑实际，以自我为中心，强求朋友经常陪伴你，势必会给他带来困难。"

此外，人与人之间的差异是必然存在的，交往的次数越是频繁，这种差异就越是明显。过分的形影不离会让最要好的朋友也厌烦你，以致最终离你而去。

4. 毫无顾忌

人最容易在自己最要好、最亲密的朋友身上吃亏。

正如安全的地方，人的思想总是最松弛一样。在与好友交往时，你可能只注意到了你们亲密的关系在不断成长，每每在一起无话不谈。对外人，你可以骄傲地说："我们之间没有秘密可言。"但无所顾忌往往会对你造成伤害。

刘璐上大学后便违背了父母的意愿，放弃了医学专业，专心于创作。值得庆幸的是，偶然的机会她遇到了知名的专栏作家潘迪。她们成了知心朋友，无话不谈。在潘迪的悉心指教下，刘璐不久便寄给了父母一张刊登自己文章的报纸。

一个人在面对挫折时受到的帮助是很难忘记的，更何况是朋友的帮助。刘璐与潘迪几乎合二为一了，一同参加鸡尾酒会，一同去图书馆查阅资料。刘璐把潘迪介绍给她所认识的人。

但这时潘迪面临着不为人知的困难，她已经拿不出与其名声相当的作品了，创造源泉几乎枯竭了。

当刘璐把她最新的创作计划毫无保留地讲给潘迪听时，她心里闪过了一丝光亮。她端着酒杯仔细听完，不停地点头，罪恶的想法就产生了。

不久，刘璐在报纸上看到了她构思的创作，文笔清新优美，署名是"潘迪"。刘璐谈到她当时的心情时说："我痛苦极了，其实，如果她当时给我打一个电话，解释一下，我是能够原谅她的，但我面对那张报纸，整整等了三天，也没有任何音讯。"

半年之后，刘璐在图书馆遇到了潘迪，她们互相询问了对方的生活，以免造成尴尬。然后很有礼貌地握手告别。

自那件事以后，她们两个人全都停止了创作。

好友亲密要有度，切不可自恃关系密切而无所顾忌。亲密过度，就可能发生质变，好比站得越高跌得越重，过密的关系一旦破裂，裂缝就会越来越大，好友势必变成冤家仇敌。

下　篇

会做人：别输在不会做人上

第一章 善待生命，生活在真诚里

人生是个万花筒，人们在变幻之中要用足够的聪明智慧来权衡利弊，以防莫测。但是，人有时候不如以静观动，守拙若愚，这种做人的艺术其实比聪明还要胜出一筹。聪明是天赋的智慧，糊涂并不是真犯傻，而是大智若愚，人贵在能集智与愚于一身，需聪明时便聪明，该糊涂处且糊涂。

精诚所至，金石为开

一个人说话诚实，做事踏实，内心真诚，就会令人信服，故真诚可以消除隔阂，化解矛盾，促进人际关系的和谐。古人有"精诚所至，金石为开"的格言，这是说精诚的力量可以贯穿金石，何况人心呢！至诚之心的确有巨大的精神力量。三国时，诸葛亮对孟获七擒七纵，终于使孟获心悦诚服，便是一个有说服力的例证。

今天，我们仍然要坚持真诚待人的原则。上级要以诚对待部属，父母要以诚对待子女，企业经营者要以诚对待顾客，每一个人都要以诚对待同事和朋友……以诚待人，才能得到友谊和真情，才能得到别人的信任和尊敬。人际交往如果离开真诚的原则，相互欺骗，尔诈我虞，那么，人世间便不会有真情之谊，更不会有和谐紧密的人际关系了。

真诚的低层次要求是不说谎，不欺骗对方，但在复杂的社会和人生中，目的和手段有时是有一定的区别的。例如医生为了减轻病人的痛苦，以利于治病救人，往往向病人隐瞒病情，编造一套善意的谎话说给病人，这样才能使病人早日康复。它表现出的并不是虚伪，而是更高、更深层的真诚。

一般地说，交际需要真诚。日本山一证券公司的创始人、大企业家小池田子曾说："做人就像做生意一样，第一要诀就是诚实。诚实就像树木的根，如果没有根，树木就别想有生命了。"这段话可以说概括了小池成功的经验。

小池出身贫寒，20 岁时就在一家机器公司当销售员。有一个时期，他推销机器非常顺利，半个月内就跟 33 位顾客做成了生意。之后，他发现他们卖的机器比别的公司生产的同样性能的机器昂贵。他想，同他订约的客户如果知道了，一定会对他的信用产生怀疑。于是深感不安的小池立即带着合同和订金，整整花了三天的时间，逐门逐户去找客户。然后老老实实向客户说明，他所卖的机器比别家的机器昂贵，为此请他们放弃合同。

这种真诚的做法使每个客户都深受感动。结果，33 人中没有一个与小池废约，反而加深了对小池的信赖和敬佩。

真诚确实具有惊人的魔力，它像磁石一般具有强大的吸引力。其后，人们就像小铁片被磁石吸引似的，纷纷前来他的店购买东西或向他订购机器。没多久，小池就成了一个富翁。

感情沟通是同质的

人能够长期忍受物质上的匮乏，却无法长期忍受精神和情感上的匮乏。每个人对他人的需要和依赖是远远超过我们每个人自己所了解和想象的程度的。没有他人提供的物质，我们无以为生；没有他人对我们精神上的慰藉，我们就会度日如年。

我们每个人所渴望的关心和爱护，所希冀的理解和友谊，所需要的尊重和承认，都只有在他人那里才能得到。没有他人对自己的期待、信赖、友情与尊敬，我们就无从获得我们所需要的安全感、幸福感和成就感，我们的存在也会失去价值和意义。

人为了获得精神上和情感上的满足，就要学会与他人和谐相处，要学会调节自己与他人的关系。随着年龄的增长，青少年与外界和他人的交往也日益增加。如何形成良好的人际关系，对于青少年身心的健康发展及顺利地迈入成人社会，有着极其特殊而又重要的意义。

形成良好人际关系的一个重要条件就是信任。人的感情沟通是同质的：爱引起爱，嫉妒引起嫉妒，恨引起恨。

由于许多原因，现在很多青少年在人际交往中存在的一个问题就是对他人难以信任，认为别人总是心怀叵测，不可相信的，因此，他在与人交往时，疑虑重重，唯恐上当受骗。确实，有些居心不良的人固然是要防备的，但这毕竟是少数现象，不能因此连朋友也拒之千里。过分的狐疑、猜忌、不信任，会使人难于交友，无法形成良好的人际关系，在这种氛围中，工作、学习都会受到影响，个人心理压力也会很大。

在与朋友交往中，诚实是相互信赖和友好交往的基础。知心朋友和牢固的友情是通过真诚相处而获得的。只有诚实对待对方，才能赢得对方的信赖，才会使友谊长存。

英国专门研究社会关系的卡斯利博士说：大多数人选择朋友是以对方是否真诚而决定的。他举例说，有一个富翁为了测验别人对他是否真诚，就假装患病而住进医院，测试的结果令富翁感到非常沮丧。

"很多人来看我，但我看出其中许多人都是希望分享我的遗产而来探望我的。经常和我有来往的朋友大都来了，但我知道他们当中很多人不过是当作一种例行的应酬。

"有一个从前欠我许多钱的人也来了，但在来看我之前，他已把所欠的钱还给我了，所以他在病床前很自负地说：'先生，我是还清了债才来看你的。'所以我认为，这人是为了争一口气而来的。

"还有几个平素与我不和的人也来了，但我知道他们只是乐于听到我病重，所以幸灾乐祸地来看我。有一个和我素不相知的人也来了，他说久仰大名，得悉阁下有病，特来探问，谨祝早日健康。这人不外乎是为了好奇，所以就来看我了。"

照这个富翁的说法，他的测验是完全失败的。卡斯利博士就告诉他说："我们为什么要苦于测验别人对自己的真诚？测验一下自己对别人是否真诚，岂不更可靠？"

怀疑别人的真诚，这是朋友交往的大忌，这样不仅会将自己引入沟通的误区，还会伤害对方的自尊，导致友情的危机。这位富翁就是这样一种典型。人际交往是互相的，真诚也是双方的。

待人真诚，才能维持良好的人际关系

美国第 26 任总统西奥多·罗斯福说："成功的第一要素就是懂得搞好人际关系。"可见，良好的人际关系对成功者的一生是多么的重要。

每一个成功者的背后都有一群可靠的朋友，他们不管遇到什么困难，都有人相助，因此也就容易成功。所以人际关系对每个人都很重要，它的好坏直接影响每个人的工作和事业。

要想自己有良好的人际关系，就必须要真心诚意地关心别人。心理学家研究表明，一个人只要真心对别人感兴趣，两个月内就能比一个要别人对他感兴趣的人在两年内所交的朋友还要多。真诚就是这样成为人们最可贵的精神品质。

你如果真诚地对待自己的朋友、同事或陌生人，他们同样也会以真诚来回报你，这样不仅改善了自己的人际关系，而且也树立了自己良好的公众形象，从而有利于获得成功。

你也许读过几十本有关人际交往的书，恐怕还没有找到对你来说更有意义的方法。但阿德勒的这句话很深刻，相信对你会有启发："对别人不真诚的人不仅一生中困难最多，对别人的伤害也最大，人类所有的失败几乎都出自这种人。"

如果你要交朋友，就要挺身而出帮助别人，并且出于真心真意，路才会越走越宽。所以，良好的人际关系在你做事的过程中会起到重要的作用。

西奥多·罗斯福总统一直都是个受欢迎的人，甚至于他的仆人们也都喜欢他。也正是因为这一点，罗斯福的黑人男仆詹姆斯·亚默斯，写了一本关于他的书，取名为《罗斯福，他仆人眼中的英雄》。在那本书中，亚默斯写了这个富有启发性的事件。

"有一次，我太太问总统关于一只鹑鸟的事。她从来没有见过鹑鸟，于是总统详细地描述了一番。没多久之后，我们小屋的电话铃响了。我太太拿起电话，原来是总统本人。他说，他打电话给她，是要告诉她，她窗口外面正好有一只鹑鸟，又说如果她往外看的话，可能看得到。他时常做出像这类的小事。每次他经过我们的小屋，即使他看不到我们，我们也会听到他轻声叫出：'呜，呜，呜，安妮！'或'呜，呜，呜，詹姆斯！'这是他经过时一种友善的打招呼方式。"

这样的一个人恐怕确实很难让别人不喜欢他。

罗斯福卸任后，一天，他到白宫去拜访，碰巧继任的威廉·塔夫脱总统和他太太不在。他真诚地向所有白宫旧识的仆人打招呼，都叫得出名字来，甚至连厨娘也不例外。

书中写道："当他见到厨房的欧巴桑·亚丽丝时，就问她是否还烘制玉米面包，亚丽丝回答他，她有时会为仆人烘制一些，但是楼上的人都不吃。

"'他们的口味太挑剔了，'罗斯福有些不平地说，'等我见到总统的时候，我会这样告诉他。'

"亚丽丝端来一块玉米面包给他，他一边走到办公室去，一面吃，同时在经过园丁和工人的身旁时，热情地跟他们打招呼……他对待每一个人，都同他以前一样。我们仍然彼此低语讨论这件事，而艾克·胡福眼中含着泪说：'这是近两年来我们唯一有过的快乐日子，我们中的任何人都不愿意把这个日子跟一张百元大钞交换。'"

完善的品格魅力，其基本点就是真诚，而真诚待人，恪守信义也是赢得人心、产生魅力的必要前提。待人心诚一点，守信一点，就能更多地获得他人的信赖、理解，能得到更多的支持、合作，由此可以获得更多的成功机遇。

我们主张知人而交，对不很了解的人应有所戒备；对已经基本了解、可以信赖的朋友，应该多一点信任、少一些猜疑，多一点真诚、少一些戒备。你完全没必要对你的那些完全值得信赖的同学真真假假，闪烁其词，含糊不清，因为这实在是不明智的行为。

我国著名的翻译家傅雷先生说："一个人只要真诚，总能打动人的，即使人家一时不了解，日后便会了解的。"他还说："我一生做事，总是第一坦白，第二坦白，第三还是坦白。绕圈子，躲躲闪闪，反而容易叫人疑心；你要手段，倒不如光明正大，实话实说，只要态度诚恳、谦卑、恭敬，无论如何，人家都不会对你怎么样的。"以诚待人是值得信赖的人们之间的心灵之桥，通过这座桥，人们打开了心灵的大门，并肩携手，合作共事。自己真诚实在，肯露真心，敞开心扉给人看，对方肯定会感到你信任他，从而卸除猜疑、戒备，把你作为知心朋友，乐意向你诉说一切。其实，每个人的思想深处都有封锁的一面和开放的一面，人们往往希望获得他人的理解和信任。然而，开放是定向的，即向自己信得过的人开放。以诚待人，能够获得人们的信任，发现一个开放的心灵，争取到一位用全部身心帮助自己的朋友。在人们发展人际关系与他人打交道的过程中，如果防备、猜疑被真诚取代，就往往能获得出乎意料的好成绩。

年轻人与人交往，一定要注意以下几点：

（1）以诚待人要坦荡无私、光明正大。一旦发现对方有缺点和错误，特别是对他的事业关系密切的缺点和错误，要及时地指正，督促他立即改正。批评确实不大讨人喜欢，但不妨换个角度去使他理解、接受，从而沟通彼此心灵，发展友情。

（2）应当知人而交。当你捧出赤诚之心时，先看看站在面前的是何许人也，不应该对不可信赖的人敞开心扉，否则会适得其反。

（3）要想得到知心朋友，首先得敞开自己的心怀。只有讲真话、实话，不遮掩，不吞吐，才会换得朋友的赤诚和尊敬。

委婉地表达自己的真心

人无论处在何种地位，也无论是在哪种情况下，都喜欢听好话，喜欢受到别人的赞扬。的确，做工作很辛苦，能力虽然有大有小，但毕竟是尽了自己的一分力量，当然希望自己的努力得到他人和社会的承认，这也是人之常情。

正直的人往往喜欢实话实说，这就让人觉得你太过鲁莽，锋芒毕露了。有锋芒也有魄力，在特定的场合显示一下自己的锋芒，是很有必要的。但是如果太过，不仅会刺伤别人，也会损伤自己。

在这里为大家介绍一些表现真诚的技巧。

——表达看法、要求或建议时，话讲得慢一些，容易给人诚实的印象。如果说话很快，则易让人产生轻浮的印象。

——有十足理由的观点或要求时，若能以轻缓的口气说，就会较容易让人相信和接受。

——与人交谈的时候，上半身往前倾斜，可表现出你对交谈者和所谈的事的强烈关心。

——"随时随地等您的意见"这句话可使对方感觉到你的诚意。

——认真时，有认真的表情，可微笑时，则尽量去微笑，这样做会给人感觉良好的印象。

——与客人或朋友、同事握手，一定得比常规距离更近一些，能表示你的友好和热情。

——恪守在谈笑间所说的诺言，可使对方认为你是很诚实的人。

——以手势配合话语，比较容易把自己的热情传达给对方。

……

另外值得一提的是，在日常生活中，人们对事物的看法都属见仁见智，本无所谓对错。比如个人的衣食住行、穿衣戴帽、兴趣爱好，等等。许多自认为"有话直说""想到什么说什么""直筒子脾气"的人，其实是简单地用自己的观念和习惯去衡量别人的态度与行为，一遇到不对自己胃口的事立刻就去指责别人，实际上这并不是对他人善意的真诚，只是自我负面情绪的随意宣泄。

中国有句老话叫"不看你说的是什么，只看你是怎么说的"。同样一个意思，不同的人有不同的说法，不同的说法也就会产生不同的效果。

我们与人交流时，千万不要以为内心真诚便可以不拘言语，我们还要学会委婉、艺术地表达自己的想法。一句话到底应该怎么说，其实很简单，你只要设身处地从他人的角度想想。

俗话说："顺情话好说，耿直人难当。"著名的相声演员牛群曾说过一段相声，强调"生活中有时需要谎话"，从笑声中得到了观众的理解和认可。

其实，现实生活中经常见到"说谎"的人，大人物也不例外。比如，从内心反感开会的人常说："非常高兴有机会参加这次会议……"；对相貌平平者说："你非常漂亮！"在忙得不可开交的时候，接到话不投机朋友的电话，偏偏他讲了 5 分钟还没有放下话筒的意思，于是只好来一招："对不起，我马上就要开会了！"明示对方结束话题，等等。尽管是言不由衷，但于人于己都无害，别人也容易接受。

但是，讲善意的谎话一定要注意原则，要心存善意，切不可从私利出发，颠倒黑白，混淆是非，否则只能遭受别人的唾弃。

第二章 义薄云天，不卑不亢尊重人

低调做人是一种韬光养晦的策略，是一种品格、一种境界，是做人的最佳姿态；同时，它也是一种思想，一种深刻的做人哲学。低调做人是最老到的匍匐前进艺术，是最沉稳的中庸平和艺术。善于低调做人，不仅是体面生存和尊严立世的根本，也是赢得人生成功的关键之所在。

金无足赤，人无完人

凡人皆有其长处，亦必有其短处。对待他人的短处，不同的人则有不同的方法。有的人在与他人的谈话中，尽量多谈及对方的长处，极力避免谈及对方的短处；也有的人专好无事生非，推波助澜，有声有色地编撰别人的短处，逢人便夸大其词地谈论；有的人虽无专说别人短处的行为习惯，但平时却对此不加注意，偶尔也不小心谈到别人的短处。

每一个人都有自身无法消除的弱点，就像个子矮是天生的一样。如果我们老是把眼光盯在别人的弱点上，总是将别人的弱点当成攻击的对象，那么只会出现两种情况：一是别人不愿意再与你交往。如此一来，你的朋友会越来越少，别人都躲着你，避开你，不与你计较，直到剩下你自己，孤家寡人。二是别人也对你进行反攻，揭露你的短处。这样势必造成互相揭短、互相嘲笑的局面，进而发展到互相仇视。如此结局，相信没有人愿意"享受"。

有一句俗语说：打人莫打脸，揭人莫揭短。没有一个人愿意让别人攻击自己的短处。若不分青红皂白，一味说对方的短处，其结果往往是引发唇枪舌剑，两败俱伤。

有位文化界人士，每年都会受邀参加某单位的杂志评鉴工作，这工作虽然报酬不多，但却是一项荣誉，很多人想参加却找不到机会，也有人只参加一两次，就再也没有机会了。问他为何年年有此"殊荣"，他在退休后才终于公开秘诀。

他说，他的专业眼光并不是关键，他的职位也不是重点，他之所以能年年被邀请，是因为他很会"给面子"。他在公开的评审会议上一定把握一个原则：多称赞、鼓励而少批评，但会议结束之后，他会找来杂志的编辑人员，私底下告诉他们编辑上的缺点。因此，虽然杂志有先后名次，但每个人都保住了面子。正是因为他既顾及到了别人的面子，又指出了不足之处，因此承办该项业务的人员和各杂志的编辑人员，大家都很尊敬他、喜欢他，当然也就每年找他当评审了。

当我们与人相处时，如果知道对方的短处与痛点，切切注意不要有意或无意伤害他们。不张扬或挖苦他人的短处，不仅体现了你的品质和修养，还会使这些人对你敬重有加，从而更愿意向你倾吐生活中遇到的烦恼和困惑。

得饶人处且饶人

　　不知你有没有发现：人们看自己的过错，往往不如看别人那样苛刻。原因当然是多方面的，其中主要原因可能是我们对自己犯错误的来龙去脉了解得很清楚，因此对于自己的过错也就比较容易原谅；而对于别人的过错，因为很难了解事情的方方面面，所以比较难找到原谅的理由。

　　大多数人在评判自己和他人时，不自觉地用了两套标准。例如：如果我们发现了旁人说谎，我们的谴责会是何等严酷，可是哪一个人能说他自己从没说过一次谎？也许还不止一百次、一千次呢！

　　或许是生活中有太多需要忍耐的不如意：被老板骂了，被妻子怨了，被儿子气了……这些都似乎需要无条件忍耐。有的人忍一忍，气就消了；有的人忍耐久了，心中的不平之气就如堤内的水位一样节节攀升。对于后者来说，一旦逮得一个合理的宣泄口子，心中的怒气极易如洪水决堤般汹涌而出，还对这一行为加以美化。

　　做人要学会给他人留下台阶，这也是为自己留下一条后路。每个人的智慧、经验、价值观、生活背景都不相同，因此在与人相处时，相互间的冲突和争斗难免。

　　《菜根谭》中说："锄奸杜佞，要放他一条生路。若使之一无所容，譬如塞鼠穴者，一切去路都塞尽，则一切好物俱咬破矣。"所谓"狗急跳墙"，将对方紧追不舍的结果，必然招致对方不顾一切地反击，最终吃亏的还是自己，这也算是一种让步的智慧吧。

有一位哲人说过这么一句引人深思的话："航行中有一条公认的规则，操纵灵敏的船应该给不太灵敏的船让道。我认为，人与人之间的冲突与碰撞也应遵循这一规则。"

给别人留面子，也是给自己留面子

郑国国君郑庄公，有个一母所生的弟弟段。因为他的母亲武姜非常喜欢段，想让段当国君，就支持段反叛，结果段失败了，武姜被发配到边远地带。

武姜临行前，郑庄公发誓说："不及黄泉，未相见也。"不见黄泉路，不跟她见面，意思是到死都不想见母亲了。

因为这件事，百姓背后议论纷纷，郑庄公背上了"不孝"的名声。

后来，郑庄公后悔自己做得太绝了，但是"金口玉言"，说过的话也不好反悔，所以有点进退两难。

这时，有个叫颍考叔的人，出了个主意：在地上挖个大坑，一直挖到出水，就是见到了"泉水"，这样就相当于见了"黄泉"。然后放个梯子，武姜和郑庄公顺梯子下去，在大坑里见面，就等于誓言实现。

郑庄公依计照办，母子相见，抱头大哭。郑庄公把母亲接回王宫奉养，百姓交口称赞。

这个故事，有的版本说是修建了台阶下去的，所以后人把帮人保面子、打破尴尬局面的事情，称为"下台阶"。

当然，给人台阶下，除了需要宽大的胸怀，还需要智慧。

19世纪的英国，有位军官一再请求首相狄斯雷利加封他为男爵。可此人有些条件不能达标。

狄斯雷利无法满足他的请求，可他并没有直接说："不行，你不达标！"而是用温婉的语气说："亲爱的朋友，很抱歉我不能给你男爵的封号，但我可以给你一件更好的东西。我会告诉所有的人，我曾多次请你接受男爵的封号，但都被你拒绝了。"

消息传出后，大家都称赞军官谦虚，淡泊名利，对他的礼遇和尊敬远远超过了任何一位男爵。

后来，这位军官成了狄斯雷利最忠实的伙伴。

可见，给尴尬者以"台阶"下，尊重其人格，给予宽容和体谅，使对方感受到你的诚挚与温暖，谁还会以怨报德而一错再错呢？

给人以台阶，是件体现自身心态与智慧的事情。具体来说，应做好以下几点：

第一，如果是对方或是身边人失误，而造成不好下台的局面，那么"指鹿为马"是巧妙化解矛盾的方法。

第二，如果是自己的失误而造成不好下台，聪明的办法是：多些调侃，少些掩饰；多些低姿态，少些趾高气扬；多些自嘲，少些自以为是。

第三，善用假设，巧避锋芒。比如，一件事情，双方都认为自己的观点正确。争执不下，你可以说一句："如果你说得正确，那我肯定错了。"相信对方也就不会再争辩了。有一次，一个男生和班主任老师争论起来，焦点是男生能不能到女生宿舍串门。班主任老师一口咬定绝对不能，男生认为可以适当串门，可是两人谁也没能说谁。男生看到不能说服老师，又见老师似有怒意，只好结束话题："如果老师您说得正确，那我肯定错了。"班主任老师听了，沉默一会儿便不再争执了。这个假设句本来是一句废话，既没有肯定老师的观点，也没有否定自己的观点，然而却让老师偃旗息鼓。为什么呢？因为这个学生用的是假设句，他表达了妥协，老师当然会适可而止。由此可见。争执不下的时候，不妨多用假设句来表达，这也是一种互给台阶下的方式。

第四，善于利用对方的虚荣心。有一次，解缙陪朱元璋钓鱼，整整一天一无所获。朱元璋十分丧气，命解缙写诗记下这一天的情况。这诗可怎么写呢？解缙不愧为才子，稍加思索，信口念道："数尺纶丝入水中，金钩抛去永无踪，凡鱼不敢朝天子，万岁君王只钓龙。"朱元璋听完，龙颜大悦。

第五，承认自己的错误。人际交往中，出现矛盾很正常，伤害了别人的人，多些自我反省，勇敢承认自己的错误，向受害人诚恳道歉，便不难化解矛盾。

你伤害过谁也许早已忘记，但是，被你伤害的人却永远不会忘记你。其实，给别人留个台阶，不伤别人的面子，也是给自己留面子。

示弱是一种智慧

在一辆拥挤的公交车上，一个彪形大汉因为有人踩了他的脚而怒气冲天，他站起身，晃动着拳头，正要砸向那个踩他脚的人。那人突然来了一句：别打我的头啊，我刚做完手术。大汉听了这话，顿时如断了电的机器人一样，高举的手定格在半空中，然后如泄气的皮球倒在自己的座位上。过了一会儿，大汉居然起身，要把自己的位子让给那个踩了他的脚的人。

这一幕极具戏剧性的场景，是编者亲眼所见。这令我想到了人与人之间的许多纠纷，不光只是靠讲道理或比实力来解决的。有时候，主动扯下脸面示弱也是一种极其有效的化解方式。

人都有一种争面子当强者的心态，而要当强者至少有两条途径：与人角力斗争获胜，可以满足自己的强者心态；而对于弱者的迁就与照顾，实际上也满足自己的强者心态。

人人都喜欢当强者，但强中更有强中手。一味地好强，自有强人来磨炼你，还不如在适当的时候示弱效果好。在强者面前示弱，可以消除他的敌对心理。谁愿意和一个明显不如自己的人计较呢？当"强"与"弱"出现明显的差距时，自认为的强者若与弱者纠缠，实在是把自己的身份与地位降低。就像一个散打高手，根本就不屑于和一个文弱书生动手——除非在忍无可忍的情况之下。

再举一个例子，如果一个不懂事的小孩骂了你，你会和他对骂吗？肯定不会，除非你也是一个小孩，或者你自愿成为一个只有小孩心胸的成年人。

除了在强者面前要学会示弱外，在弱者面前，我们也应该学会示弱。在弱者面前示弱，可以令弱者保持心理平衡，减少对方的或多或少的嫉妒心理，拉近彼此的距离。在弱者面前，应该如何示弱呢？

例如：地位高的人在地位低的人的面前不妨展示自己的奋斗过程，表明自己其实也是个平凡的人；成功者在别人面前多说自己失败的记录、现实的烦恼，给人以"成功不易""成功并非万事大吉"的感觉；对眼下经济状况不如自己的人，可以适当诉说自己的苦衷，让对方感到"家家有本难念的经"；某些专业上有一技之长的人，最好宣布自己对其他领域一窍不通，坦露自己日常生活中如何闹过笑话、受过窘等；至于那些完全因客观条件或偶然机遇侥幸获得名利的人，完全可以直言不讳地承认自己是"瞎猫碰上死耗子"。

曾有一位记者去采访一位政治家，原本打算搜集一些有关他的丑闻资料，做一个负面的新闻报道。他们约在一间休息室里见面。

在采访中，服务员刚将咖啡端上桌来，这位政治家就端起咖啡喝了一口，然后大声嚷道："哦！该死，好烫！"咖啡杯随之滚落在地。等服务员收拾好后，政治家又把香烟倒着放入嘴中，从过滤嘴处点火。这时记者赶忙提醒："先生，你将香烟拿倒了。"政治家听到这话之后，慌忙将香烟拿正，不料却将烟灰缸碰翻在地。政治家的整个做派，就像一个糊涂之极的老人，平时趾高气扬的政治家出了一连串洋相，使记者大感意外，不知不觉中，原来的那种挑战情绪消失了，甚至对对方怀有一种亲近感。

其实，整个出洋相的过程，都是政治家一手安排的。政治家都是深谙人性弱点的高手，他们知道如何消除一个人的敌意。当人们发现强大的假想敌也不过于此，同样有许多常人拥有的弱点时，对抗心理会不知不觉消弭，取而代之的是同情心理。人皆有恻隐之心，一旦同情某一个人，大多数人是不愿去打击他的。

在强者面前示弱，可以消除他的敌对心理。在弱者面前示弱，可以令弱者保持心理平衡，减少对方的或多或少的嫉妒心理，拉近彼此的距离。

高手懂得适当的自嘲

自嘲，顾名思义，就是自己嘲笑自己，自己"胳肢"自己，拿自己开涮，让别人跟着乐。

美国一位身材肥胖的女士曾经这样自我解嘲："有一次，我穿上白色的泳装在大海里游泳，结果引来了俄罗斯的轰炸机，以为发现了美国的军舰。"引得听众哈哈大笑。这种自揭其短、自废武功的话语，使得大家根本就不会认为她的胖是丑，都将注意力集中在她的风趣上。结果，肥胖不再是她的劣势，反而成为她的特点，使她在社交中游刃有余。

自嘲是一个人心境平和的表现。它能制造宽松和谐的交谈气氛，能使自己活得轻松洒脱，使人感到你的可爱和人情味，从而改变对你的看法。

李老师去上课，他刚推开虚掩着的门，门上掉下的一把扫帚正好打在他身上。面对学生的恶作剧，李教师并未火冒三丈，而是俯身捡起扫帚，轻轻拍了拍衣服，然后笑着对大家说："看来我的工作问题不少，连不会说话的扫帚也向我表示不满了。虽然这不一定是最好的表达方式，但对我敲打一下也未必不是好事。只是希望今后还是当面多提意见的好，我一定会虚心接受的。"李老师豁达大度的自嘲，既帮助自己摆脱了窘境，缓和了课堂的紧张气氛，又和谐了师生关系，为恶作剧的学生创造了一个自我教育的机会。

人的一生，是很难一帆风顺，事事顺意的。面对各种缺陷和不快，自卑和唉声叹气固然无补于事，一味遮掩辩解又会适得其反，最佳的选择恐怕就是幽默的自嘲了。君不见，"光头谐星"凌峰不就是用"长得难看出名""使女同胞达到忍无可忍的程度"，这么几句自嘲的话，而令春节联欢晚会上的观众发出会心的微笑，进而接受他、喜爱他的吗？

君子处世要有大气。所谓大气，就是豁达，就是舍得。不斤斤计较，不过分认真，多想自己的缺点和弱项，舍得拿自己开涮。

威廉对公司董事长颇为反感，他在一次公司职员聚会上，突然问董事长："先生，你刚才那么得意，是不是因为当了公司董事长？"

这位董事长立刻回答说："是的，我得意是因为我当了董事长，这样就可以实现从前的梦想，和董事长夫人同床共枕。"

董事长反应迅速地接过威廉取笑自己的语言利器，让它对准自己，于是他获得了一片笑声，连发难的人也忍不住笑了。

自嘲不伤害任何人，因而最为安全。你可用它来活跃气氛，消除紧张；在尴尬中自找台阶，保住面子；在公共场合表现得更有人情味。总之，在社交场合中，自嘲是不可多得的灵丹妙药，别的招不灵时，不妨拿自己来开涮，至少自己骂自己是安全的，除非你指桑骂槐，一般不会讨人嫌。智者的金科玉律便是：不论你想笑别人怎样，先笑你自己。

人不自嘲非君子。能够舍得拿自己开玩笑的人，是一个自信、平和、睿智、讨人喜欢的人。

关键在于自己要努力做一匹千里马

很多人才华横溢，但是没有被人发现，他的才华无处施展，结果被人们认为是没有才华的人。一个还没有机会施展自身才华的人不要妄自菲薄，因为自己不是没有才华，只是没找到识"货"的人，就像那匹宝马还没有遇到伯乐。所以，要让自己的才华得以展现，让人们对自己有正确的认识，就要充满耐心与毅力，找到能识出自己的贵人。

人们都知道袁隆平，这位"杂交水稻之父"的事迹可谓世人皆知。这位对中国做出历史性贡献的杰出科技人物，离不开一位伯乐的大力举荐和鼎力支持，这个人就是严谷良。1981年至1988年，严谷良时任国家计委科技局建设处处长，在他的尽力促成下，20世纪70年代末，国家投资500万元给当时受排挤的农科员袁隆平，使其独立创办杂交水稻研究所，从而让中国的一半稻田种上杂交水稻。从这里我们不难看出，袁隆平在之前不是没有才能，而是因为受到排挤和压制，没有遇到贵人，没有发挥的机会。但是袁隆平没有气馁，直至遇到了严谷良。严谷良的一双慧眼一下子就发现了袁隆平，并使其获得了巨大的发展，从而造福了全国人民，造福了全人类。

在这个世界上，有一种东西叫"成功"，人人都想得到它。可是现实是残酷的，只有努力为之拼搏，发现自己的贵人，才可能成功。在这个过程中，每个人都必须相信自己的才华。古人有天时地利人和之说，现在也有机遇之谈，也就是说，一个人要想成功，除了有才华之外，还要有机遇，有贵人发现自己。

一天，一匹黑马对众马说："我要去寻找伯乐，你们去吗？"其他马听了说："如果我们是千里马，为什么要去寻找伯乐？你不是千里马，又何必去寻找伯乐？你找到了伯乐也不会成为千里马！"众马的话不是没有道理，但黑马还是决定去寻找伯乐。黑马翻山越岭，风餐露宿。一天又一天，一年又一年，虽然辛苦，但是它并没有消瘦，反而因为长久的奔跑变得更加强壮，腿脚也更有力了。黑马跑了许多路，但还是没有找到伯乐，于是它开始往回跑。黑马回到了原来的地方，众马围了过来，幸灾乐祸地问它："你找到伯乐了吗？"黑马说："没有找到伯乐，但是我的收获很大！"众马便问："你没有找到伯乐，能有什么收获？"黑马说："经过这些年月的奔跑，我成了千里马，更重要的是，我发现了自己就是自己的伯乐。"众马似懂非懂，便问道："自己的伯乐？"黑马说："作为一匹马，我们不能等伯乐来发现自己，要自己发现自己，自己成就自己！"这回，众马懂了。就在黑马回来后不久，伯乐就来了，伯乐是特地来找黑马的。

千里马常有，伯乐不常有，这是很多人的感叹。在工作和生活中，一些人经常以此为理由不断地埋怨：自己工作那么努力，也取得了不错的成绩，为什么就没有得到领导的肯定与赞扬！于是，他们自怨自艾，自暴自弃，认为努力都是白费的，自己的才能是不足的。其实这样做是错误的，寻找伯乐是一个过程，也许这个过程有些漫长，甚至充满艰辛，但是在这个过程中，我们不能否定自己，要给自己信心，确信自己的能力。就像那匹黑马，首先要自己肯定自己，自己做自己的伯乐。在寻找伯乐的过程中，黑马锻炼成了千里马，并最终被伯乐选走。所以，不要因为一直没有成功就否定自己，不是我们没有才能，而是还没有遇到能发现我们的贵人。

"天生我材必有用"，不要整天抱怨，不要时刻苦闷，要执着，要努力寻找自己的贵人。大仲马年轻时没有什么值得人们注意的才华，但是，一个编辑发现他字写得非常好，便提携他当了作者，从此就开始了让自己声名远扬的创作生涯。很多时候，没人认为你是千里马，是因为你没有跑出千里马的威风，如果想早点遇到伯乐，那就使劲跑出来，让普通人也能看出你是千里马。要相信自己是一匹千里马，只不过还没有遇到伯乐。

心眼明亮，别错过了伯乐

伯乐对一个人成功的重要性不言而喻，所以我们一定要努力寻找。当发现伯乐时要努力地与其结交，好好把握，不要因为一些疏忽或者失误而与伯乐擦肩而过。因为当发现伯乐在还没有被你把握住的时候就已经离你远去，或者当伯乐已经离开你才后知后觉时，你都会感到后悔莫及。不要给自己留下遗憾，认真仔细地对待，抓住那些不能轻易得到的机会，从而成就自己的事业。

《放牛班的春天》是一部非常感人的电影，这部电影使很多失落的心灵得到了安抚。片中的助教克莱门特是一位才华横溢的音乐家，但是他刚来到学校时，面对的是一群问题少年。克莱门特没有因此而放弃努力，他用自己独特而巧妙的方式打开了学生们封闭已久的心灵。这些孩子中，皮埃特的性格最为怪异，让人非常头疼，但是克莱门特用自己的真诚和爱心感化了这只迷失已久的"小羔羊"。皮埃特本就拥有天使般的面孔和亮丽的歌喉，在克莱门特的循循善诱之下，皮埃特的音乐天赋被充分地发掘，可以说克莱门特是皮埃特音乐道路上的一位伯乐。

从这个故事中，我们可以看出克莱门特这位伯乐对于皮埃特的重要性，如果没有克莱门特，恐怕皮埃特会继续迷失下去，找不到人生的方向。现实生活中，很多人都希望自己也能像影片中的皮埃特一样幸运，遇上一位懂得赏识自己的伯乐，以实现自己的梦想。

在工作和生活中，要想获得一定的成就，往往需要高人指点，因为这些人能慧眼识人，而拥有这一本领的人就是我们常说的伯乐。谁都希望能找到自己的伯乐，所以当伯乐出现在自己身边时，千万不要轻易放过，睁大你的眼睛，把握你的机会，不要让伯乐与你擦肩而过。

一位叫作亚伦·桑德斯的先生对卡耐基说："我今天之所以小有成就，一切都要感谢我的老师保罗·布兰德威尔先生，我在他的课堂上学到了人生最有价值的一课。"他告诉卡耐基："那时候我才十几岁，却经常忧愁，为各种事情担忧。我常常为自己犯过的错误而自责。交上考卷后，我常常夜里睡不着觉，不停地咬我的指甲，心里想着要是不及格了我该怎么办。对于那些我做过的事情或说过的话，我会经常想，要是当初我没做该多好，或者那些话当初我没说该多好。"

一次生理卫生课上，保罗·布兰德威尔老师将一瓶牛奶放在办公桌边。正当大家望着那瓶牛奶发呆时，他却突然站起来，将好端端的一瓶牛奶击碎在水槽中。然后，保罗.布兰德威尔老师大声说道："不必为已经打翻的牛奶哭泣。"然后，他让全班学生都到水槽边看那打碎的牛奶。他对大家说："你们好好看一看，我就是要你们永远记得这一课。现在当然看得出来，这瓶牛奶已经漏光了，它已经没有了，不管你再怎么可惜、心疼、抱怨，都没办法再救回一滴。现在我们要做的，就是动动脑子，想想以后怎样预防此类事情的发生，尽力寻找保住牛奶的办法。但是现在这瓶不行，一切都太迟了，这瓶奶已经确定没有了。我们能做到的就是努力忘掉这件事，开始关注下一件事。"

亚伦·桑德斯对保罗·布兰德威尔老师的这些举动和这一番话记忆深刻。它对桑德斯的教诲作用，实际上要远远超过他同时期学到的其他知识。这使他明白了这样一个道理：尽最大可能不去打翻牛奶，万一不小心打翻了以至于牛奶漏光了，就该彻底把这件事情忘掉。

老师对一个人的成长尤为重要，尤其是对孩子们来说，遇到良师益友要比捡到金子还重要，因为这会对其整个一生产生深远的影响。正如李嘉诚所说："良好的品德是成大事的根基，成大事的机遇是靠遇到伯乐。"

我们事业的成功，除了需要良好的个人素质之外，还需要伯乐的帮助。好莱坞流行一句话："你成功与否不在于你是谁，而在于你认识谁。"我国自古以来也有"伯乐相扶如天助"的说法。中西方文化差异不言而喻，但在伯乐这一点上有如此近似的理念，可见伯乐对于人们的成功至关重要、功不可没。大家要擦亮自己的双眼，学会成功抓住、结识伯乐的机会，让自己在通往成功的道路上多一些平坦、少一些坎坷。

真心待人，让伯乐主动帮助你

大家都知道被利用的感觉是很不舒服的，会有一种类似"被骗"的感觉。伯乐的指点或者提携能使我们的事业更上一层楼，此时，伯乐的作用就很明显地表现出来了。然而，在你感受成功喜悦的同时，伯乐则会感觉到你在利用他的能力使自己成功。这时就需要我们做出一些情感回馈行动，以消除其"被利用"的心理。在自己受到伯乐的帮助时，要记得用真情来感染他；在相处的过程中，应该以一颗真诚感恩的心来面对你的伯乐。

曾经有一个人非常自私，为了实现目标不择手段，甚至有心狠手辣的一面。处于事业起步阶段的他为了能在公司有更好的发展，很注重用各种方法来引起领导的注意，赢得上司的赏识。在自己不懈的努力下，他获得了经理的认可，并在很短的时间内晋升为部门主管。此时，经理的想法是发掘到了人才，打算拉年轻人一把，让他有更好的发展，也让自己有一个得力助手。但是这个自私的人只把经理当作一个台阶，踩着他向上走。后来，他通过在董事面前的抢眼表现，再次升迁，成了当初提升自己的经理无法驾驭的人物。从此，他对经理视而不见，根本不把其放在眼里，不能不叫人心寒。后来，他因为一个重大的失误给公司造成了巨大的损失，被公司开除，而这个惩罚本可以由当初的经理求情而避免的。

这个年轻人为了理想奋斗没有任何错误，但是他把每个人都只当成自己脚下的台阶，踩着向上走，这就不对了，这也是其最后被公司开除时没有人帮助他的原因。一个人要懂得感恩，特别是对自己有过帮助的伯乐。人不能只为了利益而活，如果人与人之间只是利用关系，那么这个社会就会变得很可怕，因为没有真情的社会是冷漠的，而其中的人是冷血的。只知道利用伯乐让自己飞黄腾达的人，他的下场就像那个自私的人，不会好到哪里去，因为这样的人不近人情，不懂感恩，只懂得谋私利。所以，在与伯乐相处时多一些真情，不但会使你们之间的关系更加融洽，也会使伯乐感觉帮助你是非常值得的，从而心甘情愿地做你的伯乐，这样有利于你的长远发展。

没有人喜欢被人利用，伯乐帮助你，其心里是希望你能饮水思源，对其充满感激之情的。有了伯乐的提携，你的事业会突飞猛进；而你则要知恩图报，珍惜伯乐的滴水之恩。假如你从头到尾都只想着利用别人，那么早晚会被识破。你的伯乐可能是一位身居高位的领导，也可能是你想模仿的对象，甚至有可能是你的下属，这些人在经验、专长、知识、技能等方面肯定有比你略胜一筹的地方，值得你学习的地方。不管你的伯乐是你的上司、你的同事还是你的朋友，你都要用真情去相处。

一般情况下，伯乐会出于几个原因帮助你。例如，你是人才，一般人都有爱才心理，为了不使人才被埋没，所以他们出手帮你。李嘉诚曾说："一个人的富贵是内心的富贵。贵，是从一个人的行为而来。"作为被伯乐所帮助的你，一定要以真心相

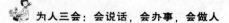

待，让他们感觉自己的付出都是值得的。

　　"先不要问别人能为我做什么，要先问自己能为别人做什么。"这是畅销书《别独自用餐》的作者启斯·法拉利摸索得出的最重要的结识伯乐之道。启斯·法拉利从一个劳工家庭出身的球童一路成为顶尖企业的领导人，凭借的就是这个方法。同样的道理，不要总是想着利用伯乐能为自己谋到什么好处，要多想一想自己能为伯乐做些什么。我们应少一些借助伯乐以达到某种目的的想法，要多一些真情，让伯乐感受到你的真诚，让你们之间的关系更加融洽。

第三章　感恩与宽容，有你便不再孤独

我们每天都和各种各样的人打交道，每个人都有不同的偏好，就像每个人都有不同的品味一样。那么，我们怎样才能满足每个人的口味，怎样才能使自己在人际交往中更加成熟呢？

这就要求我们培养感恩的特性，学会如何感恩。感恩是一种普通人很难企及的境界。

感恩，让生活更美好

物欲炽热、人心浮躁，似乎不少人已经淡忘了"感恩"二字。大家都喜欢伸出双手说："给我，给我！"却不愿说："拿去，拿去！"那些要了还想要，总是不满足的人，怎么知道感恩呢？

在大山的深处，有一对相爱的年轻恋人。姑娘家境较好，小伙子是邻村十多里外的一个孤儿，家中一贫如洗。两人的恋情被姑娘的家长得知后，姑娘的母亲找到了小伙子的家，搬条凳子在他的家门口骂了三天三夜，谁也无法劝阻。有道是"贫贱夫妻百事哀"，其实贫贱的恋人又何尝有好日子过？就算你们甘于过贫贱而又平静的日子，都有人让你们不得安宁。

小伙子无奈，只得走出深山，外出求发展。出门在外的艰辛自不必多提。多年以后，小伙子拥有了一家工厂。他一直单身，单身的原因不是经济问题，而是心里总是放不下昔日的恋人。刚出门的头几年，因为日子一直过得窘迫，不好意思回乡，也觉得没脸联系昔日的女友。后来慢慢地发达了，又因为时间的久远而心生犹豫：她嫁了吗？一定嫁人了吧？乡下的女人快到三十岁若还没嫁出去，流言成天会如刀子一样往她身上戳。而如果嫁了的话，我再联系她，岂不是扰乱她平静的生活？

小伙子这时已经年届三十了，想的事自然会长远些，做的事自然也会稳重些。应该理解他的谨慎与犹豫，这是一个理性男人正常的反应。于是，在犹豫之中，时间又过去了几年。伴随而来的是：小伙子的事业也做大了不少，工厂从小到大，资产达到上百万。

三十多岁的男人——这时再称他为小伙子似乎不太恰当了，终于在事业完全步入正轨后，冷静地梳理了自己的感情。他决定回一次家，给盘踞在自己心头十多年的感情一个交代。

于是，在大山中的乡村小道上，男人驾驶一辆帕萨特回到了家乡。刚到姑娘家时，男人还没有停车就看到了姑娘的身影。姑娘还是那个姑娘，没有嫁；男人还是那个男人，没有娶。后来的情节的发展自然是皆大欢喜。值得一提的是，姑娘的母亲对女婿一再赔不是，男人却说："不，我理解您当时的心情，谁不希望自己的孩子找一个好的人家呢？同时，我要感谢您，是您让我有了今天，也是您为我生养了您的女儿——我至爱的妻子。"是啊，没有岳母，他哪会走出大山？即使走出了大山，哪会有那股子冲劲和闯劲？最重要的是，没有岳母，哪里有妻子？

说完之后，男人转身对妻子说："还有，我要感谢你，感谢你在我一贫如洗时看上我，是你的爱给了莫大的勇气与毅力。"

——这是一个略带忧伤的喜剧。类似的剧情在我们生活中其实经常上演，只是有的演成了喜剧，有的演成了悲剧。其中的细微差别往往是：是否有一颗感恩的心。一个有感恩之心的人，看待问题不会偏激，想事情不会光顾自己。这样的人，谦卑平和而又优雅。

心存感恩，生活中就会少些怨气和烦恼；心存感恩，心灵就会获得宁静和安详。心存感恩地生活，就会敬畏地球上所有的生命，珍爱大自然一切的恩赐，时时感受生活中众多的"拥有"。

谦卑谨慎的做人哲学

富贵如浮云，有，不要太高兴；没，也不要失望。明天，可能一切都会改变。

有一个财大气粗的建筑业大老板看见一个工人在清洁门窗，就走过去说："好好干！想当年我也当过清洁工。"那个工人笑笑："您也好好干！想当年我也是个大老板。"

人生总得几个浮沉，春风得意时要感恩与谦卑，被打倒趴到地上，也要学会不怨不怒。即使有天再被捧上宝座，依然战战兢兢。从感恩出发，从谦卑做起——卧薪尝胆的马英九的这句宣言可谓历练人生之后的精华。

美国哈佛大学人际学教授约翰·杜威曾说："人类本质中最殷切的需求是渴望被肯定。"两个人初次见面，放低姿态，及时表达谢意，说话办事的时候谦虚、谨慎、低调，处在下风，这样自然能够乐于被对方接受，获得满意的结果。

对他人的帮助要知道感恩道谢。那些认为理所应当，不善于及时表达谢意，甚至骄傲自大，趾高气扬，不把别人放在眼里，没人喜欢与这样的人打交道。抱着这种态度与人交往，必然四处碰壁，让自己的人际关系一团糟，你的工作、事业，甚至爱情，都会遭遇坎坷。

事实上，善于表达谢意，以感恩、谦卑的姿态面对身边的人和事，是一种积极的人生态度。美国著名作家罗曼·W. 皮尔是"积极成像"观点的主要倡导者，他提出的"态度决定一切"，已经成为表达积极思维力量的一句口头禅，传遍了全世界。

成功学家安东尼曾说过这样的一句话："人要获得成功，第一步就是先要存有一颗感恩的心，感激之心。"是的，会感恩的人才会赢得别人的尊重、爱护与帮助。一个人也只有学会感恩，才算是学会了做人。否则，一个人要是不知好歹，甚至把人家的好心当作驴肝肺，你怎么指望他会以爱心、以负责任的态度去面对父母、家庭、同学、同事、朋友呢？

从感恩出发，从谦卑做起，学会随时表达感激，是每个人应该掌握的一种处世智慧。

感恩也是对爱的一种表达，感恩之中蕴藏着一份做人的谦虚和真诚，一种对他人的感谢与尊重。

让他人舒服的程度是你人生的高度

一只骆驼辛辛苦苦地从沙漠一边走到另一边，一只苍蝇趴在骆驼背上，一点力气不花地过来了。

苍蝇讥笑骆驼说："骆驼，谢谢你辛苦把我驮过来，我走了，再见！"

骆驼看了一眼苍蝇，"你在我身上的时候，我根本就不知道；你走了，也没必要跟我打招呼。因为你根本就没有什么重量。"

在现实生活中，也有一些"苍蝇"式的人，他们习惯以自我为中心，总把自己看得很重。他们总以为自己博学多才，满腹经纶，是干大事、创大业的料，而别人这也不行，那也不行。如此，自己一旦遭遇失败，就会牢骚满腹，感觉怀才不遇，以致心理失衡，容易变得孤立无援，停滞不前。

电影明星阿列克斯·洛依德好容易才摆脱了狗仔队，将车开到修检站。一个年轻的女工接待了他。女工熟练、灵巧的双手，俊美的容貌一下子吸引了洛依德。

整个巴黎都知道洛依德，他的"粉丝"无数，无论走到哪里，他都是目光的焦点。经常有潮水般的年轻女孩围绕在他周围，为他的出现而激动、尖叫，甚至哭泣。而如果有谁得到了他的一个签名，会幸福得眩晕似的。可是，奇怪的是，眼前这个姑娘丝毫不表示惊异和兴奋。

"你喜欢看电影吗？"洛依德忍不住问道。

"当然喜欢，我是个影迷……"

女孩手脚麻利，很快修好了车。"您可以开走了，先生。"

洛依德却依依不舍："小姐，你可以陪我去兜兜风吗？"

"不！我还有工作。"

"可是，这同样也是你的工作。你修的车，最好亲自检查一下。"

"那么，好吧，是您开还是我开？"

"当然我开，是我邀请您来的嘛。"

车子平稳地行驶，证明车况良好。

"看来没有什么问题，请让我下车好吗？"

"怎么，你难道不想再陪一陪我了，我再问你一遍，你喜欢看电影吗？"

"我回答过了，喜欢，而且是个影迷。"

"那么，你不认识我？"

"怎么不认识！您一来我就看出您是当代影帝阿列克斯·洛依德。"

"既然如此，你为何对我如此冷淡？"

"不，您错了，我没有冷淡，而是没有像一些女孩子那样狂热。您有您的成就，我有我的工作。您来修车，是我的顾客。如果您不再是明星了，再来修车，我也会一样接待您。人与人之间不应该是这样吗？"

洛依德沉默了。在这个普通女工面前，他感到自己的浅薄与虚妄。

"小姐，谢谢！你使我想到应该认真反省一下自己的价值。好，现在让我送你回去。"

别把自己太当回事，即便你是"整个巴黎都知道"的"洛依德"。这并非是妄自菲薄，也并非是对自己能力的否定，更非对自我的瞧不起。恰恰相反，别把自己太当回事，这是出于对自己正确客观的认识，从而让自己更好地相信自己，勇于去挑战、去追求，让生命走向一次又一次的辉煌与卓越。

古往今来，没有谁是世界的中心，也没有谁一直都是所有人注目的焦点。叱咤风云的政治家，转眼间就被人抛诸脑后；大红大紫的明星在风光之后，能被大家记住的又有几人？伟人名人尚且如此，那么，如我等的平凡人，又何必有意无意地把自己放在生活的前台，放在耀眼的追光灯下呢？

为人处世，不妨看轻自己，生活中就会多几分快乐。在家庭中，不妨看轻自己，不要把自己当成"一言九鼎"的家长，才能更好地与孩子沟通，与爱人和谐相处；在事业上，即使春风得意，也不妨看轻自己，不要把自己当成众人之上的"楚霸王"，这样才能结交更多志同道合的盟友，听取更多有益于事业发展的意见。

能够看低自己，是一种风度，一种修养，一种境界。能够看低自己的人，懂得自己只是芸芸众生中的一分子，不会自高自大、自命不凡；能够看低自己的人，懂得脚踏实地，从最基本的事情做起，不会好高骛远，眼高手低。能够看低自己的人，懂得只有努力奋斗，开拓进取，才能一步一个脚印地攀登人生的高峰。

别把自己看得太重，并不是无端地贬低自己，也不是消极颓废、自怨自艾、自暴自弃。而是对自己的正确把握和准确定位，是人生的一种智慧和策略。别把自己看得太重，就会拥有一个更加真实、更加丰富、更加美好的人生。

低调处世，方显伟大

低调做人意味着你要放弃许多架子，放弃许多充大、装相、张扬和卖弄的虚荣表现，放弃许多假正经、假道学、假圣人的虚伪面孔。

人人都有架子，只是架子有大小、多少的区分，以及所针对的人或事不尽相同罢了。无论家庭、单位、社会，架子都无处不在。褒义上的架子应当是尊严、气质、性格上的完美结合，体现了真、善、美；贬义的架子则是庸俗、高傲、手段的个性张扬，体现的是假、恶、丑的一面。放下架子，就是要在生活当中摒弃贬义上的架子，还人的本来面目，崇尚人间美好、和谐、真诚的传统，使我们本身具有的人格魅力一览无余，这也是处世平等、人性化的根本要求。

俗话说："骡马架子大了能驾辕，人架子大了不值钱。"人们还把架子戏谑为"臭架子"，可见对其厌恶之深。常听人们说"某某人没架子"，这是对一个人发自内心的褒奖。而那些有一定地位的人，念念不忘自己的"身份"，常常放不下架子，总好摆谱，以为那样能显示自己的"身价"与"威风"，结果摆来摆去，反倒让人觉得是一种虚伪和浅薄。

人一旦有了架子，就好比盖楼时搭的架子，架子可以把人抬到与楼一般高；没有了架子，人就达不到那样的高度。但有了"架子"很不方便，弯不下腰，转不了身，脖子和眼睛都不灵活。"架子"看上去威风得很，其实虚弱得很。

我国前外贸部副部长、博鳌亚洲论坛秘书长龙永图，曾多次谈起他在国内外两次不同的经历。这两次经历给他留下了深刻的印象，让他进一步认识到了什么叫放下架子。

一次，龙永图乘飞机去某地开会，登机前在候机室里休息。突然传来一阵十分嘈杂的声音，热闹的气氛顿时弥漫了整个候机室，吸引了众多旅客好奇的眼球。龙永图也和大家一样，不由得近前观看。这一看，再一打听，令他十分震惊：原来是某县一位县委书记要出国"考察"，属下几十号人为了向领导献殷勤，争先恐后地前来送行。

出差回来后，他和同事谈起此事，感触颇深：这就是角色意识的一种错位，错得令人生厌，令人可怕！

龙永图经常出国参加一些国际性会议。他十分讨厌讲排场，也讨厌没完没了的致辞，而最喜欢人家这样介绍自己："这是来自中国的龙永图，下面请他讲讲中国经济。"

一次，他出席一个国际性会议，地点设在意大利的一个小镇，会场上既无豪华摆设，更没有设领导席、嘉宾席，大家都坐着一样的普通长凳，就像农村开会时坐的长凳一般。与会者全是国际上有头有脸的重要人物，他们按照到来的先后顺序随意就座。龙永图刚在一条长凳上坐下，随后有一个老太太独自进来，向他礼貌地点了点头，然后很自然地坐在他的旁边。这时会议还没有开始，老太太与他寒暄了很长时间。

龙永图一直忘了问老太太的身份。会议结束后，他向会议组织者打听："请问，刚才坐在我旁边的那位和蔼可亲的老太太是谁？"

会议的组织者对他的提问感到十分惊讶，反问龙永图："你真的不认识她吗？"

龙永图如实回答说："不认识。"对方这才说："她就是荷兰女王啊！"

对于这件事，龙永图感触颇深：她哪里像个女王啊？丝毫没有王者的气派和威严，简直就是一位邻家大妈！这也是角色意识的错位，但错得让人感到可爱可亲可敬！

成功者往往是恪守低调作风的典范。低调做人不仅是一种境界、一种风范，更是一种思想、一种哲学，需要把架子完全抛弃。

从一定意义上讲，放下架子，就是自己解放自己，只有这样，才能放下包袱，轻装前进。一个人真正放下了架子，就会真正正视现实，在人生道路上就能多几分清醒，就能带来缘分、带来机遇、带来幸福。放下架子即智慧，放下架子即欢乐，放下架子即财富。

有一位中专毕业生，刚开始在一家公司应聘了一份低薪的体力工作。几个月后，老板逐渐发现其能力不俗，于是委以重任，而该中专生因为有了基层工作的积累，在高管的位子上一点架子都没有，工作起来如鱼得水，成就非凡……在此，我们需要效仿的，除了"低就"的就业策略，更重要的是成熟、务实的心态。有些人认为放下了架子就会丢了面子，有了面子就可以端起架子。殊不知，如果真能放下架子，说不定会争得更多的面子。

将心比心，以心换心，你放下了架子，大家反而会给足你面子。所以看轻面子，放下架子，踏踏实实做事，轻轻松松做人，岂不乐哉！

低调是一种优雅的人生态度。它代表着豁达，代表着成熟和理性，它是和含蓄联系在一起的，它是一种博大的胸怀、超然洒脱的态度，也是人类个性最高的境界之一。低调的人容易被人接受。

不卖弄，不吹嘘

有些人为了赢得别人更多的关注、认同和推崇，或为了向他人推销和兜售自己，不惜哗众取宠，竭尽鼓吹和炫耀自己之能事，大谈当年如何春风得意，却绝口不提碰霉头、掉链子的困窘；大谈当年过五关、斩六将的豪壮，却从不提败走麦城的狼狈。

诚然，卖弄自己之能，吹嘘自己的风光之事和得意之事，能赚到一些艳羡，却也会招来一些妒忌、反感甚至厌恶。爱自我夸耀的人，是找不到真正的朋友的。因为他自视清高，鄙视一切，不大理会别人的意见。这种人只会吹牛，朋友们避之唯恐不及。这种人常自以为最有本领，觉得干什么都没有人比得上他，瞧不起别人，结果使自己成为孤立者。

小乌贼长大了，乌贼妈妈开始教它怎样喷"墨汁"来保护自己。

乌贼妈妈说："每只乌贼都有自己的墨囊，在遇到敌人时，可以喷发墨汁来掩护我们逃跑。"小乌贼在妈妈的指导下，果然能喷出又黑又浓的墨汁了。

自从小乌贼学会了喷墨汁的本领，就总是向它的伙伴小海蛾、小海参、小虾鱼炫耀自己。小海参说："小乌贼，喷墨汁确实是你的本领，但也不应该总是拿出来炫耀啊！你应该学一些新的本领。"小乌贼听了很不服气地说："真讨厌，用得着你来教训我。"然后它发怒了，喷出一股浓浓的墨汁，它的小伙伴们吓得东躲西藏，还把附近的海面弄得乌烟瘴气的，自己也搞不清方向了。这个时候，一条大鱼向它扑了过来，小乌贼急忙喷墨汁，但是它的墨囊里已经没有墨汁了，看着大鱼越来越近，小乌贼慌了。就在这关键时刻，小海参冲了过来，喊道："小乌贼，快闪开。"就在大鱼马上要吃掉小海参的时候，小海参丢出来一串肠子。

大鱼离开后，小乌贼羞愧地说："小海参，原来你也有保护自己的方法啊！"小海参说："抛给敌人肠子是我们保护自己的本能，没什么好炫耀的，好多生物的本领都比我们强很多。"小乌贼听后，惭愧地低下了头。

真正有本事的人很少向别人炫耀自己。《智慧书》说：不要对每个人都显露同样的才智；事情需要多大的努力，就只付出多大的努力。不要浪费你的知识和才德。优秀的养鹰者只养自己用得上的鹰。不要天天露才显能，否则要不了多久，人们再也不觉得你有什么稀奇处。所以你总是要留有一些绝招。假如你能经常崭露那么一点点新鲜的才华，则人们就总是会对你抱有期望，因为他们弄不清你的才华究竟有多的深广。

有一个大学毕业生，头脑灵活、思路敏捷，看起来确实很聪明，也很能干。一次，他去一家大宾馆应聘。主持面试的客户部经理在同小伙子谈完一般情况后，便问道："我们经常接待外宾，是需要外语的，你学过哪门儿外语，水平如何？""我学过英语，在学校总是名列前茅，有时我提出的问题，英语老师都支支吾吾地答不上来！"他不无自豪地说。经理笑了一下又问："做一个合格的招待员，还要有多方面的知识和能力，你……"

经理的话还没说完，他便抢着说："我想是不成问题的，我在校各门学习成绩都不错，我的接受能力和反应能力都很快，做招待员工作绝不会比别人差。""那么说，就你的学识来说，当一名招待员是绰绰有余了？""我想，是这样。""好吧，就谈到这里，你回去等消息吧。"大学生沾沾自喜地回去等消息了，可等到的消息却是不录用。小伙子本来想自夸一番，以便获得经理的信赖，没想到结果是抬高自己，反而给别人留下坏印象，失去了别人的信任。一个人若真正具有某种本领或才智，是会得到别人的公正赞许的，这赞美的话只有出自别人之口，才具有真正的价值。

滥用夸张的词语是不明智的，这种词语既背真理，又使人对你的判断心存疑虑。说话夸大其词，等于是把赞美的词儿到处乱扔，这暴露出你知识欠缺、品位不高。赞扬招来好奇心，好奇心产生欲望，等后来人们发现你言过其实时，常常会因此感到他们原来的期待心受了愚弄。所以，谨慎的人知道节制，与其言过其实，不如言之未足。真正的卓越非凡十分罕见，所以你不宜滥下褒词。言过其实等于是一种说谎，可能会毁坏别人原本以为你品位高雅的印象，或者甚而毁坏你智慧过人的名声。

　　总之，一个人在为人处世之中尽量少谈自己风光的事，实在要谈，也要看对象和场景，切勿给人造成出风头、强显自己的印象。与其炫耀自己之能，不如鼓吹他人之功，把荣耀给身边的人，把风光给同行的人，也许会赢得更多称许和美誉。

　　老鹰站在那里像睡着了，老虎走路时像有病的模样，这就是他们准备捕猎前的手段。所以一个真正具有才德的人要做到不炫耀，不显才华，这样才能很好地保护自己。

会说话就是讲究语言的表达方式，会办事就是懂得处理问题的技巧，会做人就是处理好三种关系：与自己的身心关系，与社会的人际关系，与自然的天人关系。简单地说，就是善待自己，关爱别人，做事有办法，做人有操守，对世界有热情。只要认真阅读、使用本书，你就会拥有不可思议的力量，改变现状，拓宽视野，丰富你的内涵，实现你的目标。

扫码听音频

高情商自我提升丛书（全三册）

修心三不：
不生气，不计较，不抱怨

陈亮亮　李　宏　刘少影　编著

吉林出版集团股份有限公司 | 全国百佳图书出版单位

图书在版编目（CIP）数据

　　修心三不：不生气，不计较，不抱怨/陈亮亮，李宏，刘少影编著. -- 长春：吉林出版集团股份有限公司，2020.1

　　（高情商自我提升丛书：全三册）

　　ISBN 978-7-5581-7156-7

　　Ⅰ.①修… Ⅱ.①陈… ②李… ③刘… Ⅲ.①人生哲学 - 通俗读物 Ⅳ.① B821-49

　　中国版本图书馆 CIP 数据核字（2019）第 276696 号

前　言

　　智慧与烦恼就如天平的两端——烦恼多一点，智慧就少一点。修心就是要学习去除烦恼，让自己拥有平静的心。心静，境界自然明朗；心若不静，外境也会随之紊乱。

　　与其生气，不如争气；与其计较，不如努力；与其抱怨，不如改变。

　　修心的第一大原则就是不生气。

　　当你被别人冤枉的时候，当上司、老师批评你的时候，当朋友对你不真诚的时候等，或许你做到了冷静面对，没有做出过激行为，但你是否真的从自身找原因了呢？总之，遇到事情的时候，冷静是第一的，不恼不怒，才能看透事情本质，做到人生赢家。

　　修心的第二大原则就是不计较。

　　人活着要是每件小事都要锱铢必较的话，活着该是多累啊。当你明明知道朋友做的事情欠妥，但又无伤大雅，你却总喜欢当众指出他的不对，让他出丑，凸显你的才华，你觉得长此以往你还会有朋友吗？即使有也不会那么的坦诚。有时候我们不需要太聪明，而是顺其自然。

　　修心的第三大原则就是不抱怨。

你之所以抱怨，是因为你对目前的现状不满足、不认同，你觉得自己应该有更好的。当你抱怨自己家庭出身不好的时候，你有没有想过父母的不辞辛苦，虽不能给你想要的，但却是他们能提供的最好的了，你有没有心酸过？

当你抱怨别人每天的工资比你多的时候，你有没有想过你还没醒的时候，别人已经开始工作了，你进入梦乡的时候，别人还在坚持、努力，你有没有惭愧过？

总之所有的抱怨，归根结底都是自己的不努力、不勤奋造成的。如果你能历经百般磨砺，成为别人眼中的楷模，你还会抱怨命运的不公吗？如果你能披星戴月，斗志昂扬，成为职场佼佼者，你还会抱怨工资分配得不合理吗？

掌握"修心三不"的处世大智慧，人生就提升了一个高度，心灵就到达了达观自由的境界。

心若改变，态度就跟着改变；态度改变，人生就跟着改变。不生气、不计较、不抱怨，是生活快乐永恒不变的心灵法则，是社交圆融职场生存最简单平凡的成功利器。学会制怒、能容、消怨，才能在顺境中安享其福，在逆境中心存喜乐。

本书围绕不生气、不计较、不抱怨，系统地讲解如何修心持身。告诉我们：生气，伤人伤己；计较，累人累心；抱怨，天怒人厌。修心不止修的是内心的心态，更是修养自我、重新认识自我、面对自我的一个过程，最终助你迈向成功。

目　录

上　篇　不生气：情绪的健康技巧

中　篇　不计较：人生总有得失

下 篇 不抱怨：多想想你拥有的

上　篇

不生气：情绪的健康技巧

第一章　用宽容代替生气

在生活中，我们常常会有很多的烦恼，时不时地还搞一些脾气出来。回过头想想，那些惹得我们大发脾气的事情其实没什么大不了的，不过是一些小事、一段小插曲而已，只是当时心里太认真甚至太较真了。不随意生气，就要做到心平气和，这需要长期修炼自己心胸豁达、宽容大度的心境，凡事不要太认真，要学会看开、看淡，从容应对，莞尔一笑。

把生气消灭在萌芽状态

人生难免遇到不如意的事情。许多人遇到不如意的事时常常会生气：生怨气、生闷气、生闲气、生怒气。殊不知，生气，不但无助于问题的解决，反而会伤害感情，弄僵关系，使本来不如意的事更加不如意，犹如雪上加霜。更严重的是，生气极有害于身心健康，简直是自己"摧残"自己。

德国学者康德说："生气，是拿别人的错误惩罚自己。"古希腊学者伊索说："人需要平和，不要过度地生气，因为从愤怒中常会产生出对于易怒的人的重大灾祸来。"俄国作家托尔斯泰说："愤怒使别人遭殃，但受害最深的却是自己。"清末文人阎景铭先生写过一首《不气歌》，颇为幽默风趣：

他人气我我不气，我本无心他来气。

倘若生气中他计，气出病来无人替。

请来医生将病治，反说气病治非易。

气之危害太可惧，诚恐因气将命废。

我今尝过气中味，不气不气真不气！

美国生理学家爱尔马为研究生气对人健康的影响进行了一个很简单的实验：把一支玻璃试管插在有水的容器里，然后收集人们在不同情绪状态下冷凝的"气水"，结果发现：即使是同一个人，当他心平气和时，所呼出的气变成水后，澄清透明，一无杂色；悲痛时的"气水"有白色沉淀物；悔恨时有淡绿色沉淀物；生气时则有淡紫色沉淀物。

爱尔马把人生气时的"气水"注射在小白鼠身上，不料只过了几分钟，小白鼠就死了。这位专家进而分析：如果一个人生气10分钟，其所耗费的精力，不亚于参加一次3000米的赛跑；人生气时，体内会合成一些有毒性的分泌物。经常生气的人无法保持心理平衡，自然难以健康长寿，活活气死人的现象也并不罕见。另一位美国心理学家斯通博士，经过实验研究表明：如果一个人遇上高兴的事，其后两天内，他的免疫能力会明显增强；如果一个人遇到了生气的事，其免疫功能则会明显降低。

生气既不利于建立和谐的人际关系，也极有害于自己的身心健康，那么，我们就应当学会控制自己，尽量做到不生气，万一碰上生气的事，要提高心理承受能力，自己给自己"消气"。要学会息怒，要提醒和警告自己"万万不可生气"，"这事不值得生气"，"生气是自己惩罚自己"，使情绪得到缓冲，心理得到放松。

应把生气消灭在萌芽状态。要认识到容易生气是自己很大的不足和弱点，千万不可认为生气是"正直""坦率"的表现，甚至是值得炫耀的"豪放"。那样就会放纵自己，害人害己，遗患无穷。

最后，我们再附上《莫生气》及《莫恼歌》，请读者朋友熟读默记，定能对平和身性有潜移默化之疗效。

莫生气

人生就像一场戏，因为有缘才相聚。

相扶到老不容易，是否更该去珍惜。

为了小事发脾气，回头想想又何必。

别人生气我不气，气出病来无人替。

我若气死谁如意？况且伤神又费力。

邻居亲朋不要比，儿孙琐事由它去。

吃苦享乐在一起，神仙羡慕好伴侣。

莫恼歌

莫要恼，莫要恼，烦恼之人容易老。

世间万事怎能全，可叹痴人愁不了。

任你富贵与王侯，年年处处理荒草。

放着快活不会享，何苦自己寻烦恼。

莫要恼，莫要恼，明月阴晴尚难保。

双亲膝下俱承欢，一家大小都和好。

粗布衣，菜饭饱，这个快活哪里讨？

富贵荣华眼前花，何苦自己讨烦恼。

生气不解决任何问题

已故作家金庸先生说：不生气，就赢了。遇事，谁稳到最后，不露声色，谁就是最后的赢家；谁大发雷霆、失去理智，谁就会未战而输。

生气，无论是生自己的气还是生别人的气，都是于事无补，毫无意义。生气并不能解决任何问题，还会影响心情和判断力，让事情更加恶化。

前两天跟一个朋友吃饭，他一开口，负面情绪就源源不断。

他说："真是被气死了！那天一早开车出门，眼看着别人都是绿灯，就只有我是一路长红，走到哪儿红灯就跟到哪儿，真是够倒霉的！"

他继续说："中午出去买自助餐，结果大排长龙，好不容易快轮到我了，这时居然有个人冒出来插队，公理何在？于是我站出来，跟他干了一架。"

他还没说完："晚上跟朋友吃饭，吃完后要拿停车券去盖免费章，结果服务员说我们消费少了四十元，因此不能盖章，气得我当场敲桌子大骂。"

他说了半天还没说完："晚上回到家，一进门太太就唠叨，小孩又哭又叫，连在家也不能清静。"

听起来的确够惨！

不知道你是不是也觉得，最近比较烦、比较烦、比较烦呢，就像周华健那首歌唱的一样。而且只要一早开始不太顺心的话，往往接下来一天就毁了。为什么会如此呢？

这是因为，负面情绪是有累加效果的。

也就是说，每多一个小挫折，就会让我们的抗压功力多打一个折扣。因为当我们遭遇不顺心，心情跟着烦躁起来时，身体内与压力相关的激素也会随之异常分泌，因此会影响到接下来的挫折忍受度，就好像温度直线上升的热水，越烧越接近沸点。

这也就说明了为何一大早出了些状况后，原本可能要到"烦人指数"十分的事才会惹毛我们，但这下只要再出现个"烦人指数"三分的状况，我们就会轰然一声，开始发疯，而无辜的旁人就倒霉啦！

正因情绪有如煮开的水一样，所以在生活中我们必须审慎处理每一个压力状况，以免"小不爽，则乱大谋"。

而改变这种状况的有效做法，则是在负面心情一开始加热时，就能主动地意识到"有状况了"，然后告诉自己，得快快关火，以免越烧越旺，一发不可收拾。

事实上，当你能够觉察到出现这种状况时，就已经关掉一半的火力了，接下来心情自然不易失控。

为了避免让烦躁的情绪像煮开水那样越煮越热，防患未来的工作就显得特别重要。

不妨准备一些调整心情的口头禅，在自己情绪快要沸腾时，赶快把这些自制的心情口诀拿出来复诵，以提醒自己：生活中还有其他更重要的事情，千万别一时给气昏了头，做出丧心病狂的傻事。

跟你分享我自己的心情口诀："心情最重要，别的死不了。"

"心情最重要，别的死不了。"如果今天碰到了一些怪人，或发生了令人不耐烦的事，就赶紧在心里暗念这句口诀，重复几次之后，烦躁不安的情绪就能得到缓解了。

口诀真的这么好用吗？

没错，念口诀一方面可以让自己分心，不再钻牛角尖；一方面也能提醒自己，要赶快从这些情绪中走出来。

此外，研究也发现，重复想着同一念头，会让意念集中，而减少焦虑不安。

时间是最好的解药

我们生活中有这样一群人，明明什么事都没有发生，却很容易生气。动不动就发脾气，让人很莫名其妙，你是不是那样的人呢？

也许你经常感到愤怒，也许你对你周围的每一个人都有些无奈，有时你的愤怒就像一场海啸。但你却不知道你为什么会有这种感觉，你不知道你为什么这么紧张，那这种无法解释的愤怒是从何而来的。

一般来说，有如下几类人容易无事生非、庸人自扰：

满腹牢骚型：这样的人无论大事小事，都放在嘴巴里说了又说，抱怨了又抱怨，批评了又批评，小题大做，没完没了。无论是对待事情还是对待别人，从来没有鼓励和赞扬的态度，其烦恼自然根深蒂固。

消极处世型：这类型人，对于好的东西他们总是记不住，不好的东西却一辈子也忘不了。他们总是陷在负面情绪里拔不出来，想着自己受了多少委屈，吃了多少亏，谁对自己不友好，这样的人其实就是跟自己过不去，完全是在自寻烦恼。

不甘不愿型：这类型人，他们为别人付出了很多，如果得不到回应，就会又气愤又烦躁。比如，妻子在家里承担了很多家务劳动，可是老公和孩子没有任何表示，妻子就很不满："你们都那么自私，没有一个人心疼我，都把我当作老妈子看待!"长此以往，你说，她能不烦恼吗?

无论你是谁，平民也好，富豪也好，大多很难有"人生只是一个过程，有得必有失"这种高境界的认识，因为人毕竟都是现实的、平凡的，很少有不食人间烟火的世外高人，即使不自寻烦恼，烦恼也会找上你。正因为这样，我们才更要学会化解和淡化烦恼。

首先，敢于接受现实。对于已经发生的令你不开心的事情，要敢于接受，不要总是耿耿于怀，更不要责备自己和他人。聪明人的做法是把精力放在弥补损失和吸取教训上，及时制止烦恼的无限扩大。

其次，要善于比较。比如发生一起车祸，有安然无恙的，有受伤的，有死亡的。伤者若是与无恙者相比，自是不幸，但若与死者相比，却是大幸。在金钱世界里，若是人人与比尔·

盖茨相比，那真是烦恼无尽，苦海无边。因此，人要做最真实的自己，定切合实际的目标。

再者，要知足常乐。人的能力是有限的，如果总是对自己高标准严要求，难免活得太累。很多东西要适可而止，很多时候要懂得感恩，才能把人生过得相对美满。

最后，相信时间是最好的解药。遇到烦恼，不要总是铭刻在心。设想，若某人不小心当街出丑，众目睽睽，尴尬万分，心中无以承受。但如果想一下，到了明天、后天，一周后，一个月后，还有人记得这件事吗？所以，时间是最好的解药，遇事笑笑就好，自有时间替你解围。

弱化挑战，把握机遇

有这样一个家长与孩子互动的游戏——"凡事往好处想"的游戏。

妈妈说："今天上学发现，口袋里的十元不见了，请往好处想……"

孩子回答："还好不见的不是一百元……"

父亲回答："捡到的人一定很高兴……"

妈妈又说："今天上学后开始下起大雨，请往好处想……"

孩子回答："还好舅舅家住得近，可以帮我送伞……"

妈妈问孩子："很用功的准备期中考试，结果成绩非常不理想，请往好处想……"

孩子回答："还好不是期末考试……"

这个游戏很有趣，凡事往好处想，整个心情就变得不一样了。记得有个故事，一个女孩遗失了一只心爱的手表，一直闷闷不乐，茶不思、饭不想，甚至因此而生了病。神父来探病时问她："如果有一天你不小心掉了十万元钱，你会不会再大意遗失另外二十万呢！"女孩回答："当然不会。"神父又说："那你为何要让自己在掉了一只手表之后，又丢掉了两个礼拜的快乐，甚至还赔上了两个礼拜的健康呢！"女孩如大梦初醒般地跳下床来，说："对！我拒绝继续损失下去，从现在开始我要想办法，再赚回一只手表。"人生嘛，本来就是有输有赢，更是有挑战性的，输了又何妨。只要真真切切地为自己而活，这才叫作真正的人生。有些人就是因为不肯接受事实重新开始以致越输越多，终至不可收拾。

凡事往好处想——

我们不会怨天尤人；

我们不会心情郁闷；

我们不会一蹶不振；

我们不会苦无出路；

我们不会离乐得苦；

我们会有无限希望；

我们有重新站起来的力量。

这真的是一个很好的观念，这个游戏或许大家真可以用在生活中，道理不在懂不懂，只在做不做，改变就从此刻开始！

人的心情是最重要的，想多了不好的事，就会真的不好。

我们在平凡的生活中总在梦想"明天会更好"，我们在面临困境时会安慰自己"船到桥头自然直"，我们在鼓励他人时会说"凡事要往好处想"。

凡事都向好的方面想，是一种积极进取的人生态度。在市场经济竞争日益激烈的形势下，每个人都面临挑战，但更多的是机遇。向好的方面想，就是弱化挑战、放大机遇，以饱满的精神迎接机遇、把握机遇。只有这样，成功的概率才会增大。

《鲁滨孙漂流记》里面的主人公鲁滨孙·克鲁索，被海浪带到一个荒无人烟的小岛上，度过了漫长的二十六年。

鲁滨孙被送到小岛上的第一天，他列出了两份清单，一份列出自己的不幸以及面对的困难，另一份列出自己的幸运以及拥有的东西。他在第一份清单上写了"流落荒岛，摆脱困境已属无望"；第二份清单上写船上人员，除了我以外全部葬身海底。鲁滨孙利用一切，改变了自己的命运，利用枪、陷阱捕捉猎物；自己搭建房子。这些奇迹般的生活让鲁滨孙不至于饿死，这些生活的起因都是那两份清单。

大家也可以像鲁滨孙一样，在日常生活中，面对问题时，可以先列两份清单，写一写自己所拥有的，是否命运真的如此不公；再来想想，仔细琢磨一下，面对的问题是否有解决的方法，如果有多种，就选自己认为最合适的方法去做。

凡事向好的方面想，并不是盲目乐观，而是科学地对待困难和挑战，从挫折和挑战中寻找人生突围的缺口和良机。仔细审视我们周围普通人的生活和成长、成功经历，不难发现，许多人的生活印证了这一事实：只有扎扎实实生活，正视现实、不甘沉沦、努力向前，任何困难都会被战胜，任何逆境都会过去！

生气不如争气

俗话说："人争一口气，佛争一炷香。"每个人都希望受人重视、受人尊重、受人欢迎，但有时又难免被人嘲弄、被人侮辱、被人排挤。生活在给了我们快乐的同时，也给了我们伤痛的体验。而这就是生活，这就是我们需要面对的人生。生气不如争气，斗气不如斗志。智者只斗志不斗气；或者是不与人斗，只跟自己斗。

"人生不如意事十之八九。"当你在为梦想而努力时，也许会遇到困难。如果你斤斤计较，不能坦然面对，或抱怨，或生气，最终受伤害的可能还是自己。

要争气，就要有坚决为自己争一口气的毅力和气概。与其总生别人的气，不如学会自己争一口气。起点低，就要"高"给自己看看；事不顺，就要"顺"给自己看看。

有一位不出名的青年画家，住在一间小房子里，以给别人画人像谋生。

一天，一个有钱人看到他的画非常精致，很喜欢，于是就请青年画家帮自己画一幅像，双方约好酬劳是 1 万元。一个星期后，青年画家将像画好了，有钱人前来拿画。此时有钱人心里有了企图，他看那位画家年轻又未成名，于是不肯按照原先的约定付酬金。有钱人心中打着如意算盘："画中的人是我，这幅画如果我不买，那么绝没有人会买。我又何必花那么多钱来

— 12 —

买呢?"于是有钱人赖账,他说最多只能花3000元来买这幅画。

青年画家没想到有钱人会这么说,这是他第一次碰到这种事,心里不免有些慌张,费了许多口舌,向有钱人讲道理,希望这个有钱人能遵守约定,做个有信用的人。"我只能花3000元买这幅画,你别再啰唆了。"有钱人认为自己稳占上风,"最后,我问你一句,3000元,卖不卖?"青年画家知道有钱人的意图,心中愤愤不平,他以坚定的语气说:"不卖。我宁可不卖这幅画,也不愿受你的欺诈。今天你失信毁约,我将来一定要你付出20倍的代价。""笑话,20倍,就是20万元!我才不会笨得花20万元去买这幅画。"

"那么,你等着瞧好了。"青年画家对有钱人说道。经过这一事件的打击,画家离开了那个伤心地,去别处重新拜师学艺,日夜苦练。功夫不负苦心人,十几年后,他终于闯出了属于自己的一片天地,成为一位知名的画家。而那个有钱人呢?自从离开画室后,第二天就把画家的画和话忘记了。直到有一天,他的几位朋友不约而同地来告诉他:"有一件事好奇怪哦!这些天我们去参观一位成名画家的画展,其中有一幅画不二价,画中的人物跟你长得一模一样,标示价格20万元。好笑的是,这幅画的标题竟然是——贼。"有钱人一听仿佛被人当头打了一棒,想到了十几年前的画家。他一想到那幅画的标题竟然是"贼",就感觉对自己的伤害太大了,他立刻连夜赶去找青年画家,向他道歉,并且花了20万元买回了那幅画。青年画家凭着一股不服输的志气,让有钱人低了头。这个年轻人就是毕加索。

由于毕加索经常在心里告诫自己,绝不能被别人瞧不起,因此他决定为自己争口气,他凭借自己的志气去挫对方的锐气,从而为自己赢得了尊严。

一个人不应该埋怨这个世界太势利，他应该埋怨自己没有志气。年轻人尤其渴望得到别人的尊重，但在别人尊重你以前，不妨先想一下，别人凭什么要尊重你？从这个意义上来说，一个人不受尊重，是因为他不那么值得别人尊重。鲜花和掌声只是他梦想中的荣耀，轻视和白眼却是他此时应该享有的待遇。想通了这个问题，人就比较容易变得心平气和起来，说不定还会因此而鼓起奋斗的勇气。

刚刚步入社会，我们的起点也许很低，也许正在做一份不起眼的工作，地位低，收入少，被人看轻，不受尊重。但是，重要的并不在于我们现在的地位是多么卑微，不在于我们手头的工作是多么微不足道，只要不甘心平淡，只要不想局限于这狭小的圈子，只要渴望着有朝一日突破这一现状，那么，我们最终会有扬眉吐气的那一天。

人生必须渡过逆流才能走向更高的层次，最重要的是要永远看得起自己。这个世界并不是掌握在那些嘲笑者的手中，而恰恰掌握在能够经受得住嘲笑与批评，并不断往前走的人们的手中。不管你出身贵贱，学问高低，相貌美丑，只要你心中藏着一股气，一股不会泄的志气，你就能飞上天，成为一颗耀眼的明星。

什么叫作"志气"？卡内基说："朝着一定的目标走去是'志'，一鼓作气中途不停止是'气'，两者结合起来就是志气。一切事业的成败都取决于此。"李白说："大丈夫一定要有闯荡天下的志向。"刘炎说："君子的志向是造福天下，小人的志向是荣耀自身。"

总之，人活一口气。有了这一口气，许多看似无法解决的难题，往往会在你挺直的脊梁面前迎刃而解；没了这一口气，一点儿磕碰也会让你摔个大跟头，生存的路子也会越走越窄。

看轻自己更能认识自己

在现实生活中，有些人习惯以自我为中心，总把自己看得太重，而偏偏又把别人看得太轻。总以为自己博学多才，满腹经纶，一心想干大事，创大业；总以为别人这也不行，那也不行，唯独自己最行。一旦失败，就会牢骚满腹，觉得自己怀才不遇。自认怀才不遇的人，往往看不到别人的优秀；愤世嫉俗的人，往往看不到世界的精彩。把自己看得太重的人，心理容易失衡，个性往往脆弱却盛气凌人，容易变得孤立无援，停滞不前。

把自己看得太重的人，常常表现得难以理智：总以为自己了不起，不是凡间俗胎，恰似神仙降临，高高在上，盛气凌人；总以为自己是个能工巧匠，别人不行，唯有自己最行；总以为自己工作成绩最好，记功评奖应该放到自己头上，稍不遂意，骂爹骂娘……

把自己看得太重的人，容易使自己心理失衡，个性脆弱，意志薄弱；容易使自己独断骄横，跋扈傲慢，停滞不前。

看轻自己，是一种风度，是一种境界，是一种修养。把自己看轻，它需要淡泊的志向，豁达的胸怀，冷静的思维。

　　善于把自己看轻的人，总把自己看成普通的人，处处尊重别人；总觉得群众是最好的老师，自己始终是个小学生；即使自己贡献最大，也不居功自傲；处处委曲求全，为人谦虚和谐。

　　把自己看轻，绝非一般人所能做到。它是光明磊落的心灵折射，它是无私心灵的反映，它是正直、坦诚心灵的流露。

　　把自己看轻，绝不是去鄙视自己，绝不是去压抑自己，绝不是去埋没自己，绝不是要你去说违心的话，绝不是要你去做违心的事，绝不是要你去理不愿理的烦恼。相反，它能使你更加清醒地认识自己，对待自己，不以物喜，不以己悲。

　　把自己看轻，它并不是自卑，也不是怯弱，它是清醒中的一种经营。

　　20世纪美国著名小说家和剧作家布思·塔金顿有一次参加红十字会举办的艺术家作品展览会。会上，一个小女孩让布思·塔金顿签名，布思·塔金顿欣然接受了。但当小女孩看到他签的名字不是自己崇拜的明星的时候，小女孩当场就把布思·塔金顿的名字擦得一干二净。布思·塔金顿当时很受打击，那一刻，他所有的自负和骄傲瞬间化为泡影。从此以后，他开始时时刻刻地告诫自己：无论自己多么出色，都别太把自己当回事！

　　名人尚且如此，何况我们这些平凡之辈？或许，你所听到的那些夸赞你的话语，只不过是这场游戏中需要的一句台词而已。等游戏结束，你应该马上清醒，摆正自己。我们应该知道，我们只不过是在扮演生活中的一个角色罢了。曲终人散后，卸下所有的妆，你会发现剩下的只有满身的疲倦，所有的掌声、鲜花、微笑都只不过是游戏中必备的道具。

为人处世，不妨看轻自己，生活中就会多几分快乐。

在生活中，我们要学会看清自己：在家庭中，不妨看轻自己，不要把自己当成"一言九鼎"的家长，才能更好地与孩子沟通，与爱人和谐相处。在事业上，即使春风得意，也不妨看轻自己，不要把自己当成众人之上的"楚霸王"，这样才能结交更多志同道合的盟友，听取更多有益于事业发展的意见。在朋友圈子里，不妨看轻自己，才能结识到推心置腹的哥们儿，让自己时刻保持清醒的头脑。总之，把自己看轻，才能成为天使，飞越坎坷，拥有和谐的人生！

现实生活中，我们是不是太在意自己的感受？譬如，你走路时不小心摔了一跤，惹得旁人哈哈大笑。当时你一定觉得很尴尬，认为全天下的人都在看着你。但是，如果你试着站在别人的角度考虑一下，就会发现，其实，这事不过是他们生活中的一个插曲而已，有时甚至连插曲都算不上，他们哈哈一笑，一回头也就把这事给忘了。

在匆匆走过的人生路途中，我们不过是路人眼中的一道风景，对于第一次的参与、第一次的失败，完全可以一笑置之，不必过多地纠缠于失落情绪之中，你的哭泣只会提醒别人重新注意到你曾经的失败。你笑了，别人也就忘记了。

有句话说："20 岁时，我们总想改变别人对我们的看法；40岁时，我们顾虑别人对我们的想法；60 岁时，我们才发现，别人根本就没有想到我们。"这并非消极，而是一种人生哲学——不妨学会看轻你自己，轻装上阵，没有负担地踏上漫漫征程，你的人生路途或许会更通坦。

一个自以为很有才华的人，一直得不到重用，为此，他愁肠百结，异常苦闷。有一天，他去质问上帝："命运为什么对我如此不公？"上帝听了沉默不语，只是捡起一颗不起眼的小石子，并把它扔到乱石堆中。上帝说："你去找回我刚才扔掉的那个石子。"结果，这个人翻遍了乱石堆，却无功而返。这时候，上帝又取下了自己手上的那枚戒指，然后以同样的方式扔到了乱石堆中。结果，这一次他很快便找到他要找的那枚金光闪闪的戒指。上帝虽然没有再说什么，但是他却一下醒悟了：当自己还只不过是一颗石子而不是块金光闪闪的金子时，就永远不要抱怨命运对自己不公平。

有许多人都有和这位年轻人一样的心理，觉得自己是这个单位、这个部门里最重要的人物，这里缺了自己就不行，就好像地球离开他就不转动了一样。因为自己很重要，所以其他人必须以他为中心，围绕着他。其实，不是这么回事，地球离了谁都照常转动。

要正视社会现实，社会上的每个人都有其欲望与需求，也都有其权利与义务，这就难免会出现矛盾，不可能人人如愿。这就要求人人正视客观现实，学会礼尚往来，在必要时做出点让步。

从自我的圈子中跳出来，多设身处地地替他人想想，以求理解他人，并学会尊重、关心、帮助他人，这样才可获得别人的回报，从中也可体验人生的价值与幸福。

我们要加强自我修养，充分认识到自我中心意识的不现实性与不合理性及危害性；学会控制自我的欲望与言行，把自我利益的满足置身于合情合理、不损害他人的可行的基础之上；做到把关心分点给他人，把公心留点给自己。

告诉自己："我能行！"

诗人、作家歌德说："人的一生中最重要的就是要树立远大的目标，并且以足够的才能和坚强的忍耐力来实现它。"

我们几乎随处都能见到这样的人，他们一生都做着简单而又平常的事，他们似乎也因此就满足了。但事实上他们完全有能力做一些更复杂的事，只是他们不相信自己能胜任。

假如人类没有创造世界和改进自身条件的雄心壮志，世界将会处在多么混沌的状态啊！

和为了实现雄心壮志而进行的持续努力相比，没有什么东西可以如此坚定人们的意志。它引导人们的思想进入更高的境界，把更加美好的事物带进人们的生命。

有什么比追寻生命价值更高尚的理想吗？在不同的文明下，人们的理想也不同。一个人或一个国家的理想与其现实条件和未来发展潜力是息息相关的。

每个人身上都有最优秀而独特的地方，这份优秀只属于你自己。而一个人成功与否，取决于他能否发现自己的优势，并全力将它发挥出来。只有了解自身的优势，最大限度地发挥自身的专长，才能让你登上人生的绚丽舞台。

因此，让我们大声地告诉自己："我能行！"

永远相信自己，无论你拥有怎样的雄心壮志，都要集中精力为之努力，而不要左顾右盼、意志不坚。不要给自己留畏缩

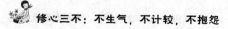

的退路，一心一意为了理想而奋斗。只有集中精力才能获得自己想要的成功。

在人的一生当中，总会遇到各种困难与挫折，在这种情况下，要勇敢地对自己说声"我能行"。

每个人都渴望成功，但是在成功路上总会充满荆棘，如果你放弃，那么你永远不会成功；如果你坚持，告诉自己能行，总有一天你会成功。

卡耐基说："要想成功，必须具备的条件是：以欲望提升自己，以毅力磨平高山，以及相信自己一定会成功。"永远相信自己，假如你真的能做到，那么你离成功已经不远了。

假若你的动力足够大，那么与之匹配的能力也将随之而至。在你面前如果有十分有吸引力的奖品在激励着你，那么，你一定可以变得更加敏捷，更加细致而勤奋，更加机智而思虑周全，而且会有更加稳健清晰的头脑，你也一定会获得更好的判断力和预见力。

第二章　建造一个正能量世界

当我们生气时，身边发生的事情，都将使我们更加不愉快。事实上，并非是那些发生的事件让我们更不愉快，或者说，与我们过不去，再或者，故意折磨我们。而是，我们内心不愉快，并把它投射到了身边发生的事件、人物之上。就如，我们用什么颜色的光照射到物件上面，那个物件就会变成相应的颜色，或者与之叠加的颜色。

不要陷进坏情绪的旋涡

很多人都有过这种体验：当身体的某个部位疼痛时，如果我们越是将注意力集中在疼痛部位，这种疼痛感会越强；而当我们将注意力移开，或与人聊天，或下棋，或读书，这种疼痛感就会减弱许多。

人的情绪之所以变坏，绝大多数情况下是有原因的，比如升迁受挫、失恋等。如果我们不将自己的注意力从这些引人不快的事件中转移出来，我们就容易在坏情绪中徘徊、深陷。

当你因不愉快的事而情绪不佳时，你不妨试试转移自己的注意力。

1. 积极参加社会性的交往活动，培养社交兴趣

人是社会的一员，必须生活在社会群体之中，一个人要逐渐学会理解和关心别人，一旦主动关爱别人的能力提高了，就会感到生活在充满爱的世界里。如果一个人有许多知心朋友，就可以取得更多的社会支持；更重要的是可以充分地感受到社会的安全感、信任感和激励感，从而增强生活、学习和工作的信心和力量，最大限度地减少心理的紧张和危机感。

一个离群索居、孤芳自赏、生活在社会群体之外的人，是不可能获得心理健康的。随着独门独户家庭的增多，使得家庭与社会的交流日渐减少，因此走出家庭，扩大社会交往显得更有实际意义。

如在工作中，管理者在处理事情时可以多找下属征求意见，同事之间也可互相讨论，集思广益，最终拿出一个有效可行的方案。这个方案因为已纳入所有工作者的智慧，每个人都会感受到自己存在的价值，因而可减少不必要的失落感。

2. 多找朋友倾诉，以疏泄郁闷情绪

在日常生活和工作中，我们难免会遇到令人不愉快和烦闷的事情，如果找个好友诉诉苦，那么压抑的心情就可能得到缓解，失去平衡的心理亦可得以恢复正常，并且能得到来自朋友的情感支持和理解，可获得新的思考，增强战胜困难的信心。

还可以通过郊游、爬山、游泳或在无人处高声叫喊、痛骂等办法消除不良情绪，或者去听听歌、跳跳舞，在引吭高歌和轻快旋转的舞步中忘却一切烦恼。

3. 重视家庭生活，营造一个温馨和谐的家

家庭可以说是整个生活的基础，温暖和谐的家是家庭成员快乐的源泉、事业成功的保证。孩子在幸福和睦的家庭中成长，有利于其人格的发展。

如果夫妻不和、经常吵架，将会极大地破坏家庭气氛，影响夫妻的感情及各自的心理健康，而且也会使孩子幼小的心灵受到伤害。可以说，不和谐的家庭经常制造心灵的不安与污染，对孩子的教育很不利。

理想的健康家庭模式，应该是所有成员都能轻松表达意见，相互讨论和协商，共同处理问题，相互供给情感上的支持，团结一致应对困难。每个人都应注重建立和维持一个和谐健全的家庭。社会可以说是个大家庭，一个人如果能很好地适应家庭中的人际关系，也就可以很好地在社会中生存。

学会给自己的情绪减压

有幅漫画，一位总经理模样的人正在训斥一名职员，职员无奈，便转而训斥他的下属；下属挺生气，回家后居然莫名其妙地把气撒在妻子身上；妻子气极，便把受到的委屈一股脑儿

地发泄在儿子身上，打了儿子一个耳光；儿子恼怒之际，居然飞起一脚踢向小狗，小狗疼得乱窜，发疯似的冲出门乱咬，结果正好咬着从这儿路过的总经理！

这虽然是一个虚构的情节，但需要我们注意的是，这里的职员训斥下属，下属训斥妻子，妻子打了儿子，儿子踢了小狗，便是人们所谓的"发泄"。

怒气是千万不能长期积压的，从心理学角度来讲，适度宣泄能够减轻或消除心理或精神上的疲劳，把怒气发泄出来比让它积郁在心里要好得多，这样做能够使你变得更加轻松愉快。

当水壶中的水沸腾时，蒸汽会由壶盖的孔不断冒出。压力锅盖上也有一个小孔，在气压达到一定程度时，蒸汽也由此孔泄出。泡茶的小茶壶盖上也有个小孔，热气亦由此排出。如果没有孔的话，热气就无法散出，里面的压力就会累积，水就会不断地由壶内向外溢出，而压力锅则有爆炸的可能。总而言之，热气与压力都必须适度地发散才可以。

这个原理其实与人的情绪一样。人的不良情绪一旦累积压抑得太久，就会爆发，其后果可能是无法挽回的。人的不少冲动，正是由于不良情绪累积太多，结果因为一件小事，一点就着。因此，学会给自己的情绪减压是减少冲动的办法之一。

那种故意压制自己情绪的人是非常危险的。他们不会发牢骚，总是面带微笑，对人和善，为他人着想，工作认真，经常为帮助他人而留下来加班。当别人问他体力是否可以时，他总是以笑脸回答"不用担心"。这其实是非常危险的，这种人就像热水壶盖上没有孔一样，不爆发则已，一爆发则"惊天动地"。

如果你认为自己的压力在不断累积，那就试着将不满、牢骚发泄出来吧。给自己的不良情绪找个孔，让身心更健康，让行为更理智。

适度的情绪发泄就像夏天的暴风雨一样，能够净化周围的空气；倾吐胸中的抑郁和苦衷，能缓解紧张情绪，降低冲动的可能性。发泄的方法很多，可以通过各种对话、民主生活会等发表意见，也可找知己谈心，或找心理医生咨询，或通过写文章、写信来表达情感。如不能奏效，干脆痛哭一场，哭是宣泄情绪的一个好方法。孩子遇到了伤心事，常常一哭了事。成年人，特别是男子，多以"男儿有泪不轻弹"自居，强忍悲痛而不流出眼泪。据有关资料表明，这种悲而不哭的情绪同男子患冠心病、胃溃疡、癌症的比例比女子的高有一定的关系。因为悲伤与恐惧等消极情绪会使体内某种有害激素含量过高而危害健康，而眼泪能帮助排泄一部分对健康有害的化学物质。

和被动的"发泄"不同，人如果有怨气，可以通过某种手段去解压，这就是将自己不良的情绪"宣泄"出来。如何"宣泄"，可谓是一门学问。这里介绍一些适度"宣泄"的方法，你不妨一试：

在生某人某事气之后，可利用你手中的笔，把这件事的发展经过全部记下来，尽情地一"书"而就，或者写一封言辞尖锐的书信，将对方痛骂一顿。然而你必须要记住，"信"可随意书写，但不可以寄发出去。美国第 16 任总统林肯就经常用此种方法来宣泄心中的怒气，他在外边受了别人的气，回到家里之后就写一封痛骂对方的信。家人在第二天要为他寄发这封"信"时，他却不让寄出去，其原因是："写信时，我已经出了气，又何必把它寄出去，从而惹是生非呢！"

还可以采取痛哭的方式宣泄。心理学家已经指出：痛哭也是一种自我心理的救护措施，能使不良情绪得以宣泄和分流，痛哭之后心情自然会比原来畅快许多。

利用"道具"宣泄也是一个有效的办法。这里所说的"道具"，指的是能够被用来排泄心中怒气之物。日本有一家大公司的总裁，很会让职员尽情地"发泄"，他定做了一个与他身材同样大小的橡胶塑像，让对自己有意见的职员可以对这个形态逼真的塑像尽情拳打脚踢，等"宣泄"够了，职员也消了气，恢复了心理平衡。生活中我们也可以借鉴此种方法，但要掌握好时间、场合和对象，否则将成为不正当的方法。

另外，体育锻炼能增加人对外界的适应力与抵抗力，在运动的过程中，心理会逐步地得到调节，在不知不觉中慢慢疏导了内心的不愉快。

消除你的情绪压力

对于每个人来说，压力是避免不了的，但情绪和态度是可以改变的。在各种压力中，情绪压力的"杀伤力"最大。情绪压力除了会导致各种疾病产生外，还是造成人思维短路的祸首之一。

下面介绍国外心理专家提出的消除情绪压力的方法：

（1）当你感到有情绪压力时，邀几个亲朋好友去一次聚餐，或去观赏一部电影。

（2）寻找最近自己在生活中处理成功的一件小事，给自己奖励，买一件礼物送给自己。

（3）分析压力产生的原因，找出排泄它的方法。

（4）找一个自己信任的人，开怀倾谈一次。

（5）在心里预想一下情绪压力演变的结果，做好充分的心理准备。

（6）如果是欲望或动机过高，每周要有一天用完全不同的兴趣点（例如打高尔夫球、画画、下棋、种花）来调节。

（7）自我的能力和精力不要极端地消耗，有时要懂得保存体力，否则只不过是背负一个"苦干家"的名声。

（8）要懂得创造性的休息方法，休息的种类、方式要丰富多样，不要单调。

（9）如压力已造成身体的不适（如心脏作痛、大量出汗、不眠、肠胃消化功能下降等），要认真对待，及早进行健康检查。

（10）在休闲时，进行体育活动，但一次活动的时间不宜过长，运动不要过猛，做到细水长流。

（11）将家庭生活、工作、社会交往等方面遇到压力的原因用一张小纸条写出，然后对每个压力想出三个不同的点子来应对，可以与友人和信赖的人商量。

（12）写"压力自传"。把自己所遭遇的压力，用日记、自传体的方式记录下来，自己保存，供以后参考。

（13）对自己要求不要过高，记住一首赞美诗中的七个字："只要一步就够好。"

（14）不要将所有重担和责任背负在自己一个人身上，要信赖他人，做到责任分担，学会同他人合作。

（15）勇于决断。错误的决断比不决断或犹豫不决要好。决断错误可以修正，不决断或犹豫不决会导致压力的产生，有损身心健康。

（16）不要为小事垂头丧气，不拘泥于琐碎之事。对琐碎之事过分担心，往往会被压力压垮。要有全局着眼、大处着手的气魄。

（17）要避免过于孤独，设法结识一些新朋友，认识一些新鲜事物，以保持精神上的平衡。

（18）有时候要自我吹嘘、自我陶醉、自我赞美一番，保持良好的自我感觉才能振奋精神。

（19）要有充分的睡眠时间，损失的睡眠时间要补足。

（20）不过分拘泥于成功。失败是成功之母，有意义、有经验的失败要比"简单的成功"获益更大。

（21）运用幽默、微笑来调节情绪，用自我催眠和深呼吸等方法来放松身心。任何时候都不要失去自信心。

增加建设性的心理能量

心理失衡的现象在现代竞争日益激烈的生活中时有发生。大凡遇到成绩不如意、高考落榜、竞聘落选、与家人争吵、被人误解讥讽等情况时，各种消极情绪就会在内心积累，从而使心理失去平衡。消极情绪占据内心的一部分，而由于惯性的作用使其越来越沉重，而未被占据的那部分却越变越轻。因而心理明显分裂成两个部分，沉者压抑，轻者浮躁，使人出现暴戾、轻率、偏颇和愚蠢等难以自抑的冲动行为。这虽然是心理积累的能量在自然宣泄，但是它的行为却具有破坏性。

这时我们需要的是"心理补偿"。纵观古今中外的强者，其成功之秘诀就包括善于调节心理的失衡状态，通过心理补偿逐渐恢复平衡，直至增加建设性的心理能量。

有人打了一个颇为形象的比方：人好似一架天平，左边是心理补偿功能，右边是消极情绪和心理压力。你能在多大程度上加重补偿功能的砝码而达到心理平衡，你就能在多大程度上拥有了时间和精力，信心百倍地去从事那些有待你完成的任务，并有充分的乐趣去享受人生。

那么，应该如何去加重自己心理补偿的砝码呢？

首先，要有正确的自我评价。情绪是伴随着人的自我评价与需求的满足状态而变化的。所以，人要学会随时正确评价自己。有的青少年就是由于自我评价得不到肯定，某些需求得不到满足，此时未能进行必要的反思，调整自我与客观之间的距离，因而心境始终处于郁闷或怨恨状态，甚至悲观厌世，最后走上绝路。由此可见，青年人一定要学会正确估量自己，对事情的期望值不能过高。当某些期望不能得到满足时，要善于劝慰和说服自己。生活中处处有遗憾，然而处处又有希望，希望安慰着遗憾，而遗憾又充实了希望。遗憾是生活中的"添加剂"，它为生活增添了动力，使人不安于现状，永远有进步和发展的余地。正如法国作家大仲马所说："人生是一串由无数小烦恼组成的念珠，达观的人是笑着数完这串念珠的。"没有遗憾的生活才是人生最大的遗憾。

为了能有自知之明，常常需要正确地对待他人的评价。因此，经常与别人交流思想，依靠友人的帮助，是求得心理补偿的有效手段。

其次，必须意识到你所遇到的烦恼是生活中难免的。心理补偿是建立在理智基础之上的。人都有七情六欲及各种感情，遇到不痛快的事自然不会麻木不仁。没有理智的人喜欢抱屈、发牢骚，到处辩解、诉苦，好像这样就能摆脱痛苦。其实往往是白费时间，现实还是现实。明智的人勇于承认现实，既不幻想挫折和苦恼会突然消失，也不追悔当初该如何如何，而是想到不顺心的事别人也常遇到，并非是老天跟你过不去。这样你就会减少心理压力，使自己尽快平静下来，客观地对事情做个分析，总结经验教训，积极寻求解决的办法。

再次，在挫折面前要适当用点"精神胜利法"，即所谓的"阿Q精神"，这有助于我们在逆境中进行心理补偿。例如，实验失败了，要想到失败乃成功之母；若被人误解或诽谤，不妨想想"在骂声中成长"的道理。

最后，在做心理补偿时也要注意，自我宽慰不等于放任自流和为错误辩解。一个真正的达观者，往往是对自己的缺点和错误最无情的批判者，是敢于严格要求自己的进取者，是乐于向自我挑战的人。

记住雨果的话吧："笑就是阳光，它能驱逐人们脸上的冬日。"

对恶意诋毁置之不理

身处社会之中，偶尔莫名其妙地挨两巴掌是难免的事，但是，挨了巴掌之后，要怎么反应，就是一门你我都需要学习的学问了。

明代人屠隆在《婆罗馆清言》中说过一段睿智话，意思是："一个人要实现自己的理想，要找到真理，纵然历经千难万险，也不要后退。奋斗的过程中，要用坚强的意志来支撑自己，忍受一切可能遇到的屈辱，只要坚持下去，就能取得成功。

屠隆的话告诫我们，当面临恶意诋毁时，你的态度应该是置之不理。

有些人对那些无中生有的诬蔑表现得异常激愤，反唇相讥甚至大打出手，其实那都是没有必要的。如果换一种角度来看，那些遭人诋毁的人反倒应觉得庆幸，因为正是你极具重要性，别人才会去关注、去议论、去诬蔑你。所以不要理会这些无聊的人，事实自会让流言不攻自破。

美国曾有一位年轻人，出身寒微，依靠自己的努力，在30岁时当上了全美有名的芝加哥大学的校长。这时各种攻击落到他的头上。有人对他的父亲说："看到报纸对你儿子的批评了吗？真令人震惊。"他父亲说："我看见了，真是尖酸刻薄。但请记住，没有人会踢一只死狗的。"

美国著名教育家卡耐基很赞美这句话，他说：不错，而且

— 31 —

越是具有重要性的"狗"，人们踢起来越感到心满意足。所以，当别人踢你、恶意地诋毁你时，那是因为他们想借此来提高自己的重要性。当你遭到诋毁时，通常意味着你已经获得成功，并且深受别人注意。

诋毁、诬蔑与攻击通常是变相的恭维，因为没有人会踢一只死狗。只有挂满果实的树才会招来石块，也是这个道理。

美国独立运动的奠基者、美国第一任总统华盛顿，也曾被人骂为"伪善者""骗子""比杀人凶手稍微好一点的人"。对于这些诬蔑，华盛顿毫不在意，事实证明他是美国历史上最具影响力的人物。

一个人若想坚持真理，想比别人做得更好一些时，遭到某些人的恶意攻击是不可避免的。对这一点，我们要有足够的思想准备，我们不能避免这种攻击，但我们能避免这种攻击干扰我们的心态。

一次，法国作家小仲马的一个朋友对他说："我在外面听到许多不利于你父亲大仲马的传言。"

小仲马摆出一副无所谓的样子回答："这种事情不必去管它。我的父亲很伟大，就像是一条波涛汹涌的大江。你想想看，如果有人对着江水小便，那根本无伤大雅，不是吗？"

听到别人的流言蜚语，再三客观地分析、判断之后，只要认为自己的做法合理、站得住脚，那么大可以坚持到底，不必理会。

美国前总统罗斯福的夫人艾丽诺曾受到许多批评，但她都能够泰然处之。她说："避免别人攻讦的唯一方法就是，你得像一只有价值的精美的瓷器，有风度地静立在架子上。"

教会人们怎样对待你

你感到经常受到压制，被人欺负吗？人们是怎样对待你的？你是不是觉得三番五次地被人利用和欺负？你是否觉得别人总占你的便宜或不尊重你的人格？人们在订计划的时候是否不征求你的意见？你是否发现自己常常在扮演违心的角色？你想改变这种处境吗？

美国大律师韦恩·戴尔指出："我在诉讼人和朋友们那儿最常听到的就是这些问题。他们从各种各样的角度感到自己是受害者，我的反应总是同样的，'是你自己教给别人这样对待你的'。"

中年妇女盖伊尔来找韦恩，因为她感到自己受到专横的丈夫冷酷无情的控制。她抱怨自己对丈夫的辱骂和操纵逆来顺受，她的三个孩子也没有一个对她表示尊重，她已经是走投无路了，感觉自己随时都会崩溃。她甚至时常有杀了丈夫或自杀的念头，而且这种念头日益强烈。火山正处于爆发的前夕。

盖伊尔对韦恩讲述了自己的身世。韦恩听到的是一个从小就容忍别人欺负的人的典型例子。从她性格形成的时期开始，直到结婚为止，她的行为一直受到她的极端霸道的父亲的监视。没想到她的丈夫"碰巧"也和她的父亲非常相像，因此婚姻又一次把她推入陷阱。

韦恩对盖伊尔指出，是她自己无意之中教会人们这样对待她的，这根本不是别人的过错。她那么多年来一直是忍气吞声，在一点一滴地往火药桶中装填火药，最终自己害了自己。她的任务应当是从自己身上而不是从周围环境来寻找解决问题的方法。盖伊尔的新态度就是设法向她的丈夫及孩子们表明：她不再受人摆布了。她丈夫最拿手的一个伎俩就是向她发脾气，对她表示嫌弃，特别是当孩子们或者其他的成年人在场的时候。过去她不愿意当众大吵一场，因此对丈夫的挑衅总是毫无办法。现在，她要完成的第一个任务，就是理直气壮地和丈夫抗争，然后拂袖而去；当孩子们对她表现出不尊重的时候，她坚决地要求他们对长辈要有礼貌。

在采取这种有效的态度几个月之后，盖伊尔高兴地向韦恩汇报：她的家庭对她的态度发生了很大的变化。盖伊尔通过切身经历了解到，的的确确是自己教会别人怎样对待自己的。

盖伊尔还懂得了，自己解放自己的关键，是用行动而不是用语言去教育人。这就证明，你表明决心的行动胜过千百万句深思熟虑的言辞。

韦恩指出："许多人以为斩钉截铁地说话意味着令人不快或蓄意冒犯，其实不然。它意味着大胆而自信地表明你的权利，或者声明你不容侵害的立场。"

下面是一些策略，盖伊尔式的人可以运用这些策略来告诉别人如何尊重自己。

1. 尽可能多地用行动而不是用言辞做出反应

如果在家里有什么人逃避自己的责任，而你通常的反应就是抱怨几句然后自己去做，下一次就要用行动来表示。如果应当是你的儿子去倒垃圾而他经常忘记，就提醒他一次。如果他置之不理，就给他一个期限。一次这样的教训，要比千言万语更能让他明白你所说的"职责"是什么意思。

2. 拒绝去做你最厌恶的，也未必是你的职责的事

两个星期不为别人收拾办公桌看看会发生什么情况。一般来说，办公室里一切杂事都由你干，仅仅是说明，你已经向别人表明你会毫无怨言地干这些活。

3. 斩钉截铁地说话

即使是在可能会显得有些唐突的场所，对蛮横无理的人也要以牙还牙，你必须在一段时期内克服你的胆怯心理。你必须心甘情愿地迈出这第一步，记住：千里之行始于足下。

4. 不再说那些招引别人欺负你的话

"我是无所谓的"，"我可能没什么能耐"，或者"我从来不懂那些法律方面的事"，诸如此类的推托之辞就像是为其他人利用你的弱点开了一扇门。当服务员合计你的账单时，如果你告诉他你对计算一窍不通，那你就是暗示他，你不会挑出什么"错儿"的。

5. 对盛气凌人者以牙还牙，冷静地指明他们的行为

当你碰到吹毛求疵的、好插嘴的、强词夺理的、夸夸其谈的、令人厌烦的以及其他类型的欺人者，冷静地指明他们的行为。记住，以牙还牙不是冲动性质的疯狂反击，而是有理有节的冷静对抗。你可以用诸如此类的话声明："你刚刚打断了我的

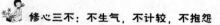

话"，或者"你埋怨的事永远也变不了"。这种策略是非常有效的教育方式，它告诉人们，他们的举止是不合情理的。你表现得越冷静，对那些试探你的人越是直言不讳，你处于软弱可欺的地位上的时间就越少。

6. 告诉人们，你有权去做自己愿意做的事

从繁忙的工作中或是热烈的场合中脱身休息一下是理所当然的，把你支配自己休息和娱乐的时间视为是无可非议的，这是不容他人侵犯的正当权益。

7. 敢于说"不"

摒弃那种支支吾吾的态度，它容易让人对你误解。和隐瞒自己真实感受绕圈子的话相比，人们更尊重那种毫不含糊的回绝。同时，你也会更加尊重你自己。

8. 胸怀坦荡

不要为人所动，并因此对自己所采取的果断态度感到内疚。如果有人对你做出受了委屈的表情，向你说好话，许给你好处或是表示生气时，你不要感到不好受。

一般来说，你过去已经教会他人怎样欺负你，对这样的人这种做法你是不大知道该如何反应的。在这种时候，你要站稳脚跟。

记住，是你教会人们怎样对待你的。如果你把这一条当作指导你生活的原则的话，你就能够自己解放自己，不会因为一再的逆来顺受导致火山爆发，毁灭一切。

第三章　放手过去，着手当下

> 生活本是简单，被我们弄得越来越复杂；生命本
> 是光明和谐，被我们弄得越来越纠结、拧巴而痛苦。
> 让生命变得简单而美好，我们只需要学会两件事，那
> 就是放手和着手——放手过去，着手当下。

今天是最容易把握的时刻

公元 79 年 8 月的一天，古罗马帝国最繁荣的城市之一庞贝城因维苏威火山爆发而在 18 小时之后消失。2000 年后，人们在重新发掘这座古城的时候，在一只银制饮杯上发现刻着这样一句话："尽情享受生活吧，明天是捉摸不定的。"

一个人活着，昨天已经成为历史，成为过去，只有通过回忆来感悟；明天尚是未来，只能通过憧憬来表达希望；而今天则是我们实实在在正在接受阳光沐浴和星辰照耀的时刻，是最容易被我们把握的时刻，是我们真真切切拥有的时刻，是决定我们事业成败关键的时刻，是我们创造幸福生活的时刻，是我

们不断耕耘不断收获的时刻，是人生最有意义的时刻。因此，一个人，只有活在今天，才是找到了实实在在的真我，才能体验人生的意义，实现人生的价值。

任何一个人，都站在两个永恒的交会点上——永远逝去的过去和无穷无尽的未来。我们不可能生活在两个永恒之中，即使是一秒钟也不可以，那样会毁掉我们的身心。既然如此，就让我们为生活在这一刻而感到满足吧。

昨天不过是一场梦，明天只是一个幻影，今天才是生命的源泉，才是最值得我们珍视的。生活在今天，能让昨天变成快乐的梦，明天变成有希望的幻影。让我们把过去和未来隔断，生活在完全独立的今天吧！

生命是不可能倒转的。早在两千多年前的孔子，面对大河，说了一句"逝者如斯夫，不舍昼夜"，发出了生命一去不可返的无奈感叹。我们为什么不趁自己活在今天的时候，好好享受今天，好好奖励一番自己呢？

一个人如果不能很好地把握现在，就不可能创造光辉灿烂的未来，所以，对任何人来说，现在才是最重要的，没有了现在就没有过去和未来。把握现在就等于把握了未来，在没有经历太多的人世沧桑，没有遭遇太多的坎坷时，很多人会感觉自己只是芸芸众生中一个普通的存在。我们会羡慕他人的出色与成功，追求更好的生活，放弃原有的安稳和幸福。当曾经的理想希望，曾经的豪情壮志，都似那河流中礁石的棱角，经历岁月的冲刷变得不再锋利而愈加平滑时，当自己不再有能力追求时，或许连原有的安逸都失去了。

所有值得怀念的或是不值得怀念的日子，就这么像流水一样一天天地过去。尽管不似平平淡淡一杯白开水，却也未曾有过轰轰烈烈。然而，总有一些不被料到的安排一次次地改变了我们，好多的现在从我们指尖悄悄滑落，成为无可奈何的过去。我们之所以还这么平凡甚至平庸，我们之所以还这么郁闷甚至困苦，是因为我们没有很好地把握现在。

先哲无意间在古罗马城的废墟发现了一尊"双面神"神像，于是问："请问尊神，你为什么一个头，两副面孔呢？"

双面神回答："因为这样才能一面察看过去，以记取教训；一面瞻望未来，以给人憧憬。"

"可是，你为何不注视最有意义的现在？"先哲问。

"现在？"双面神茫然。

先哲说："过去是现在的逝去，未来是现在的延续，你既然无视现在，即使对过去了若指掌，对未来洞察先机，又有什么意义呢？"

双面神听了，突然号啕大哭起来。原来他就是没有把握住现在，罗马城才被敌人攻陷，他因此被视为敝屣，遭人丢弃在废墟中。

现在是最重要的，现在是存在的本质。我们只能拥有转瞬即逝的现在。有人总是回忆过去或把希望寄托在未来，而不重视现在最应该做什么。一切都从现在做起，把握住现在才是人生成功的关键。

把握现在，是很多成功者用双脚开辟出来的真理，是许多失败者用心血凝聚的教训。把握现在，就是不必为无可挽回的过去而懊丧，也不必为了遥不可及的未来而想入非非。过去无论自己怎么辉煌怎么灿烂，也已像流星一样滑进无边的黑暗之中。未来是不可预测的，并且是以今天为起点的，所以我们能够切切实实地把握的只有现在，把握现在就等于踏上了成功的征程，也等于为未来奠定了基础。

其实无论做什么事情，只要从现在开始就无所谓太早或太迟，从一个行动开始，只要坚持下去必定会有收获。就像播下什么样的种子就会收获什么样的果实一样，只要我们从现在开始播下一个行动，把过去的收获和未来的憧憬连接起来，就会得到一生的充实！

你能把握的只有"此时此刻"

直面现实，关注目前才是最重要的。那些不敢面对现实、在现实面前做逃兵的人，过的将是一辈子平庸的生活。

自从福鼎·克多隆有记忆起，文字就一直是他的克星。小时候上学，他总觉得书上的字母东跳西跳，永远也捉不到字母的读音。那时没人知道这叫阅读困难症。事实上，福鼎的左脑无法像正常人一样将文字之类的符号有次序地排列。

可怜的福鼎，他不敢开口告诉自己的老师自己面临多么大的难题。一年年熬过小学，又凭着在篮球场上的神勇表现进入了中学、大学。大学里，他还是对阅读怕得要命。为了混文凭，他到处打听哪一门课最容易通过。每堂课后，他一定立刻将在课堂上画的涂鸦给撕掉，免得有人跟他借笔记。

28岁那年，他贷款2500美元买了第二栋房子，加以装修后出租。后来，他的房子越买越多，生意愈做愈大，经过几年的经营，他已跻身百万富翁的行列。但没人注意到这位百万富翁总是去拉门把上写着"推"的门；而在进入公厕前，他一定会迟疑片刻，看有男士进出的门是哪一个。1982 年经济不景气，他的生意一落千丈，每天都有人要对他提出起诉或是没收抵押物。他唯恐会被提去证人席，接受法官的质询："福鼎·克多隆，你真的不识字吗?"

再这样逃避下去，福鼎的精神就要崩溃了。他要对自己、对所有人摊牌了。1986 年的秋季，48 岁的福鼎做了两个破天荒的决定。首先他拿自己的房子做贷款抵押，然后，他鼓起勇气走进市立图书馆，告诉成人教育班的负责人："我想学识字。"教育班安排了一位 65 岁的祖母当福鼎的指导老师。她一个一个字母地耐心教导他，14 个月后，他公司的营运状况开始好转，而他的识字能力也大有进步。

他后来在圣地亚哥的某个场合里公开自己曾经是文盲的事实。这项告白跌破了与会的 200 名商界人士的眼镜。为了贡献自己的一份心力，他加入了圣地亚哥识字推广委员会，开始到全国各地发表演说。"不识字是一种心灵上的残障。"他大声疾呼，"指责他人只是徒然浪费时间，我们应该积极教导有阅读障碍的朋友。"

福鼎现在一拿到书本或杂志，或是见到路标，便会大声朗读——只要妻子不嫌他吵。他甚至觉得读书的声音可以比歌声更美妙。有一天他突然灵光一现，兴冲冲地到储存室翻出一个沾满灰尘的盒子，里面有一沓用丝带绑着的信笺——没错，经过 25 年，他终于能看懂妻子当年写的情书了！

福鼎应该当之无愧地被称为"强者"。尽管有过彷徨和逃避，他还是鼓起勇气直面自己所处的环境。而弱者却总是逃避问题，想尽一切办法把自己封闭起来。其实，一味地逃避问题只会让问题变得越来越糟糕，以至于最后会真的无法控制。

不要逃避问题，不要低估问题，当然也不要低估你解决问题的能力。遇到问题很正常，就像千千万万的人也会遇到问题一样。首先你要对问题真正了解，这样你才谈得上发挥自己的潜力来解决问题。而要了解问题，就不能逃避。

回避现实往往导致对未来的理想化。你可能会觉得，在今后生活中的某一时刻，由于一个奇迹般的转变，你将万事如意，获得幸福。然而，当那一时刻真的到来时，却十分令人失望，它永远没有你所想象得那么美好。因为在回避现实的消极心态的阴影下，生活依然如故。

事实上，我们每天的进步都是明日梦想的阶梯。担当起每天的责任，认真地过好每一天，我们的梦想才有意义。梦想对于每一个人，都是一个可以触及的事物。不同的是，积极心态者用今日的行动把梦想变成目标，而悲观消极的人则把梦想当作逃脱责任的托词。

除了空想未来，怀旧也是对现实的一种逃避，说明我们对自己没有信心，兀自停留在想象中的美好之中。我们不敢正视现实，不敢担当责任，害怕竞争，恐惧失败。我们总是习惯性地用逃避来应付每一个问题，从来不考虑直接负责任的方式。

成功的人总是能够看到今日的责任和明天的希望，从不把过多的精力消耗在怀念过去"美好时光"的事情上，也不会去追悔过去的错误和失败，或者幻想将来的种种舒适与自由。道理很简单——你所唯一拥有和把握的，只有"此时此刻"。

努力的今天，才是改变的关键

从清晨睁开眼的时候起，我们都要学着对自己说："今天是最好的一天！"要用全身心的爱迎接今天。不管昨天发生了什么事，都已成为过去，无法改变。不必为昨日遗憾，带着昨天的烦恼生活，只会让自己负重前行。纠正犯过的错误，积累奔向明天的力量，努力的今天，才是改变的关键。要告诫自己"不要让昨天的烦恼影响到今天的好心情，一切从现在开始吧！用最美的心情来迎接最值得珍惜的今天"。

只为今天，我要很快乐。假如林肯所说的"大部分的人只要下定决心都能很快乐"这句话是对的，那么快乐是来自内心，而不是依存于外在的。

只为今天，我要让自己适应一切，而不去尝试让一切来适应我的欲望。我要以这种态度接受我的家庭、我的事业和我的运气。

只为今天，我要爱护我的身体。我要多多运动，善加照顾、珍惜我的身体，使它能成为我争取成功的基础。

只为今天，我要加强我的思想。我要学一些有用的东西，我不要做一个胡思乱想的人。我要看一些需要思考及集中精力才能看的书。

只为今天，我要用三件事来锻炼我的体魄：我要为别人做一件好事，但不要让人家知道；我还要做两件平常并不想做的事……这就像威廉·詹姆斯所建议的，只是为了锻炼。

只为今天，我要做个让人喜欢的人，要修饰外表：衣着要得体，说话轻声，举止优雅。对任何事情都不挑毛病，也不会看不起别人或教训别人。

只为今天，我要试着考虑怎么渡过今天，而不是把我一生的问题一次解决。因为，我虽然能连续 12 个小时做同一件事，但若要我长久下去，是不可能的。

只为今天，我要订出一个计划。我要写下每个小时该做些什么事，也许我不会完全照着做，但还是要仔细拟订这个计划，这样至少可以免除两个缺点——过分仓促和犹豫不决。

只为今天，我要让自己安静半个小时，轻松一下。在这半个小时里，我要想到我的生命充满希望。

只为今天，我要心中毫无恐惧。我要去欣赏美的一切，去爱，去相信我爱的那些人也会爱我。

漫漫人生路，有谁能说自己是踏着一路鲜花，一路阳光走过来的？又有谁能够放言自己以后不会再遭到挫折和打击？如果因为一时的受挫就轻易地退出"战场"，半途而废，到头来懊悔的只能是你自己；如果总是因为害怕失败而丢掉前行的勇气，就永远不会追求到心中的梦想，正如歌中所唱的，阳光总是在风雨之后……

对于受挫于起点，失意于前段的人，命运会赐予他一件最妙的补偿，那就是从哪里跌倒，就从哪里爬起来，使他带着现实的态度，以现实的稳健步伐走下去，去履行自己的人生，去实现自身的价值。生命的好处，也正是在这个时候才像春天吐芽一般，一点一点地显露出来。人生的魅力，在于时时可以从痛苦的阴冷角落里启程，走向花明晴光的远途，走向没有遗憾的未来。即使千帆过尽，还有满载希冀的第1001艘船，只要心中的梦歌不灭，就不会被孤独地抛在岸边。不论在哪里，蒙受失败，都有机会从容整理行装，然后再欣然启程，这就是幸福的根蒂，也是你我永生的财富。

滴水足以穿石。你每一天的努力，即使只是一个小动作，持之以恒，都将是明日成功的基础。所有的努力，所有一点一滴的耕耘，在时光的沙漏里滴逝后，萃取而出的成果将是掷地有声，众人艳羡的"成功之果"。

你不是随意来到这个世界上的。你生来应为高山，而非草芥。从今往后，你要竭尽全力成为群峰之巅，将你的潜能发挥到最大限度。人生之光荣，不在永不失败，而在能屡仆屡起。对每次跌倒而立刻站起来、每次坠地反像皮球一样跳得更高的人，是无所谓失败的。人生是一条没有尽头的路，不要留恋逝去的梦，把命运掌握在自己手中，艰难前行的人生途中，就会充满希望和成功！

生命的奖赏远在旅途终点，而非起点附近。我不知道要走多少步才能到达终点，踏上第一千步的时候，仍然可能遭到失败。但成功就藏在拐角后面，除非拐了弯，我永远不知道还有多远。再前进一步，如果没有用，就再向前一点。事实上，每次进步一点点并不太难。从今往后，我承认每天的奋斗就像对参天大树的一次砍击，头几刀可能了无痕迹。每一击看似微不足道，然而，累积起来，巨树终会倒下。这恰如我今天的努力。

忘掉过去，才能重新启航

计较过去，只会增加无数难挨的长夜。既然一切都过去了，就要放过去过去，放自己过去。收嗔怨，不纠缠，不计较，只为把每一个夜晚轻轻翻到黎明。强大的人，朝着有亮光的方向走。更强大的人，自己生成光亮。人的一生由无数的片段组成，而这些片段可以是连续的，也可以是风马牛毫无关联的。说人生是连续的片段，无非是人的一生平平淡淡、无波无澜，周而复始地过着循环往复的日子；说人生是不相干的片段，因为人生的每一次经历都属于过去，在下一秒我们可以重新开始，可以忘掉过去的不幸，忘掉过去不如意的自己。

在雨果不朽的名著《悲惨世界》里，主人公冉·阿让本是一个勤劳、正直、善良的人，但穷困潦倒，度日艰难。为了不让家人挨饿，迫于无奈，他偷了一个面包，被当场抓获，判定为"贼"，锒铛入狱。

出狱后，他到处找不到工作，饱受世俗的冷落与耻笑。从此他真的成了一个贼，顺手牵羊，偷鸡摸狗。警察一直都在追捕他，想方设法要拿到他犯罪的证据，把他再次送进监狱，他却一次又一次逃脱了。

在一个风雪交加的夜晚，他饥寒交迫，昏倒在路上，被一个好心的神父救起。神父把他带回教堂，但他却在神父睡着后，把神父房间里的所有银器席卷一空。因为他已认定自己是坏人，就应干坏事。不料，在逃跑途中，被警察逮个正着，这次可谓人赃俱获。

当警察押着冉·阿让到教堂，让神父辨认失窃物品时，冉·阿让绝望地想："完了，这一辈子只能在监狱里度过了！"谁知神父却温和地对警察说："这些银器是我送给他的。他走得太急，还有一件更名贵的银烛台忘了拿，我这就去取来！"

冉·阿让的心灵受到了巨大的震撼。警察走后，神父对冉·阿让说："过去的就让它过去，重新开始吧！"

从此，冉·阿让洗心革面，重新做人。他搬到一个新地方，努力工作，积极上进。后来，他成功了，毕生都在救济穷人，做了大量对社会有益的事情。

冉·阿让正是由于摆脱了过去的束缚，才能重新开始生活，重新定位自己。

人们也常说，"好汉不提当年勇"，同样，当年的辉煌仅能代表我们过去，而不代表现在。面对过去的辉煌也好，失意也罢，太放在心上就会成为一种负担，容易让人形成一种思维定式，结果往往令曾经辉煌过的人不思进取，而那些曾经失败过的人依然沉沦、堕落。然而这种状态并非是一成不变的。

有一天，有位大学教授特地向日本明治时代著名禅师南隐问禅，南隐只是以茶相待，却不说禅。

他将茶水注入这位来客的杯子，直到杯满，还是继续注入。这位教授眼睁睁地望着茶水不停地溢出杯外，再也不能沉默下去了，终于说道："已经溢出来了，不要再倒了！"

"你就像这只杯子一样。"南隐答道，"里面装满了你自己的看法和想法。你不先把你自己的杯子空掉，叫我如何对你说禅呢?"

人生就是如此，只有把自己"茶杯中的水"倒掉，才能让人生倒入新的"茶水"。

生命的过程如同一次旅行，如果把每一个阶段的成败得失全都扛在肩上，今后的路只能是越走越窄，直至死角末路。忘掉过去，才能重新启航!

每一天都应该是进步的

"人生就是该人一日中所想的事情的呈现"，稍微再深入思考这句话的意思，就会悟到这是相当正确的。

该人一日中所想的事情是指一日24小时的思考状态，也就是从早上起床去公司上班，到结束工作、回家上床睡觉为止全部的心理状态。因此这段时间，不论你想到了什么，怎样行动，对你的心灵都大有影响。

更具体些的是对总是爱抱怨的人应提出下列的问题：

"是不是光会抱怨和说别人的坏话呢?"

"是不是光看见别人的缺点呢?"

"是不是对有钱的朋友嫉妒憎恨呢?"

"是不是对公司有不平或不满呢?"

"是不是一直憎恨合不来的上司呢?"

"是不是下意识地希望同事遭遇失败或不幸呢?"

这样问过他们后，大部分的人都会点头："好像有道理!"

所谓的积极思考并不是只有一时性的正面思考，因为人生是由许多个一天组成的，在某种意义上，一天就是一生的缩影。过好每一天的人，其实就已过好了一生！

人生中，每一天都应该是进步的。

人生不可能一步到位，不要想一下子实现理想，先试着在短时间内从比较容易达到并符合个人能力的愿望开始。但有一点是必须特别注意的，那就是完成这个理想后，不要老是想着"只要这样子就好了"，而应朝更高一级的目标继续前进。

有人在实现了符合个人当时能力的愿望后就此满足，不再有更高远的目标。有了这样的想法，迟早有一天会陷入后悔的窘境中。怎么说呢？因为光想着维持现状，不知不觉热情就消失得无影无踪，失去积极的斗志。

在一家大公司宣传部当科长的 T 先生，自孩提时代就热爱绘画，一直怀揣成为画家或设计师的梦想。然而在 10 岁时，父亲生意失败，负债累累，他不得不在中学毕业后打工赚钱。

进了公司 3 年后，他的命运出现转机。当时在工厂有一个关于安全活动的提案在征召人才，T 先生运用他所擅长的绘画能力去应征，结果脱颖而出折桂而归。而隔年机会又一次来临，T 先生的公司决定展开大型销售宣传活动，以销售员身份奔波于大电器行的他，用绘画才能制作漫画、附插图的户外广告宣传、附插图的电器用品说明书大为成功，并得到销售冠军的佳绩。

销售员必须每日提出报表，通常只要写出销售状况和实际成绩就行，但 T 先生不只如此，他特别买了照相机，拍下户外广告、传单和装饰得热闹非凡的店面照片，和报表一起送出。

诸如此类一连串的工作情形，给人事部留下深刻印象："那个叫T的公司职员是个挺有趣的家伙呢！虽没什么学历但擅长出点子，干脆把他挖到宣传部来。"终于，他被挖到宣传部，成功地做了自己一直以来心仪已久的宣传设计工作。

让我们用一个每天能带来快乐而富有建设性的计划来为我们的快乐而奋斗吧！如果我们能够照着做，我们就能消除大部分的负面情绪。

抖落包袱，轻装上阵

在谈到成功秘诀时，威廉·奥斯勒博士说要生活在"一个完全独立的今天"里。

威廉·奥斯勒博士对那些耶鲁的学生说："你们每一个人的机制都要比那条大海轮精美得多，而且要走的航程也遥远得多。我想奉劝诸位：你们也应该学会控制自己的一切。只有活在一个'完全独立的今天'中，才能在航行中确保安全。在驾驶舱中，你会发现那些大隔舱都各有用处。按下一个按钮，注意观察你生活中的每一个侧面，用铁门把过去隔断——隔断那些已经逝去的昨天；按下另一个按组，用铁门把未来也隔断——隔断那些尚未诞生的明天。埋葬已经逝去的过去，切断那些会把智力障碍者引上死亡之路的昨天……明天的重担加上昨天的重担，必将成为今天的最大障碍。要把未来像过去那样紧紧地关在门外……未来就在于今天……从来不存在明天，人类得到拯救的日子就在现在。精力的浪费、精神的苦闷，都会紧紧伴随一个为未来担忧的人……"集中所有的智慧，所有的热诚，把今天的工作做得尽善尽美，这就是你迎接未来的最好方法。

当你在悔恨昨天和担忧明天的时候，"此时"已经悄悄地从你身边溜过了。所以请起身，狠狠地跺跺脚，抖落掉粘连在你身上任何阻碍你前进的想法和包袱，让自己轻装上阵吧。别忘了，要做好自己，不必去在乎别人的眼光和评价。

人生就是由无数的小烦恼和小挫折串成的念珠，豁达的人在数念珠时总是带着笑容。面对不如意的时候，拿一杯葡萄酒对着太阳看看，前途总是玫瑰色的，没有比这更可爱的了。生命太短了，不要因为小事而烦恼。

郁闷，是一个人忧郁寡欢的一种消极情绪表现。一个人长期忧郁寡欢可能导致悲观失望，情绪低落，缺少乐趣，缺乏活力，有的甚至会整日里自责自咎，严重的会产生轻生的念头。

每个心智健全的人都可能烦恼，而且是各式各样的意想不到的烦恼。在人生漫长的旅途中，还会遇到工作、学习和生活各个领域的形形色色的烦恼。正常的人不会无缘无故地烦恼，所以，当你觉得郁闷又来袭时，问问自己："我为什么郁郁寡欢呢？"

每个人的一生都不是一帆风顺的，"天有不测风云，人有旦夕祸福"。有时生活中的挫折，工作上的不如意会让一个人烦恼不堪，尤其是当这个人很少经历失败时，一个小小的挫折也会让他情绪低落，顿生忧虑烦恼，宛如乌云见阳光。

对生活、工作的厌倦，也是一个人易忧郁的原因。当人们无法从"工作单调乏味，生活一成不变，每天都是前一天的重复而产生忧郁的心理"中解脱出来时，烦恼就产生了，并不断膨胀，直到占据整个内心。

一些缺少目标的人也易产生烦恼。生活方向发生改变，生活重心失去了平衡，找不到自己的位置，于是在失望的黑暗中迷失了方向，内心只留下了伤痛与烦闷。

还有一些烦恼是自找的，人们总是因为今天的不完整而为明天忧虑，寻找不必要的烦恼。如果一个人忙碌地做一件事，他是不会感到烦恼的，也可以说他没有时间去顾及烦恼。

忧愁、烦闷可以使一些有才华的人沦为失败者，它们摧残意志不坚强者，削弱他们还没有完全成熟的自信心。因此，可以说忧虑的心理是一副极为有害的心理腐蚀剂。

烦恼的最佳"解毒剂"就是运动。若发现自己有了解不开的烦恼，就让运动来把它挥散出去。这些活动可以是跑步，可以是打球，也可以到野外散散心，欣赏欣赏奇美绝妙的大自然。总之，适当的活动能使我们精神振奋，忘记悲伤，恢复信心。

另外，我们不要回避可能使人烦恼的事情，要正视烦恼并平心静气地去考虑，积极努力地去解决。对所能预料的事，做好思想准备，以饱满的热情和充分的信心去迎接它。

如果做不成一个事事看得开的智者，却想让不如意不会找到自己头上，那么，就多结交一些开朗的朋友，尝试做一个乐观的现实主义者，做一个坚强的人，当不如意找到你时也能坦然面对，把它打倒。

中　篇

不计较：人生总有得失

第一章　遇事糊涂的处世智慧

为人处世中，人与人之间不免会产生些摩擦，引起些烦恼，如若斤斤计较、患得患失，往往越想越气，这样很不利于身心健康。如做到遇事糊涂些，自然烦恼会少很多。生活中，有的人很聪明，但办事却处处受阻，有的人在事业上能够勇往直前，而在人际关系的问题上却疲于应付。往往他们缺少的不是能力，而是缺一点"该糊涂时糊涂"的人生智慧。

"难得糊涂"是一剂良药

吕蒙正在宋太宗、宋真宗时三次任宰相。他为人处世有一个特点：不喜欢把人家的过失记在心里。他刚任宰相不久，上朝时，有一个官员在帘子后面指着他对别人说："这个无名小子也配当宰相吗？"吕蒙正假装没有听见，就走了过去。

有些官员为吕蒙正感到愤愤不平，要求查问这个人的名字和担任什么官职，吕蒙正急忙阻止了他们。

退朝以后，有个官员的心情还是平静不下来，后悔当时没有及时查问清楚。吕蒙正却对他说：如果一旦知道了他的姓名，那么我可能一辈子都忘不掉。还不如不去计较，不去查问他，这对我有什么损失呢？

当时的人听了，都佩服他气量恢宏。

清朝画家郑板桥有一方闲章，曰"难得糊涂"，这四个字一经刻出，便立刻成了很多人津津乐道的座右铭，仿佛有许多人生的玄机一下子从这四个字里折射出了哲学的光辉。

人生在世，智总觉短、计总觉穷，纷纷扰扰、热热闹闹在眼前，又有几人能看清？常言道：不如意事总八九，可与人言无二三。天地间，立人处事，总有许多盘盘曲曲、枝枝节节，即便胸中有万丈光芒，托出来也不过就是那丁点儿亮。于是，俯仰之间，总觉得被拘着、束着、挤着、磨着，好比那郑板桥，硬着头皮做官，却屡屡遭贬、被逐，无奈掷印辞官，弹掉几两乌纱，自抓一身搔痒，自讨几分糊涂下酒，于是，身心俱轻。正是：行到水穷处，坐起看云时。此一糊涂，人生境界顿开，先前舍不下的成了笔底烟云；先前弄不懂的成了淋漓墨迹。因此，你不得不承认糊涂是一种智慧，犹似雾里看花、水中望月，径取朦胧掩眼，而心成闲云。

有一则外国寓言说，在科罗拉多州长山的山坡上，竖着一棵大树的残躯，它已有400多年历史。在它漫长的生命里，被闪电击中过14次，无数的狂风暴雨袭击过它，它都岿然不动。最后，一小队甲虫却使它倒在了地上。这个森林巨人，岁月不曾使它枯萎，闪电不曾将它击倒，狂风暴雨不曾使它屈服，可是，却在一些可以用手指轻轻捏死的小甲虫持续不断的攻击下，最终倒下了。

这则寓言告诉我们，人们要提防小事的攻击，要竭力减少无谓的烦恼，要"糊涂"，否则，小烦恼有时候是足以让一个人毁灭的。我们活在世上只有短短的几十年，不要浪费许多无法补回的时间，去为那些很快就会被所有人忘了的小事烦恼。生命太短促了，在这一类问题上糊涂一些吧，不要再为小事垂头丧气。

"难得糊涂"是一剂良药，直切人生命脉。按方服药，即可贯通人生境界。所谓一通则百通，不但除去了心中的滞障，还可临风吟唱、拈花微笑、衣袂飘香。

外形"圆活"，内心"方正"

东晋的元老重臣王导，晚年耽于声色，不理政事，手下人怨声四起，说他老迈无用，而王导自言自语道："人言我愦愦，后人当思此愦愦。"意思是说，现在社会上的人说我昏愦无能，然而后代人将会因我现在的昏愦无能而感激我。此话怎讲？

原来五胡乱世之后，大批北方人移居到南方，既给南方带来了先进的生产技术，也带来了秩序上的混乱。东晋立国之初，政局极为混乱，皇帝被权臣走马灯似的换下，王导曾被皇帝戏邀共登龙床，幸好他聪明，赶快谢绝。

其时，权臣之间互相倾轧，士族与庶族之间互不通婚，互不往来，士族子子孙孙享受高官厚禄，庶族世代居下，两个阶层矛盾极深。北方人南下，势必要侵扰南方人的利益，形成南北之争，加之北方胡人时来侵扰，民心甚为不安。这一切对王导来说，简直就是剪不断，理还乱，甚至是越理越乱。因为只要他偏袒任何一方，都可能引起双方的争斗，从而影响到政局的稳定。只见他稳坐本位，无为而治，做和事佬。争斗的双方势力此消彼长后，政局也就稳定下来了。他死后，东晋的生产恢复起来，有了一定的中兴气象。难怪后代史家都评论此人是个聪明官！

孙子说："混混沌沌形圆，而不可败也。"

人际交往中也存在着"形"的问题，要懂得"形"的作用，外圆而内方。圆，是为了减少阻力，是方法，是立世之本，是实质。

船体，为什么不是方形而总是圆弧形的呢？那是为了减少阻力，更快地驶向彼岸。人生就像大海，交际中处处有风险，时时有阻力。我们是与所有的阻力较量，拼个你死我活，还是积极地排除万难，去争取最后的胜利？

生活是这样告诉我们的：事事计较者，哪怕壮志凌云，聪明绝顶，如果不懂"形圆"，缺乏驾驭感情的意志，往往会焦头烂额，一败涂地。

威名赫赫的蜀国名将关羽，就是一个典型的例子。

若说关羽的武功盖世超群，没有人会质疑。"温酒斩华雄"，"过五关斩六将""单刀赴会"等，都是他的英雄写照。但他最终却败在一个被其视为"孺子"的吴国将领之手。究其原因，是他不懂"形圆"。除了刘备、张飞等极个别的铁哥们之外，其他人都不放在眼里。他一开始就排斥诸葛亮，是刘备把他说服；继而排斥黄忠；后来又和部下糜芳、傅士仁不和。他最大的错误是和自己国家的盟友东吴闹翻，破坏了蜀国"北拒曹操，东和孙权"的基本国策。在与东吴的多次外交斗争中，凭着一身虎胆、好马快刀，从不把东吴人包括孙权放在眼里，不但公开提出荆州应为蜀国所有，还对孙权等人进行人格污辱，称其子为"犬子"，使吴蜀关系不断激化。最后，东吴一个偷袭，使关羽地失人亡。

《菜根谭》中说："建功立业者，多虚圆之士"。意思是建大功立大业的人，大多都是能谦虚圆活的人。

北宋名栩富弼年轻时，曾遇到过这样一件事，有人告诉他："某某骂你。"富弼说："恐怕是骂别人吧。"这人又说："叫着你的名字骂的，怎么是骂别人呢？"富弼说："恐怕是骂与我同名字的人吧。"

后来，那位骂他的人听到此事后，自己惭愧得不得了。明明被人骂却认为与自己毫无关系，并使对手自动"投降"，这可说是"形圆"之极致了。富弼后来能当上宰相，恐怕与他这种高超的"形圆"处世艺术很有关系。但富弼又绝不是那种是非不分，明哲保身的人，他出使契丹时，不畏威逼，拒绝割地的要求。在任枢密副使时，与范仲淹等大臣极力主张改革朝政，因此遭谤，一度被摘去了"乌纱帽"。

在现实生活中，每个人都会面临许多人际间的矛盾，如何处理呢？

富弼为我们树立了一个很好的榜样，就是做人既要外形"圆活"，心胸豁达，与人为善；又要内心"方正"，坚持原则，维护自己的独立人格。

虚己无我，与世无争

虚——天地之大，以无为心；圣人虽大，以虚为主。有道是虚己待人就能接受人，虚己接物就能容纳万物，虚己用世就能圆融于世。只有先虚己，才能承受百实，化解百怨。虚己是处世求存的良策之一，人能虚己无我，就能与人无争、与物无争，而不争反能亲近于人抚育万物。如水润万物，不争而全得，不争之争，方为上策。

虚而不实、不争，才不致受外物迷惑引诱，才能坚守内心的真我，保持本色的风格。虚己能随时培养自己的机息，处处保留回旋的余地，任凭纷争无限，皆可全身而存。

"虚"能不骄不娇，接受万事万物的挑战，从中汲取有益的养分以滋养自身，充盈自我。虚怀若谷，就是不自负，不自满，不粘不滞，不武断，学习他人之长，反省自己之短，如此他人才会乐意助你，也就是说成功已不远矣。

老子说："道是看不见的虚体，宽虚无物，但它的作用却无穷无尽，不可估量。它是那样深沉，好像是万物的主宰。它磨掉了自己的锐气，不露锋芒，解脱了纷乱烦扰，隐蔽了自身的光芒，把自己混同于尘俗。它是那样深沉而无形无象，好像存在，又好像不存在。"老子又说："圣人治理天下，是使人们头脑简单、纯朴，填满他们的肚腹，削弱他们的意志，增强他们的健康体魄。尽力使心灵的虚寂达到极点，使生活清静、坚守不变，使万物都一齐蓬勃生长，从而考察它们往复的道理。"这些都说明了静虚的大作用。从道家的观念看来，他们处世，贵在"以虚无为根本，以柔弱为实用。随着时间的推移，因顺万物的变化"。

虚，就能容纳万事万物，无就能生长，就能变化；柔就不刚而能圆融，弱就不争胜而可持守。随同时间的推移，能不断地变化而自省，顺应万物，和谐相宜。虚己待人就能接受他人，虚己接物就能容纳万物，虚己用世就能转圜于世，虚己用天下就能包容天下。

虚己的能量，大的方面足以容纳世界，小的方面也能保全自身。虚戒极、戒盈，极而能虚就不会倾斜，盈而能虚就不会外溢。

身处高位而倚仗权势，足以引来杀身之祸。胡惟庸、石亨就是这样。有士才而不谦虚，足以引来杀身之祸，卢柟、徐渭就是这样。积财而不散，足以招杀身之祸，沈季、徐百万就是这样。恃才妄为，足以招杀身之祸，林章、陆成秀就是这样。异端横议，足以招杀身之祸，李贽、达观就是这样。反之，就能免除祸殃。这些人的后果都是不能虚己造成的。

鲲鹏歇息六个月后，振翅高飞，能扶摇直上九万里。所以说知足不会受辱，知止没有危险。贵极征贱，贱极征贵，凡事都是如此。到了最极端而不可再增加，势必反轻。居在局内的人，应经常保留回旋的余地。伸缩进退自如，就是处世的好方法。

能够虚己的人，自然能处处保留回旋的余地，不仅能全身，而且还可以培养自己的度量。

　　虚己处世，求功不可占尽，求名不可享尽，求利不可得尽，求事不可做尽。如果自己感觉到处处不如人，便要处处谦下揖让；自己感觉到处处不自足，便要处处恬退无争。

　　历史记载：东汉时期建初元年（公元76年），肃宗即位，尊立马后为太后，准备对几位舅舅封爵位，太后不答应。第二年夏季大旱灾，很多人都说是不封外戚的原因。太后下诏谕说："凡是说及这件事的人，都是想献媚于我，以便得到福禄。从前王氏五侯，同时受封，黄雾四起，也没有听说有及时雨来回应。先帝慎防舅氏，不准在重要的位置，怎么能以我马氏来对比阴氏呢？"太后始终坚决不同意。

　　肃宗反复看诏书，很是悲叹，便再请求太后。太后回道："我曾经观察过富贵的人家，禄位重叠，好比结实的树木，它的根必然受到伤害。而且人之所以希望封侯，是想上求祭祀，下求温饱。现在祭祀则受四方的珍品，饮食就受到皇府中的赏赐，这还不满足吗？还想得到封侯吗？"

　　这不仅是马后能居高思倾，居安思危，处己以虚，持而不盈，而且还能使各位舅氏处于"虚而不满"之中，以避免后来的嫉妒与倾败的远见。在这段话中，还能看到她公正无私、识大体的胸怀。

　　才在于内，用在于外；贤在于内，做在于外；有在于内，无在于外。这就是以虚为大实，以无为大有，以不用为大用的道理。人们取实，我独取虚；人们取有，我独取无；人们都争上，我独争下；人们都争有用，我独争无用。这是道家处世的妙理。争取的是小得、小有、小用，不争的才是大得、大有、大用。

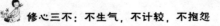

所以庄子说："山上的树木长大了，自然用来做燃料；肉桂能食，所以遭到砍伐；胶漆有益，所以受到割取；人们都知道有用的作用，而不知道无用的作用。"所以我们不要以精神去寻求利益，不要以才能去寻求事业，不要以私去害公，不要以自己去连累他人，不要以学问去穷究知识，不要以死劳累生。

河蚌因珍珠珍贵稀少而受伤害，狐狸因皮毛珍贵而被猎取。有弘泄之心的人，应该隐藏起意愿而不刻意彰显，把有形隐藏到无形之中，把自有隐藏到虚无之中，做到如古人所说"大直若屈，大巧若拙，大辩若讷"的境界，才能体会到虚己的妙用。

做人不能太较真

孟子认为，君子之所以异于常人，便是在于其能时时自我反省。即使受到他人的不合理的对待，也必定先躬省自身，自问是否做到仁的境界？是否欠缺礼？否则别人为何如此对待自己呢？等到自我反省的结果合乎仁也合乎礼了，而对方强横的态度却仍然未改，那么，君子又必须反问自己：我一定还有不够真诚的地方。再反省的结果是自己没有不够真诚的地方，而对方强横的态度依然故我，君子这时才感慨地说："他不过是个荒诞的人罢了。这种人和禽兽又有何差别呢？对于禽兽根本不需要斤斤计较。"

每个人都生活在社会中，有人的地方自然会有矛盾。有了分歧不知怎么办，很多人就喜欢争吵，非论个是非曲直不可。其实这种做法很不明智，吵架既伤和气又伤感情，不值。不如大事化小，小事化了。俗话说家和万事兴，推而广之，人和也万事兴。人际交往中切不可太认死理，装装糊涂于己于人都有利。

事实上，按照一般常情，任何人都不会把过去的记忆像流水一般地抛掉。就某些方面来讲，人们有时会有执念很深的事件，甚至会终生不忘，当然，这仍然属于正常之举。谁都知道，怨恨会随时随地有所回报，所以，为了避免招致别人的怨愤或者少得罪人，一个人行事需小心在意。《老子》中据此提出了"报怨以德"的思想，孔子也曾提出类似的话来教育弟子，其含义均是叫人处事时心胸要豁达，以君子般的坦然姿态应付一切。

《庄子》中对如何不与别人发生冲突也做过阐述。有一次，有一个人去拜访老子。到了老子家中，看到室内凌乱不堪，他很吃惊，于是，他大声咒骂了一通扬长而去。翌日，又回来向老子道歉。老子淡然地说："你好像很在意智者的概念，其实对我来讲，这是毫无意义的。所以，如果昨天你说我是马的话我也会承认的。因为别人既然这么认为，一定有他的根据，假如我顶撞回去，他一定会骂得更厉害。这就是我从来不去反驳别人的缘故。"

从这则故事中可以得到如下启示：在现实生活中，当双方发生矛盾或冲突时，对于别人的批评，除了虚心接受之外，还要做到毫不在意。人与人之间发生矛盾的时候太多了，因此，一定要心胸豁达，有涵养，不要为了不值得的小事去得罪别人。

而且生活中常有一些人喜欢论人短长，在背后说三道四，如果听到有人这样谈论自己，完全不必理睬这种人。只要自己能自由自在按自己的方式生活，又何必在意别人说些什么呢？

做人固然不能玩世不恭，游戏人生，但也不能太较真，认死理。"水至清则无鱼，人至察则无友"，太认真了，就会对什么都看不惯，连一个朋友都容不下，把自己同社会隔绝开。镜子很平，但在高倍放大镜下，就成了凹凸不平的山峦；肉眼看很干净的东西，拿到显微镜下，满目都是细菌。试想，如果我们"戴"着放大镜、显微镜生活，恐怕连饭都不敢吃了。再用放大镜去看别人的毛病，恐怕许多人都会被看成罪不可恕、无可救药的了。

人非圣贤，孰能无过。与人相处就要互相谅解，经常以"不计较"自勉，求大同存小异，能容人，你就会有许多朋友，且左右逢源，诸事遂愿；相反，过分挑剔，"明察秋毫"，眼里不揉半粒沙子，什么鸡毛蒜皮的小事都要论个是非曲直，容不得人，人家也会躲你远远的，最后，你只能关起门来当"孤家寡人"，成为使人避之唯恐不及的异己之徒。古今中外，凡是能成大事的人都具有一种优秀的品质，就是能容人所不能容，忍人所不能忍，善于求大同，存小异，团结大多数人。他们具有宽阔的胸怀，豁达而不拘小节；大处着眼而不会鼠目寸光；从不斤斤计较，纠缠于非原则的琐事，所以他们才能成大事、立大业，使自己成为不平凡的人。

但是，如果要求一个人真正做到不较真、能容人，也不是简单的事，首先需要有良好的修养、善解人意的思维方式，并且需要经常从对方的角度设身处地地考虑和处理问题，多一些体谅和理解，就会多一些宽容，多一些和谐，多一些友谊。比如，有些人一旦做了官，便容不得下属出半点毛病，动辄横眉立目，发怒斥责，属下畏之如虎，时间久了，必积怨成仇。许多工作并不是你一人所能包揽的，何必因一点点毛病便与人怄气呢？可如若调换一下位置，站在挨训人的立场，也许就会了解这种急躁情绪之弊端了。

有位同事总抱怨他们家附近小店卖酱油的售货员态度不好，像谁欠了她巨款似的。后来同事的妻子打听到了女售货员的身世，她因丈夫有外遇离了婚，老母亲瘫痪在床，上小学的女儿患哮喘病，每月只能开四五百元工资，一家人住在一间15平方米的平房。难怪她一天到晚愁眉不展。这位同事从此再不计较她的态度了，甚至还建议大家都帮她一把，为她做些力所能及的事。

在公共场所遇到不顺心的事，实在不值得生气。有时素不相识的人冒犯你，其中肯定是另有原因，不知哪些烦心事使他此时情绪恶劣，行为失控，正巧让你赶上了，只要不是恶语伤人、侮辱人格，我们就应宽大为怀，不以为然，或以柔克刚，晓之以理。总之，没有必要与这个原本与你无仇无怨的人瞪着眼睛较劲。假如较起真来，大动肝火，枪对枪、刀对刀地干起来，再酿出个什么严重后果来，那就太划不来了。与萍水相逢的陌路人较真，实在不是聪明人做的事。假如对方没有文化，与其较真就等于把自己降低到对方的水平，很没面子。另外，从某种意义上说，对方的触犯是发泄和转嫁他心中的痛苦，虽说我们没有义务分摊他的痛苦，但却可以以你的宽容去帮助他，使你无形之中做了件善事。这样一想，也就会容忍他了。

人生有许多事不能太认真，太较劲。特别涉及人际关系，错综复杂，盘根错节。太认真，不是扯着胳臂，就是动了筋骨，越搞越复杂，越搅越乱乎。顺其自然，装一次糊涂，不丧失原则和人格；或为了公众为了长远，哪怕暂时忍一忍，受点委屈也值得，心中有数（树），就不是荒山。

健忘人生也是一种幸福

很多人为记忆而活着。记忆就像一本独特的书，内容越翻越多，而且描述越来越清晰，越读就会越沉迷。但是，也有很多人是为健忘而活着的，过去的一切事情对他来说都是过眼烟云和耳边风，不计较过去，不眷恋历史，不归还旧账，只顾眼前的现在。

健忘人生未尝不是一种幸福。因为人生并不像期望的那么充满诗情画意，那么快乐自在。人生中有许多苦痛和悲哀、令人厌恶和心碎的东西，如果把这些东西都储存在记忆之中的话，人生必定越来越沉重，越来越悲观。实际上的情景也正是这样。当一个人回忆往事的时候就会发现，在人的一生中，美好快乐的体验往往只是瞬间，占据很小的一部分，而大部分时间则伴随着失望、忧郁和不满足。

人生既然如此，健忘有什么不好呢？它能够使我们忘掉幽怨，忘掉伤心事，减轻我们的心理重负，净化我们的思想意识；可以把我们从记忆的苦海中解脱出来，忘记我们的悔恨，利利索索地做人和享受生活。

那么，我们在生活中要学会忘记什么呢？一要忘记仇恨。一个人如果在头脑中种下仇恨的种子，夜里梦里总是想着怎么报仇，他的一生可能都不会得到安宁。二要忘记忧愁。多愁善感的人，他的心情长期处于压抑之中而得不到释放。愁伤心，忧伤肺，忧愁的结果必然多疾病。《红楼梦》里的林黛玉不就是如此吗？在我们生活中，忧愁并不能解决任何问题。三要忘记悲伤。生离死别，的确让人伤心。黑发人送白发人，固然伤心；白发人送黑发人，更叫人肝肠欲断。一个人如果长时间地沉浸在悲伤之中，对于身体健康是有很大影响的。与忧愁一样，悲伤也不能解决任何问题，只是给自己、给他人徒添烦恼。逝者长已矣，存者且偷生。理智的做法是应当学会忘记悲伤，尽快走出悲伤，为了他人，也为了自己。

"人生不满百，常怀千岁忧"，有何快乐可言？生活中有些是需要忘记的。在生活中会"健忘"的人才活得潇洒自如。当然，在生活中真的健忘，丢三落四，绝非乐事。我们说学会"健忘"，是说该忘记时不妨"忘记"一下，该糊涂时不妨"糊涂"一下。

"小事糊涂" 有益家庭和睦

清官难断家务事，在家里更不要较真，否则你就愚不可及。老婆孩子之间哪有什么原则、立场的大是大非问题，都是一家人，何以要用"异己分子"的眼光看问题，分出个对和错来，又有什么意思呢？

人在社会上充当着各种各样的角色，恪尽职守的国家公务员、精明体面的职员、商人，还有教师、工人；一回到家里，脱去西装革履，也就是脱掉了你所扮演的这一角色的"行头"，即社会对这一角色的规范和要求，还原了你的本来面目，使你可以轻松愉悦地享受天伦之乐。假若你在家里还跟在社会上一样认真、一样循规蹈矩，每说一句话、做一件事还要考虑对错、妥否，顾忌影响、后果，掂量再三，那不仅可笑，也太累了。

我们的头脑一定要清楚，在家里你就是丈夫、是妻子、是父母。所以，处理家庭琐事要采取"糊涂"政策，安抚为主，大事化小，小事化了，不妨和和稀泥，当个笑口常开的和事佬。

具体说来，做丈夫的要宽厚，在钱物方面睁一只眼，闭一只眼，越马马虎虎越得人心。妻子对娘家偏点心眼，是人之常情，你不往心里去，那才能显出男子汉宽宏大量的风度。妻子对丈夫的懒惰等种种难以容忍的毛病，也应采取宽容的态度，切忌唠叨起来没完，嫌他这、嫌他那，也不要在丈夫偶尔回来晚了或有女士来电话时，就给脸色看，鼻子不是鼻子脸不是脸地审个没完。看得越紧，逆反心理越强。索性不管，让他潇洒去，看他有多大本事，外面的情感世界也自会给他教训。只要你是个自信心强、有性格有魅力的女人，丈夫再花心思，也不会与你隔断心肠。就怕你对丈夫太"认真"了，让他感到是戴着枷锁过日子，进而对你产生厌倦，那才会发生真正的危机。家庭是避风的港湾，应该是温馨和谐的，千万别把它演变成充满火药味的战场，狼烟四起，鸡飞狗跳，关键就看你怎么去把握了。

唐代宗时，郭子仪在扫平"安史之乱"中战功显赫，成为复兴唐室的元勋。因此，唐代宗十分敬重他，并且将女儿升平公主嫁给郭子仪的儿子郭暖为妻。这小两口都自恃有老子做后台，互相不服软，因此免不了口角。

有一天，小两口因为一点小事拌起嘴来，郭暖看见妻子摆出一副臭架子，根本不把他这个丈夫放在眼里，愤懑不平地说："你有什么了不起的，就仗着你老子是皇上！实话告诉你吧，你爸爸的江山是我父亲打败了安禄山才保全的，我父亲因为瞧不起皇帝的宝座，所以才没当这个皇帝。"在封建社会，皇帝唯我独尊，任何人想当皇帝，就可能遭满门抄斩的大祸。升平公主听到郭暖敢出此狂言，感到一下子找到了出气的机会和把柄，立刻奔回宫中，向唐代宗汇报了丈夫刚才这番图谋造反的话。她满以为，父皇会因此重惩郭暖，替她出口气。

唐代宗听完女儿的汇报，不动声色地说："你是个孩子，有许多事你还不懂得。我告诉你吧：你丈夫说的都是实情。天下是你公公郭子仪保全下来的，如果你公公想当皇帝，早就当上了，天下也早就不是咱李家所有了。"并且对女儿劝慰一番，叫女儿不要抓住丈夫的一句话，乱扣"谋反"的大帽子，小两口要和和气气地过口子。在父皇的耐心劝解下，公主消了气，自动回到郭家。

这件事很快叫郭子仪听到了，可把他吓坏了。他觉得，小两口打架不要紧，儿子口出狂言，几近谋反，这着实叫他恼火万分。郭子仪即刻令人把郭暖捆绑起来，并迅速到宫中见皇上，要求皇上治罪。可是，唐代宗却和颜悦色，一点也没有怪罪的意思，还劝慰说："小两口吵嘴，话说得过分点，咱们当老人的不要认真了。有句俗话'不痴不聋，不为家翁'，儿女们在闺房里讲的话，怎好当起真来？咱们做老人的听了，就把自己当成聋子和瞎子，装作没听见就行了。"听到老亲家这番合情合理的话，郭子仪的心就像一块石头落了地，顿时感到轻松，眼见得一场大祸化作了芥蒂小事。

虽然如此，为了教训郭暖的胡说八道，回到家后，郭子仪将儿子重打了几十杖。

小两口关起门来吵嘴，在气头上，可能什么激烈的言辞都会冒出来。如果句句较真，就将家无宁日。唐代宗用"老人应当装聋作哑"来对待小夫妻吵嘴，不因女婿讲了一句近似谋反的话而无限上纲，化灾祸为欢乐，使小两口重归于好。有些事情，你非要硬去较真，就会愈加麻烦，相反你若装痴作聋，来他个"难得糊涂""无为而治"，也许会有满意的结果。

当然，在家庭生活中，不能一味地糊涂，该明白的时候，也要明白。像丈夫对妻子的关心，如果在一些小事、小的细节表现出来，妻子会感到温暖、满足。比如，妻子下班回到家，丈夫递上一双拖鞋，或者说一句"辛苦啦"，都会使妻子感到心里暖烘烘的。就像卡耐基说过这样一句话："大多数的男人，忽略在日常的小地方上表示体贴。他们不知道，爱的失去，都在小小的地方。"所以，在维护夫妻感情的事情上，无论大事还是小事都不应糊涂。

再有，"小事糊涂"绝非事事糊涂，处处糊涂。若在大是大非面前不分青红皂白，不讲原则，那就真成糊涂虫了。比如，一方道德败坏，作风腐败，或者违法犯罪就不要一味迁就，该拿起法律的武器依法维护自身权利的时候，坚决不能手软。

　　总之，"小事糊涂"益健康，有益家庭和睦。在夫妻之间糊涂一点，大度一点就会使夫妻关系更和谐。糊涂的女人是幸福的女人，同样，糊涂的男人也是幸福的男人。

第二章　心胸豁达，心性淡泊

人生在世，宛若浮萍，淡泊与随缘是豁达的一种表现形式。名利是身外之物，面对名利，我们要做到处之泰然，不惊不喜；失之淡然，不悲不怒。顺其自然，不过度、不强求、不忘形。拥有豁达的胸怀，便能拥有洒脱的人生。

赢得广阔的心灵空间

富贵功名、荣枯得丧，人间惊见白头；风花雪月、诗酒琴书，世外喜逢青眼。人间世外，繁华枯零，尽置于眼前，功名利禄得失恩怨斤斤计较没完，转瞬已经生命无多，还不如淡然一些，轻鞠一捧明月在手，清亮自己这一生的心境。

如何看待荣辱？什么样的人生观自然会有什么样的荣辱观，荣辱观是人生观的重要体现。有人以出身显赫作为自己的荣辱，公侯伯子男，讲究某某"世家"，某某"后裔"。在商品经济社会里，荣辱则以钱财多寡为标准。所谓"财大气粗""有钱能使

鬼推磨""有钱任性，没钱认命"等俗话，正是揭示了以钱财划
分荣辱的标准。现实生活中人们的荣辱观确实在金钱诱惑下发
生了变异、动摇、失落。还有一种是"以貌取人"，把一个人的
容貌长相、穿着作为划分荣辱的标准。

以家世、钱财、容貌来划分荣辱毁誉的人，尽管具体标准
不同，但其着眼点，思想方法都是一致的。他们都是以纯客观
的外在条件出发，并把这些看成是永恒不变的财富，而忽视了
主观的、内在的、可变的因素，导致了极端的、片面的错误，
结果吃亏的是自己。

在荣辱问题上，能做到"宠辱不惊、去留无意"，这才叫潇
洒自如、顺其自然。一个人凭自己的努力实干，靠自己的聪明
才智获得荣誉、奖赏、爱戴、夸耀时，仍然应该保持清醒的头
脑，有自知之明，切莫受宠若惊，飘飘然，自觉豪光万道，所
谓"给点亮光就觉得灿烂"。

宠辱不惊，当如阮籍所云"布衣可终身，宠禄岂可赖"。一
切都不过是过眼烟云，荣誉已成为过去，不值得夸耀，更不足
以留恋。有一种人，也肯于辛勤耕耘，但却经不住玫瑰花的诱
惑，有了点荣誉、地位就沾沾自喜，飘飘欲仙，甚至以此为资
本，争这要那，不能自持。更有些人"一人得道，鸡犬升天"，
居官自傲，横行乡里，他活着就是为了不让别人过得好。这些
人是被名誉地位冲昏了头脑，忘乎所以了。

日本有一个白隐禅师，他的故事在世界各地广为流传。故
事讲的是：有一对夫妇，在住处的附近开了一家食品店，家里
有一个漂亮的女儿。无意间，夫妇俩发现女儿的肚子无缘无故
地大起来。这使得她的父母异常震怒。在父母的一再逼问下，

她终于吞吞吐吐地说出"白隐"两个字。

她的父母怒不可遏地去找白隐理论，但这位大师对此不置可否，只若无其事地答道。"就是这样吗"孩子生下来就被送给白隐。此时，他虽已名誉扫地，但他并不以为然，只是非常细心地照顾孩子——他向邻居乞求婴儿所需的奶水和其他用品，虽不免横遭白眼，冷嘲热讽，但他总是能处之泰然，仿佛他是受托抚育别人的孩子一样。

事隔一年之后，这位未婚的妈妈，终于不忍心再欺瞒下去了。她老老实实地向父母吐露真情：孩子的生父是在鱼市工作的一名青年。她的父母立即将她带到白隐那里，向他道歉，请求他的原谅，并将孩子带回。白隐仍然是淡然如水，他只是在交回孩子的时候，轻声说道："就是这样吗？"仿佛不曾有什么事发生过；即使有，也只像微风吹过耳畔，霎时即逝。

白隐为了给邻居的女儿以生存的机会和空间，代人受过，牺牲了为自己洗刷清白的机会，虽然受到人们的冷嘲热讽，但是他始终处之泰然。"就是这样吗"这平平淡淡的一句话，就是对"宠辱不惊"最好的解释，反映了白隐的修养之高，道德之美。

人生无坦途，在漫长的道路上，谁都难免要遇上厄运和不幸。人类科学史上的巨人爱因斯坦，在报考瑞士联邦工艺学校时，竟因三科不及格落榜，被人耻笑为"低能儿"。小泽征尔这位被誉为"东方卡拉扬"的日本著名指挥家，在初出茅庐的一次指挥演出中，曾被中途"轰"下场来，紧接着又被解聘。为什么厄运没有摧垮他们？因为他们始终把荣辱看作是人生的轨迹，是人生的一种磨炼，假如他们对当时的厄运和耻笑不能泰然处之，也许就没有日后绚丽多彩的人生。

19世纪中叶美国有个叫菲尔德的实业家，他率领工程人员，要用海底电缆把欧美两个大陆连接起来。为此，他成为美国当时最受尊敬的人，被誉为"两个世界的统一者"。在举行盛大的接通典礼上，刚被接通的电缆传送信号突然中断，人们的欢呼声立刻变为愤怒的狂涛，都骂他是"骗子""白痴"。可是菲尔德对于这些毁誉只是淡淡地一笑，不做解释，只管埋头苦干，经过多年的努力，最终通过海底电缆架起了欧美大陆之桥。在庆典会上，他没上贵宾台，只远远地站在人群中观看。

菲尔德不仅是"两个世界的统一者"，而且是一个理性的胜利者，当他遭遇到常人难以忍受的厄运时，通过自我心理调节，做出正确的抉择，从而在实际行动上显示出强烈的意志力和自持力，这就是一种理性的自我完善。

世上有许多事情的确是难以预料的，成功伴着失败，失败伴着成功，人本来就是失败与成功的统一体。人的一生，有如簇簇繁花，既有火红耀眼之时，也有暗淡萧条之日，面对成功或荣誉，要像菲尔德那样，不要狂喜，也不要盛气凌人，而是要把功名利禄看轻些，看淡些；面对挫折或失败，要像爱因斯坦、小泽征尔那样，不要忧悲，也不要自暴自弃，而是要把厄运羞辱看淡些，看开些。这样就不会像《儒林外史》里的范进，中了举惹出祸端。范进一心想中举出名，可是几次考试都名落孙山，他饱受各种冷眼，连岳父也看不起他。他发奋学习，后来终于中了举人，然而由于狂喜过度，一口痰上不来，倒地昏厥，变成了疯子。

人既要能经受住成功的喜悦，也要有战胜失败的勇气，成功了要时时记住，世上的任何成功和荣誉，都依赖周围的其他因素，绝非你一个人的功劳。失败了不要一蹶不振，只要奋斗了，拼搏了，就可以问心无愧地对自己说："天空没有留下我的痕迹，但我已飞过。"这样就会拥有一个广阔的心灵空间，得而不喜，失而不忧，才能在人生的旅途中把握自我，超越自己。

只要知足，就有快乐

杭州西子湖畔虎跑寺内一个不很起眼的地方，有一副对联："事能知足心常惬，人到无求品自高。"这是已故弘一法师李叔同先生的遗墨。凡是了解李叔同先生的人都知道，无论从家境、才学、阅历上看，还是拿爱国之情、志向之取、进取心来比，叔同先生都不会亚于当时或现代的大多数人。然而恰恰是这样一个热血男儿，认认真真地写下了这样一副对联留诸后世，这便使人不得不冷静下来认真想一想这副对联的深刻内涵。

人的知足表现在，从生活的任何状况中都能发现值得为之快乐的东西，就仿佛儿童在海滩拾贝，无论捡到什么样的贝都是欣喜的，哪怕一无所获，也不会失望，因为能够自由自在地在大海边游玩，这本身就是一种不是人人都能享受到的快乐。我们经常可以看到许多生活艰苦的人却笑口常开，而且一般的情况常常越是艰苦越是感到知足。

其实，人的知足也是一种处世的艺术，它小半出于无奈，大半则根源于精神世界的充实丰富以及应付人生世事的自如圆熟。中国人懂得，知足或不知足，都不是生活的主要目的；人生的目的当是寻求生活的快乐，当一个人无法改变现有生活时，他除了接受以外，还能有更明智的选择吗？一个人有着此种想法，所以在顺境里固然能优哉游哉，即使在逆境中也能够安之若素。人生常常是无奈的，有时候会被迫置身于极不情愿的生活境遇里，甚至会落到万念俱灰的地步，但是一旦他想到自己好歹还拥有一个可爱的人生，便又可知足地微笑起来。"留得五湖明月在，不怕无处下金钩""留得青山在，不怕无柴烧"等格言讲的就是这个道理。

孔子游泰山，遇到一位不知何许人者，鹿裘带索，鼓琴而歌，孔子见而问："先生何乐也?"对曰："天生万物，人为贵，吾得为人，一乐也；男女有别，男为尊，吾得为男，二乐也；人生有不见日月、不免襁褓者，吾行年七十矣，三乐也；贫者士之常，死者人之终，居常以俟终，何不乐也?"

知足是人在深刻理解生活本质之后的明智选择。人的欲望是永无止境的，俗话说："猛兽易伏，人心难降；骆壑易填，人心难满。"但生活所能提供的欲望的满足却总是有限的。因此在现实生活中，"足"是相对的、暂时的，而"不足"则是绝对的、永恒的。假如一个人处处以"足"为目标不懈追求，那么他所得到的将是永远的不足；如果一个人以"不足"为生活的事实予以理解和接纳，那么他对生活的感受反倒处处是足的。人的处世艺术正是表现在足与不足的调和平衡之中。知不足，所以知足；不知不足，所以不知足；知不足，可以知足；不知足，便总是不足。由此可见，知足就是一个人自觉协调人心欲望与实现条件两者关系的过程。用什么来协调？用"知足"来协调。足不足是物性的，而知不知则是人性的。以人性驾驭物性，便是知足；以物性牵制人性，就是不知足。足不足在物，非人力所能勉强；知不知在我，非多少所能左右。

不知足是本然的、合情的，仿佛骑手信马由缰，毫不费力。相反知足是自觉的、顽强的、坚毅的和难能可贵的。当你步行在街道上看到一辆辆擦身而过的漂亮轿车时，当你身居斗室望着窗外一幢幢摩天大楼时，因羡慕、嫉妒而起的不知足，无须吹灰之力便不招而至了。而要摆脱这些情绪的纠缠，今晚依然知足地卧床酣睡，明早照样知足地挤车上班，却是很不容易的。可见，不知足者根本没有资格嘲笑不凡的知足者。在嘲笑别人之余，倒是应该想一想自己为物所役的浅薄、空虚和浮躁。正如程子所说："人为外物所动者，只是浅。"

知足者当然不是无所希冀、无所追求。谁不爱吃山珍海味，谁不喜欢汽车洋房，但现实终归是现实。眼热解决不了问题，伤感也无济于事，在万般无奈之时，唯一可以保持的是这份知足的快乐。知足是相对的，即使是知足者也会有许多不足的时候。我们不必担心知足会使人懒惰、消极，因为人心不足永远是铁一样的事实。如果说知足者常乐，那么在生活中就没有一个真正常乐的人，可见完全知足的人是没有的，就像没有完全不知足的人一样。

"知足"说时容易做时难。因为知足难，所以知足常乐才称得上是一种艺术。足与不足，都是比较的结果。一谈到比较，几乎人人都知道一句话："比上不足，比下有余。"生活可以有四种"比较"的方法，"比上"与"比下"是其中的两种，"比己"，即自己跟自己比是一种，还有一种就是"不比之比"，不跟任何人比较，也算是一种"比较"。这四种"比较"相应地产生四种知足的境界，下面我们就来分而述之。

"比上"自然是不足，这似乎不必多言，因为我们大家都可能尝过这种苦涩的滋味。"比下"当然有余，这是人们一般常用的知足艺术，很简单，但在生活中运用起来却几乎是百试百灵的。

从前有一个人不小心丢失了一双新买的金缕鞋，为此他闷在家里茶不思、饭不想地难过了好几天。

这天他强打精神到街上闲逛，无意中看到一个只有一条腿的瘸子，正拄着拐杖兴高采烈地与人聊天。蓦然之间，他幡然醒悟：失去一条腿的人尚能如此快活，我丢失了一双鞋又算得了什么呢？

想到这里，顿觉心胸爽朗，淤积数天的不快霎时烟消云散。生活是公平的，它毫不吝惜地把大大小小的幸福赐给众人，但也从来不让其中的任何人独占鳌头，免得他过于狂妄；生活也毫不留情地把各种各样的灾难带给人们，却极少把其中的任何人推到绝境，这就是人们常常爱说的"天无绝人之路"。一个人不管遭受何种痛苦境遇，比上不足，比下也还有余，只要知足，就有快乐——当人失意的时候，都会这样想。

"比下"虽然比"比上"更能知足常乐，但是与"比上"一样，"比下"终归要与别人相比，与人相比总有点受制于人的感觉，而且常常免不了"人比人，气死人"。为了避免这种情形出现，最好不要拿自己与别人相比，不管是比上还是比下。如果一定要比，倒不如自己与自己比。怎么比呢？

修心三不：不生气，不计较，不抱怨

随便遇到什么事，只要倒过来看就可以了。

从前，一位老婆婆有两个儿子，大儿子是卖伞的，小儿子是卖鞋的。每当下雨的时候，老婆婆便很伤心，因为小儿子的布鞋会因下雨而缺少主顾；但天晴的时候，老婆婆还是很难过，因为大儿子的雨伞会因天晴而卖不出去。

老婆婆就是这样晴也伤心，雨也难过，直到有一天一位行者对老婆婆说："你把这件事情倒过来想想不行吗？雨天的时候，你大儿子必然生意兴隆；天晴的时候，你小儿子肯定顾客盈门，这样一来，不管天晴还是下雨，你都可以快乐了。"

生活有时候需要倒过来看待，譬如当你的酒只剩下半瓶的时候，别老是抱怨："只剩下半瓶了！"而应该想想："还有半瓶呢！"有一句禅诗叫作"千江有水千江月，万里无云万里天"，任何事都可以从它本身发现知足快乐的源泉，问题是你从什么角度去看。

知足虽然常常通过比较而生，但凡是通过比较而生的知足都不是最高境界的知足。所谓最高境界的知足，在中国人看来，乃是一种源于内在精神的充实完满，是一个人精神世界的沛然自足。大智若愚的先哲老子称此为"知足之足"，并教诲后人说："知足之足常足矣！"当一个人拿到一串葡萄，如果他从大到小一颗一颗吃下去，往往会越吃越不知足；如果他从小到大一颗颗吃下去，便会越吃越知足；但一个"知足之足"的人吃葡萄，根本就不会想到葡萄的大小，这样的知足才是真正的知足。

— 80 —

糊涂人生提倡的宗旨

　　你是否常常会觉得做人辛苦、处世艰难？其实，这些辛苦与艰难，大多是来自于你个人。人本是人，根本就不必刻意去做人；世本是世，也无须精心去处世——这是糊涂人生提倡的宗旨。

　　宋代禅宗大师青原行思认为参禅的三重境界：参禅之初，看山是山，看水是水；禅有悟时，看山不是山，看水不是水；禅中彻悟，看山仍然是山，看水仍然是水。人之一生，其实也经历着参禅的三重境界。

　　第一重：看山是山，看水是水。涉世之初，人们都单纯得很，就像小孩般天真。人家告诉他这是山，他就认识了山；告诉他这是水，他就认识了水。凡看到的、听到的，以为都是真的。这时候的人是快乐的。

　　不少人在人生的第二重境界里走完一生的旅程。他们追求一生，劳碌一生，心高气傲一生，最后要么没有达到自己的理想，要么达到理想后发现那并不是自己想象中的美好。但少数人悟到了人生第三重境界：看山是山，看水是水。他们在人生的历练中，对世事、对自己的追求有了一个清晰的认识，认识到"世事一场大梦，人生几度秋凉"，知道自己追求的是什么，要放弃的是什么。人这个时候便会专心致志做自己应该做的事情，不与旁人有任何计较。任你红尘滚滚，我自清风明月。面对芜杂世俗之事，一笑了之，这个时候的人看山又是山，看水又是水了。

从看山是山，到看山不是山，再到看山是山，人生的轨迹画了一个圈，似乎又回到了起点。糊涂了是吗？糊涂就好，糊涂了就快到第三重境界了。

宠辱不惊，去留无意

"我很累"和"烦着呢，别惹我"之类的口头语在当今社会广泛流行，这一现象引起了许多社会学家与心理学家的困惑：为什么社会在不断进步，而人的负荷却更重，精神越发空虚，思想异常浮躁？

失落是一种心理失衡，失意是一种心理倾斜，失志则是一种心理失败。而劳累表面上是体力的疲惫，实则发自内心。身心俱疲却找不到一个停靠的港湾，是一件多么无奈与绝望的事情！

出家人讲究四大皆空，超凡脱俗，自然不必计较人生宠辱。而生活在滚滚红尘之中的你我，谁也逃离不开宠辱。在宠辱问题上，若能做到顺其自然，那才叫洒脱。一个人，当你凭着自己的努力实干，凭自己的聪明才智获得了应得的荣誉或爱戴时，应该保持清醒的头脑，切莫受宠若惊，飘飘然，自觉霞光万道，"给点光亮就觉灿烂"。如三国时阮籍所云"布衣可终身，宠禄岂可赖"。一个人的宠辱感很大程度上是来自于别人对自己的一种评价，而生命不应该是活给别人看的。生命可以是一朵花，静静地开，又悄悄地落，有阳光和水分就按照自己的方式生长。生命可以是一朵飘逸的云，或卷或舒，在风雨中变幻着自己的姿态。

老子的《道德经》中说："宠辱若惊，贵大患若身。何谓宠辱若惊？宠为下，得之若惊，失之若惊，是谓宠辱若惊。何谓贵大患若身？吾所以有大患者，为吾有身，及吾无身，吾有何患？"大意是："对于尊崇或污辱都感到心情激动，重视大的忧患就像重视自身一样。为什么说受到尊崇和污辱都让人内心感到不安呢？因为被尊崇的人处在低下的地位，得到尊崇感到激动，失去尊崇也感到惊恐，这就叫作宠辱若惊。什么叫作重视大的忧患就像重视自身一样？我之所以有大的忧患，是因为我有这个身体；等到我没有这个身体时，我哪里还有什么祸患！"

在晚明陈继儒的《小窗幽记》里有一句这样的话：宠辱不惊，闲看庭前花开花落；去留无意，漫观天上云卷云舒。一个人要是能够做到"宠辱不惊，去留无意"的境界，那么就没有事物能绊住他的脚、拴住他的心。而唐朝的女皇武则天，死后立一块无字碑。武则天的无字碑中，透露一种大智大慧、大觉大悟的睿智。她开天辟地，以女流之辈坐南朝北，一手杀亲子、诛功臣，一手不拘一格用人才、尽心尽力治国家。荣辱相伴相生，莫一而衷。既然如此，何必学他人为自己立下洋洋洒洒的功德碑？不如糊涂一点，千秋功过，留与后人评说。一字不着，尽得风流。

鄙尘弃俗，回归本心

时间在我们渴望长大中似乎过得很慢，而在我们长大后的回首中又太快。假如有人问人生何时最快乐，恐怕绝大多数人都会说童年。记忆深处的童年里，捉迷藏、放风筝、跳格子、踢毽子、扔沙包、跳橡皮筋、过家家、堆沙堡……五彩斑斓，绚烂夺目，充满了欢笑和阳光。但当我们长大以后，心中逐渐有了理想，开始忙忙碌碌的时候，心事也就多了起来。

相比大人来说，儿童可以说是最懂得享受人生的专家了。有一天，年轻的妈妈问9岁的女儿："孩子，你快乐吗？"

"我很快乐，妈妈。"女儿回答。

"我看你天天都很快乐。"

"对，我经常都是快乐的。"

"是什么使你感觉那么好呢？"妈妈追问。

"我也不知道为什么，我只觉得很高兴、很快乐。"

"一定是有什么事才使你高兴的吧？"妈妈锲而不舍。

"嗯……让我想想……"女儿想了一会儿，说，"我的伙伴们使我高兴，我喜欢他们。学校使我高兴，我喜欢上学，我喜欢我的老师。还有，我喜欢上教堂。我爱爷爷奶奶，我也爱爸爸和妈妈，因为爸妈在我生病时关心我，爸妈是爱我的，而且对我很亲切。"

这便是一个9岁的小女孩幸福的原因。在她的回答中，一切都已齐备了——和她玩耍的朋友（这是她的伙伴）、学校（这是她读书的地方）、爷爷奶奶和父母（这是她以爱为中心的家庭生活圈）。这是具有极单纯形态的幸福，而人们所谓的生活幸福亦莫不与这些因素息息相关。

有人曾问一群儿童："最幸福的是什么?"结果男孩子的回答是："自由飞翔的大雁；清澈的湖水；因船身前行，而分拨开来的水流；跑得飞快地列车；吊起重物的工程起重机；小狗的眼睛……"而女孩子的回答是："倒映在河上的街灯；从树叶间隙能够看得到的红色屋顶；烟囱中冉冉升起的烟；红色的天鹅绒；从云间透出光亮的月儿……"

看，童心是如此纯净，如此容易得到满足！我们也曾经那样快乐与幸福，只是岁月砂轮的磨砺，使我们失去了天真烂漫的本性，失去了那份无邪的童心，或许这就是我们不快乐、不幸福的重要原因。

我们还能够找回失去的童心吗？答案是能的。找回童心，也不是多么复杂的事情。古人云："童子者，人之初也；童心者，心之初也。夫心之初岂可失也！"我们若能鄙尘弃俗，息虑忘机，回归本心，便就是找回了童真、童趣与童心。这样，我们就会形神合一，专气致柔，纯洁无邪，通达自守，并且使我们内心与外在均无求而自足！

不要忽略心灵的拓展

你是否经常有"很累"的感觉？你是否想过究竟是什么让我们如此劳累与疲惫？

生活越来越繁复，而心情越来越烦闷；人与人走得越来越近，而心灵却隔得越来越远；楼越来越高，人情味越来越薄；娱乐越来越多，快乐越来越少……

我的一个朋友最近花了将近 1 万多元买了一张按摩椅。在此之前，他还买过一台高科技的跑步机。不过，他告诉我：这些东西，他一年里难得用上几回。

究竟什么才能使我们生活充实、内心丰富？不是昂贵的按摩椅，不是高科技的跑步机，而是我们体会生活快乐的简单能力。

这种能力随处可得，根本不用花钱。繁复纷乱的生活使人厌烦、疲惫，像荆棘一样挤压着心灵，使人不安、紧张、焦虑、倦怠甚至绝望。

而简朴的生活，减少了心灵的许多负累，使心灵更单纯，内心有更多的空间。一位西方哲学家发出了这样的警告："没有什么科技的发展可以带来永久的快乐。比科技发展重要的心灵拓展，却总是被忽略。"

在生活变得越来越复杂，超出你的想象和理解的时候，是否怀念过从前不名一文但依然快乐的时光？没有移动互联网也没有其他的便利，穿的衣服也好，家具也好，都是家人按照最古老最朴素的方式制造，时光很慢，让人心安。在一个偏远、宁静的小村庄，那里的人对于一朵鲜花的赞赏，比一件名贵的珠宝要多。一次夕阳下的散步，比参加一场盛大的晚宴更有价值。他们宁可在一棵歪脖子老树下打牌下棋，也不愿去参加一场奖金丰厚的棋牌竞技。他们重视的是简单生活中的快乐，不会远离阳光、新鲜空气与笑声……感谢简单，他们因此而拥有幸福与快乐。

那些简单生活的日子似乎一去不返了，但真的就没有其他可能了吗？

当人在物质上的要求减少时，精神上的收获会增加。爱默生曾说："快乐本身并非依财富而来，而是在于情绪的表现。"当我们腾出心灵的空间，从各个角度去体验人生，当我们开始了解到自以为必需的东西其实很多是可以不要的时候，就可以发现：我们拥有现在的东西足够快乐了。

简单的生活，并不是消极、懒惰，也不是修道士、苦行僧的生活，而是为了活得似一个人，活得轻松畅快、自由自主，活出人情味、更健康、更有意义的生活。

简单生活是最容易过的，过复杂的生活，或者想过更复杂的生活才是真正地难。生活中没有非接不可的电话，生命中没有非要不可的东西。

在世俗的社会里，只有你自己的生活简单了，你才会成为自己的主人。那些脖子上多了一条项链、衣服上多了一枚胸针、头上多了一顶帽子的人，以及有着多余表情、多余语言、多余朋友、多余头衔的人，深究一下，便会发现，他们都是在完美和荣誉的借口下展现一种累赘，这种人可能终其一生都走不进自己人生的大门。

　　另一些人用大量的时间，贴近自然、领悟内心，只让生命之舟承载所必需的东西。这类人看似贫穷，然而这种与自然规律和谐一致的贫穷，又怎能说不是一种富有呢？

第三章　破除执着，释放心的力量

当心灵被各种欲望、执着所塞满，人就很容易走入偏激的死胡同。古人云：心空乃大，无欲则刚。佛家则认为，人要成佛，首先得"破执"。简单地说，破执也就是破除心中的执着。《金刚经》中有云："应无所住而生其心。"这句话的意译是：执着是一个人的内心最顽固的枷锁。不计较、不发火、不较真，就能让心的力量释放出来，自由地发挥它的作用。

平安无事是幸福

对一个人来说，最大的幸福绝对不是荣华富贵，而是平安无事、不招惹任何祸端。祸端的来源，有些是具有不可抗力的，人们无法预知亦无法规避。不过这种类型的祸端毕竟不多，人生中的祸端绝大部分是来源于自身。

俗话说：少事是福，多心为祸。很多是非，就是因为一个人多心、多事而引起的。

朋友的妻子小敏最近和婆婆闹翻了，起因是为了50元钱。

小敏放在桌子上的50元钱不见了，问丈夫拿了没有，丈夫说没有。然后大家就找啊找，还是没有找到。从农村专程赶来帮助小夫妻带孩子的婆婆这下慌神了，婆婆本来就没有拿，但她怕儿媳怀疑自己拿了。

婆婆越是怕被怀疑，心里越是发慌，越发慌，就越觉得儿媳在怀疑自己。婆婆心理压力大，就趁没人的时候给老伴打电话诉苦。

老伴听了，这还得了？立即打电话给儿子，将儿子一顿训斥：你妈妈年龄那么大，大老远地跑去帮你们带小孩，容易吗？请个保姆还要付工资，她不要工资尽心尽责地帮你们，你们还怀疑她要你们的50元钱？你不知道你妈妈是什么样的人吗？

一大摞话砸的儿子晕头转向。儿子回家，自然要给妻子说道说道。妻子也不服啊：我没有怀疑啊。

没有怀疑？婆婆不干了：你某天某天说了什么话、做了什么事，就是对我不满……余下的就不用再多讲了，惯常的家庭矛盾就是这样开启帷幕的。

后来，婆婆一生气回了老家，离开了疼爱有加的小孙子。儿子儿媳没办法，只得雇保姆来照看孩子，闹得两败俱伤。

其实，很多的家庭矛盾就是因为这样一些琐碎事情引起的，公说公有理，婆说婆有理。但我们的确分辨不出来谁有理。像前述例子中，似乎谁也没错。要说错的话，他们又都有错。儿媳错在不见钱了，可以装糊涂——不就50元钱吗？或许是自己记错了或者掉在某个角落一时没找到。即使要追究，也应该考虑到避开婆婆，单独问自己的丈夫。所以，儿媳错在多事。而婆婆错在多心，本来就没有拿，也没有人怀疑你，你何必自己老觉得不自在呢？不如糊涂一点，爱咋咋地。此外，儿子和公公的一些做法，也都有值得商榷的余地。

人与人的交往免不了会产生矛盾。有了矛盾，平心静气地坐下来交换意见予以解决，固然是上策。但有时事情并非那么简单，因此倒不如糊涂一点得好。糊涂可给人们带来许多好处：

一则，可以免去生活中不必要的烦恼。在我们身边，无论是与同事、邻居，甚至萍水相逢的人，都不免会产生些摩擦，引起些气恼，如若斤斤计较，患得患失，往往越想越气，这样不但于事无补，于身体也无益。如做到遇事糊涂些，自然烦恼就少得多。我们活在世上只有短短的几十年，却为那些很快就会被人们遗忘了的小事烦恼，实在是不值得的。

二则，糊涂可以使我们集中精力干事业。一个人的精力是有限的，如果一味在个人待遇、名利、地位上兜圈子，或把精力白白地花在勾心斗角、玩弄权术上，就不利于工作、学习和事业的发展。世上有所建树者，都有糊涂功。清代"扬州八怪"之一郑板桥自命糊涂，并以"难得糊涂"自勉，其诗画造诣在他的"糊涂"当中达到一个极高的水平。

三则，糊涂有利于消除隔阂，以图长远。《庄子》中有句话说得好："人生天地之间如白驹之过隙，忽然而亡。"人生苦短，又何必为区区小事而耿耿于怀呢？即使是"大事"，别人有愧于你之处，糊涂些，反而感动人，从而改变人。

四则，遇事糊涂也可算是一种心理防御机制，可以避免外界的打击对本人造成心理上的创伤。郑板桥曾书写"吃亏是福"的条幅。其中有云："满者损之机，亏者盈之渐。损于己所彼，外得人情之平，内得我心之安。既平且安，福即在是矣！"正基于此念，才使得郑板桥老先生在罢官后，骑着毛驴离开官署去扬州卖画。

知足是一种极高的境界

心里有了太多的欲望，就会徒生烦恼。很多人根本就不知道满足，埋怨自己没有生在富贵之家，抱怨子孙们不能个个如龙似凤……

有个可怜的人死后进入天堂，上帝召见了他。这个人对着上帝哭诉了自己在人间的种种苦难，仁慈的上帝决定在这个人下一次投胎时，让他过上美好的生活。于是上帝对他说："告诉我你下次投胎的愿望，我将尽量满足你。"

他回答："我希望我很有钱，很有才华，长得英俊，能获得最高的学位，当上高官成为有名望的人，别墅香车不能少，当然还要有一个美丽贤惠的娇妻和一双聪明伶俐的儿女……"

他的话还没有说完，就被上帝打断了。上帝正色地说："老兄，世界上如果有这么美好的事情，我还不如把我的位子让给你，由你安排我投胎算了！"

——瞧，看来上帝过的也不是那么如意的生活，他更无法给人一个事事如意的人生。

知足与不知足是一个量化的过程。我们不可能把知足一直停留在某一个水平线上，也不可能把不知足固定在某一个需要上。不同的年代，不同的环境，不同的阶层，不同的年龄，不同的生活经历，知足与不知足总会相互转化。穷苦的青年人还是不要知足的好，唯有这样，生活才会改观；一夜暴富的大款们，对于知识的追求多一些也许可以提升生活质量。但知足的农民从不强迫自己当总统，安分守己的乡村教师会把按时领取薪水当作一种最大的慰藉。

知足使人感到平静、安详、达观、超脱；不知足使人骚动、搏击、进取、奋斗。知足智在知不可行而不行，不知足慧在可行而必行之。若知不可行而勉为其难，势必劳而无功，若知可行而不行，这就是堕落和懈怠。这两者之间实际是一个"度"的问题。度就是分寸，是智慧，更是水平，只有在合适温度的条件下，树木才能够发芽，而不至于把钢材炼成生铁。《渔夫和金鱼》中的那个老太婆是不懂得知足的最大失败者，她错就错在没有把握好知足这个"度"。

在知足与不知足两者之间，人应更多地倾向于知足。因为它会使我们坦然，无所取，无所需，同时还不会有太多的思想负荷。在知足的心态下，一切都会变得合理、正常且坦然，在这种境遇之下，我们还会有什么不切合实际的欲望与要求呢？

学会知足，我们才能用一种超然的心态去面对眼前的一切，不以物喜，不以己悲，不做世间功利的奴隶，也不为凡尘中各种搅扰、牵累、烦恼所左右，使自己的人生不断得以升华；学会知足，我们才能在当今社会愈演愈烈的物欲和令人眼花缭乱、目迷神惑的世相百态面前神凝气静，能够做到坚守自己的精神家园，执着地追求自己的人生目标；学会知足，就能够使我们的生活多一些光亮，多一份感觉，不必为过去的得失而感到后悔，也不会为现在的失意而烦恼，从而摆脱虚荣，宠辱不惊，心境达到看山心静，看湖心宽，看树心朴，看星心明……

知足是一种极高的境界。知足的人总能够做到微笑地面对眼前的生活，在知足的人眼里，世界上没有解决不了的问题，没有蹚不过去的河，没有跨不过去的坎，他们会为自己寻找一条合适的前行之路，而绝不会庸人自扰。知足的人，是快乐轻松的人。

知足是一种大度。大"肚"能容下天下纷繁的事，在知足者的眼里，一切过分的纷争和索取都显得多余。在他们的天平上，没有比知足更容易求得心理平衡了。

知足是一种宽容。对他人宽容，对社会宽容，对自己宽容，做到这些就能够得到一个相对宽松的生存环境，这实在是一件值得庆贺的事情。知足常乐，说的就是这个道理。

淡泊明志，宁静致远。终日为了贪欲而处心积虑，不仅丧失做人的乐趣，还会丧失别人对你的好感。

忧虑无用也无益

一个阿拉伯人为了完成他赶骆驼运货的任务，一路上愁眉苦脸。骆驼问他："你又为什么事情而不开心呢？"

阿拉伯人回答："我在想，如果跋山涉水，你将难以胜任这些旅程啊。"

骆驼问他："你为什么要担心我呢？难道我不是号称'沙漠

之舟'的骆驼吗？难道是通过沙漠的坦途被封闭了吗？"

忧虑一点也不能使事物圆满，它反而会使人无法更有效地处理现在的一切，因为忧虑可以说是非理性的，而所忧虑的人和事又多半是无法控制与把握的。

你固然可以永无止境地忧虑，可以忧虑战争、失业、生病等，可是忧虑并不能为你带来和平、工作或者健康。你毕竟不是一个超人，无法控制万事万物。而且，那些你常常所担忧的灾难真的一旦发生时，并不见得像你想象的那么可怕与不可思议。

曾经有位高级职员身患绝症，虽然幸运地治愈了，但他从此担心被免职，担心失去自己的地位和一切待遇。他的体重开始下降，他经常失眠，饮食无味，他杞人忧天般地觉得，他有责任去担忧可能发生的不测。

提心吊胆了好几个月之后，他真的接到了免职通知，严重的失落感使他一下子消瘦许多。可是在三个月后，上司根据他的健康状况又任命他到某学府担任高职，待遇比原先更好，这给了他极大的满足感，遂以更积极的态度来面对新工作。他因此了解到，原先的一切忧虑显得是那样的多余，脑子里原来担忧的一幅悲惨景象，结果是以喜剧收场。这位高级职员从这件事中直接学到了忧虑无用也无益，从此便采取不忧虑的方式来面对生活了。

走在这没有谁能替自己走的人世之中，别人的目光像风雨一样倾泻在你身上。你慌慌张张地为迎接来自不同方向的风雨而穿好了雨衣，忙忙碌碌地迎接着一场场洗礼，然后含着委屈的泪说：看！我和别人已相差无几。这该是怎样的失落啊，只为了某种迎合却把自己变得那么可怜。

穿行于世俗的沟壑以及拥挤的夹缝中，每每都以这种不情愿的举动赢得了几分可怜的赞许，而恰恰忘记了真实，忘记了自身的那些美丽。

累啊，真累！那么为何不心怀一种淡泊，再看人世的时候只把它当成风景呢？

那么，为何不过得轻松恬淡些，在生活的夹缝中，在心里抹去不快的阴影，然后放逐苦涩。

其实，把人生的一切看得淡泊一点，视名利为流水，视羞耻为过客，你便会觉得人世间实在是没什么可值得让人忧虑的！当你能够做到这一点时，你会发现自己的忧虑是多么可笑，因为它并不能帮助你改变任何事。当然，也不要把忧虑和未雨绸缪相混淆。如果你是在做出应对各种危机可能发生的预案，那么现在的各项活动均有助于未来，这不是忧虑。筹划与忧虑的最大区别在于，前者是主动的、理性的，而后者则是被动的、非理性的。

减少贪念，加强自制

刻骨的恨常常是因为铭心的爱而来，这就是我们常说"爱之深、恨之切"。伤害我们的，永远是我们最在乎最在意的人和物。因为只有他们（它们），才能够在我们心里掀起巨大的波涛。

有一位骁勇善战的将军，历经了上百次的血战方才平息了战事。铁马金戈的倥偬岁月已经远去，赋闲在家的将军因为无聊，便用玩古瓷来消磨时间。

在将军收藏的众多古瓷中，他最喜欢的是一个青花瓷碗，他几乎每一天都要把这个瓷碗放在手里把玩把玩。有一天，将军在把玩这个瓷碗时，一不小心瓷碗溜了手。幸亏将军身手还在，及时反手把瓷碗敏捷地接住。不过，将军也因自己的疏忽而吓出了一身冷汗。

因为有了这一次教训，将军刻意地减少了把玩那件瓷碗的次数与时间，并且在每次把玩时更加小心翼翼。然而，第二次危险又在不久之后降临了。这一次，瓷碗幸运地落在将军的布鞋上再滚到地上而得以保全。

自从青花瓷碗两次险些遭了厄运后，将军就更加小心对待它了。他大多数时间里只是放在案头看一看，很少拿到手里把玩。而在那偶尔的把玩当中，将军奇怪地发现：只要自己一拿起青花瓷碗，心里就会打鼓，手就会颤抖。

将军心里有了疑惑：我身经百战，从来没有过一丝畏惧与颤抖，为何现在为了一件瓷器变成这样呢？

将军想了很久，终于明白是自己太在乎这件瓷器了。他当初横刀立马，早已将生死置之度外了，因此从来没有产生过恐惧与害怕。而今天，一件小小的瓷器仅仅是因为自己太在乎，就在他心里掀起了巨浪，以至于手都不听使唤。

太想穿好针的手会忍不住颤抖，太想踢进球的脚会忍不住颤抖，太想面试中胜出的嘴会颤抖……因为很想得到，所以很快失去——这样的例子在我们生活中还少吗？

美国有一个著名的杂技演员叫华伦达，他最拿手的杂技是高空走钢索。华伦达走在高空钢索上，用"如履平地"来形容丝毫不夸张。然而，正是这样一个技艺高超的杂技演员，在一次重大的表演中不幸失足身亡。他的妻子事后说："我知道这次一定要出事，因为他上场前总是不停地说，这次太重要了，不能失败，绝不能失败；他把很多精力用在避免掉下来上，而不是用在走钢索，而以前每次成功的表演，他只想着走钢索这件事本身，而不去管这件事可能带来的一切。"

那次表演的观众都是美国的知名人物，演出成功不仅会奠定华伦达在杂技界的地位，还会给他的表演团带来滚滚财源。而正是表演的重大意义，使华伦达的心不再平和、行动不再稳健。是太多的私心杂念，影响了他能力的发挥，最终导致悲剧的发生。

不要有那么多的想法可以吗？就像平常一样，怀平常之心。当然，这说来容易做来很难。人不能脱离现实而存在，纯粹地杜绝欲望的人也是不存在的。要做到的话，只有努力减少贪念，努力加强自制。

春有百花秋有月，夏有凉风冬有雪，若无闲事挂心头，便是人间好时节。看似糊涂的平常心，从来都不平庸。

解读洒脱，拥有洒脱

在网上看到一个有意思的帖子：

如果你家附近有一家餐厅，东西又贵又难吃，桌上还爬着蟑螂，你会因为它很近很方便，就一而再、再而三地光顾吗？

你一定会说：这是什么烂问题，谁那么笨，花钱买罪受？

可同样的情况换个场合，自己或许就会做类似的蠢事。不少男女都曾经抱怨过他们的情人或配偶品性不端，三心二意，不负责任。明知在一起没什么好的结果，怨恨已经比爱还多，但却"不知道为什么"还是要和他搅和下去，分不了手。说穿了，只是为了不甘，为了习惯，这不也和光顾餐厅一样？

身在社会，身不由己，但我们终日忙忙碌碌，疲惫的心灵确实需要放松。尽管忙碌使我们充实而又愉快，如果我们不懂得洒脱，实际上是在给自己加重负担。一味追求而忘记给自己一个洒脱的机会，我们又岂能负载更多世俗的担子？洒脱，那是在痛苦之后的一种平静，那是在苦涩中品味出的一丝甜蜜。拥有洒脱，我们将拥有与天地一样包容世间一切的广阔襟怀。

有时确立一个目标，或目标过于明晰，反而会成为一种心理负担和精神累赘，从而加重了我们前进的步伐，束缚了我们翱翔的羽翼。相反，这时候没有了目标，或将目标删除，学会洒脱，一身轻松的我们反而会走得更远、飞得更高。洒脱，是一份难得的心境，只有解读洒脱，豪放的诗仙李白在《将进酒》中才有"天生我材必有用，千金散尽还复来"的自励；只有酝酿洒脱，才有"挥一挥衣袖，不带走一片云彩"的飘扬；也只有拥有洒脱，才有"面朝大海，春暖花开"的情怀。

洒脱，就像一江流水迂回辗转，依然奔向大海，即使面临绝境，也要飞落成瀑布；就像一山松柏立根于巨岩之中，依然刺破青天，风愈大就愈要奏响生命的最强音。有的人对他人说法不屑一顾，他们往往具有相当独立的价值观，不拒于荣辱，不惧于生死，不耻于躬耕，不悲于饥寒，不谋于权术，他们的生活法，也许简单普通，但魅力无穷，不要为无所谓的尘世而计较成败得失，使自己光守着一颗烦闷的心；也别再为现实和理想的差距，而让自己思索着沉闷的主题；更不要为人生的坎坷、岁月的蹉跎而一蹶不振。

也许只有洒脱，才能像荡漾的春风，让我们无时无刻不在感受着天地间的勃勃生机；也许只有洒脱，才能像"汩汩"喷涌的青春之泉，为我们的身躯注入无穷无尽的生命和活力。

消除对自己求全责备的心理

现实生活中，有不少人追求完美无缺，对自己过于求全，只要出现一个小毛病小过失，他们就会自我责备。即便是很多年前的事，他们也会深深地印在脑海里，一想起就会让自己不愉快。其实，追求完美本身无可非议，但是，自责和自贬都是相当痛苦的，它意味着一个人每时每刻都要和自己为敌，不断地自我批驳。当处于这种内心冲突时，他就会把很多精力放在自我斗争上，更会因为害怕犯错而缩手缩脚。

唐太宗要求封德彝推荐有德行的人才，很长时间不见他推举一人。唐太宗就责问封德彝。封德彝回答说："不是我没有尽到责任，如今实在是很难发现特别有能力的人才呀！"唐太宗说："君子用人如同使用器物那样，是使用各自的长处。古代能把国家治理得繁荣富强的君主，岂是借用了上几代的人才吗？问题在于我们没有发现人才的本领，怎么可以冤枉当今整整一代人呢?"唐太宗与封德彝的对话告诉我们:世界上不是没有人才,而是往往缺少发现人才的眼睛。正所谓:"世有伯乐,然后有千里马。千里马常有,而伯乐不常有。"凡人都会犯错误,关键是要学会原谅自己,不要纠缠以往的过错,不要为之深深地自责,以至于不能自拔。敢于承认错误并原谅自己是很难做到的,最不可宽恕的是"知道错了,还要推卸责任",这与原谅自己完全是两回事。芸芸众生,各有所长,各有所短。争强好胜会失去一定限度,往往受身外之物所累,失去做人的乐趣。只有承认自己某方面的不足,才能扬长避短,才能不因嫉妒之火吞灭心灵之光。宽容地对待自己,就是心平气和地工作、生活。这种心境是充实自己的良好状态。自己有了过失不必灰心丧气,一蹶不振,应该宽容和接纳自己,并努力从中吸取教训,引以为戒,取人之长,补己之短,重新扬起生命的风帆。在一生中,你会犯很多次错误。如果对每件事都深深地自责,你一辈子都会背着一大袋的罪恶感过活,怎么能奢望自己走多远?犯错对任何人而言,都不是一件愉快的事情。一个人遭受打击的时候,难免会格外消沉。静下心来仔细想想,生活中的许多事情并不是我们的能力不强,恰恰是因为我们的愿望不切实际。我们要相信自己具备做种种事情的能力。

当然,相信自己的能力,并不是强求自己去做一些力所不能及的事情。事实上,世间任何事情都有一个属于自己的限度。超过了这个限度的话,就有好多事情都可能是极其荒谬的。我们应时常肯定自己,尽力发展我们能够发展的东西。只要尽心尽力,只要积极地朝着更高的目标迈进,我们的心中就会保存一分悠然自得,从而也不会再跟自己过不去,责备、怨恨自己了。我们总喜欢跟自己过不去：事情完美就高兴；事情不合心意，痛苦就层出不穷。

我们永远不可能事事都做到完美。不管经历了怎样沉重的打击，蒙受了怎样不该蒙受的委屈，遭遇了怎样不该遭遇的挫折，我们都不要去思、去想、去抱怨与绝望。找个理由原谅自己，让自己的精神得到解脱，从容地走自己所选择的路，做自己喜欢做的事。人很容易产生愧疚的心理。有的人因为愧疚，反而心生力量，振作起来，重新开始；有的人由愧疚而滑向自怨自艾的泥潭，懊丧不已，以至于自暴自弃。

人不应该一直愧疚，不站起来，就会一直趴下去。偶尔做错了一件事，不要总和自己过不去，要懂得原谅自己。人生是一个艰难求索的过程，也许求索的过程大同小异，但结果却各有不同：有人求索了能如愿以偿，显示了成绩，达到了目标；有人求索了却一无所得；还有一种是没有求索也就没有什么成功可言的人，这种人应该视为例外。人生是重视结果的。没有人注重求索的过程，历来都是以成败论英雄。

人生不可能一帆风顺，失败和成功同在。成功的结果只有一种，失败的结果有好多种。如果你觉得自己很失败，就给自己的失败找个理由吧，不要说这是逃避现实，不要说这是消极处世。给自己的失败找个理由，以释放自己的压抑和自责，让自己过得轻松一点点。人生的道路上，还会有好多的失败。给自己找个失败的理由，不能总活在失败的阴影中，前面的道路还长，总得振作精神走完自己的人生之路。消除对自己求全责备的心理，可以从以下几个方面做起：

(1)　学会为错误找到多方面的原因

不要习惯性地认为事情出了差错，就一定是自己的问题，不要轻易地把所有问题归到自己身上。

(2)　容许自己犯错误，容许自己不完美

每个人都有自己不擅长的地方，给自己一个时间去学习。把生命看作一个过程，和自己比较而不和别人比较。今天比昨天进步一点，明天比今天进步一点，那就是成功的。哪怕暂时还不够好，哪怕自己和别人比还差得很远，都没有关系，因为学习是需要时间的。

(3)　学会把做错了的事情与自己的价值分开

告诉自己："这件事情我做得不够好，但我的动机是好的，而且我也努力了，只是最后没有达到最好的效果，这因为我们是普通人，而不是圣人，更不是神。"

下　篇

不抱怨：多想想你拥有的

第一章　少些抱怨，多些行动

　　对于某些既定的客观事实，接受它吧！对于自身条件的不满，立即努力改进它吧！少些抱怨，多些行动。须知，人生就是在特定的客观的游戏规则中积极进取、不断成功的。当我们放下抱怨，尽己所能去努力时，我们才能活得更加快乐、富足！

做个不抱怨的人

　　在日常生活中，我们经常会碰到以下的场景：

　　"我的工作真是无聊透顶！"

　　"天天加班，都快累死了。"

　　"每天面对重复的工作，我简直要疯了！"

　　几个同事凑在一起牢骚满腹，抱怨公司苛刻的规章制度，抱怨领导的魔鬼管理，抱怨干不完的工作，抱怨受不完的委屈……

　　当抱怨成了习惯，一个人的情绪就会变得非常糟糕，看什么都不顺眼，同事认为他难相处，上司认为他爱发牢骚，是个"刺儿头"。如此下去，升职、加薪的机会永远不会光顾他。

一个人成败与否，并非天生注定，也不是他人能操纵得了的。实际上，命运是由我们自己创造的，它就掌握在我们每个人的手中。工作中处处蕴藏着机遇，只有那些懂得珍惜的人才能看得到。机会到处都有，关键是你能不能抓住。

许多人对那些有所成就的人羡慕不已："为什么好机会都让别人碰上了，我为什么就没有那样好的运气呢?"有的人还抱怨："要是我有这样的机会，我早功成名就了。"人一生尽管有很多的机遇，然而，真正能抓住机遇的人并不多。抓住时机的人成就了事业，而失去机会的人则哀叹自己的"时运不济"。

徐海伟和李亚菲是大学同学，从学校毕业后，俩人分别进了两家规模都不算太大的公司。由于各自的单位距离很远，直到毕业后的第五年，他们又再度重逢。见了面，两个人自然聊起了分别后的工作经历。

谈起自己的工作，徐海伟的语气有些失落："时运不济啊!本来单位就不景气，加上专业又不对口，干活也提不起一点兴趣，实在是没有什么意思。干了不到半年，我就换了一家，还是没多大意思。我现在的单位已经是第七家了。哦，老同学，你发展得如何呀?"

李亚菲淡淡地说："你也知道，我的单位也不是太大，说实话，一开始，我也不太喜欢这份工作。不过，我觉得，既然能找到这份工作，就要好好珍惜，力争把它干好。上班期间呢，就好好干好自己的活;下了班，就给自己充充电，补补业务知识，工作起来反而是越来越有劲了。半年后，由于我干得还不错，领导就把我提为部门主管了。现在，我们公司已经是一家大型集团公司了，我是我们集团分公司的经理。"

听了李亚菲的经历，徐海伟的心中有些惭愧，他现在明白了：原来，所有的问题并不是工作本身的问题，而是自己对待工作的态度有问题。有的人工作态度浮漂，对工作好像蜻蜓点水，很少能专注于工作，因此，干什么工作都长久不了，也做不出多大的成绩。

看看我们周围那些只知抱怨而不认真工作的人吧，他们从不懂得珍惜自己的工作机会。他们更不懂得，即使薪水微薄，也可以充分利用工作的机会提升自己的能力，加重自己被赏识的砝码。他们只是在日复一日的抱怨中徒增年岁，工作能力没有得到提高，也就没有被赏识的资本。更可悲的是，他们没有意识到竞争是残酷的，他们只知抱怨而不努力工作，已经被排在了即将被解雇者名单的前列。

有一天，佛陀坐在金刚座上，开示弟子们道：

"世间有四种马：第一种良马，主人为它配上马鞍，驾上辔头，它能够日行千里，快速如流星。尤其可贵的是当主人一抬起手中的鞭子，它一见到鞭影，便能够知道主人的心意，迅速缓急，前进后退，都能够揣度得恰到好处，不差毫厘，这是能够明察秋毫、洞察先机的第一等良驹。"

"第二种好马，当主人的鞭子打下来的时候，它看到鞭影不能马上警觉，但是等鞭子打到了马尾的毛端，它也能领悟到主人的意思，奔跃飞腾，这是反应灵敏、矫健善走的好马。"

"第三种庸马，不管主人几度扬起皮鞭，见到鞭影，它不但迟钝毫无反应，甚至皮鞭如寸点地挥打在皮肉上，它都无动于衷。等到主人动了怒气，鞭棍交加打在结实的肉躯上，它才能有所察觉，顺着主人的命令奔跑，这是后知后觉的平凡庸马。"

"第四种驽马，主人扬起鞭子，它视若无睹；鞭棍抽打在皮肉上，它也毫无知觉；等主人盛怒了，双腿夹紧马鞍两侧的铁锥，霎时痛刺骨髓，皮肉溃烂，它才如梦初醒，放足狂奔，这是愚劣不知、冥顽不化的驽马。"

庸马和驽马是职场中许多平庸员工的生存写照。他们总是抱怨老板对他们太苛刻，工资太低，抱怨公司没有为他们提供更好的舞台，给他们以施展才华的机会。

职场中，数不清的"庸马"和"驽马"正在拼命地为自己的失败寻找借口，造成了职场人生的萎靡与默然。相比之下，"良马"式员工从不会寻找理由为自己的行为开脱，更不会去抱怨自己的处境与外在的人与事。他们任何时候坚守着自己的信念，让自己朝着卓越奋进！

所以，做个不抱怨的人，成功将会离你越来越近。

抱怨只会带来负面效应

有些人似乎天生就爱抱怨，抱怨公司、抱怨老板、抱怨同事、抱怨工资、抱怨客户、抱怨压力、抱怨批评、抱怨薪水太低付出太多、抱怨考核制度不公平、抱怨管理混乱、抱怨领导独断专横、抱怨没有一个好老爸、抱怨没嫁个好老公、抱怨自己家的孩子没有别人家的聪明……好像世界上就只有他是最不幸最倒霉的人，没有什么是他不抱怨的，似乎不抱怨他就没法过日子。

可是抱怨有用吗？抱怨能解决问题吗？抱怨能使你摆脱现状吗？抱怨能使你的工作、学业、生意越来越好吗？抱怨能使你快乐起来吗？

什么都不可能！抱怨不能解决任何问题，抱怨没有任何用处，抱怨只会让你自己越来越不快乐，只会让你的生活越来越不如意、你的意志越来越消沉、你的工作越来越差、你的生活越来越糟糕……

有一个三口之家，家里穷得什么都没有，儿子瘦得皮包骨，爸爸妈妈只好带着孩子来到街口乞讨。可过去了一整天都毫无收获，小男孩饿得快晕倒了。爸爸妈妈非常着急，用比祈祷更虔诚的心央求上帝救救他们的儿子。

于是，上帝派遣使者来到人间。使者对三个人说，我可以帮助你们每人实现一个愿望，这一家人听了将信将疑。先是孩子的妈妈迫不及待地对使者说："我要你为我们变出一车的面包，我要让我的儿子吃得饱饱的。"

刚说完，眼前就真的出现了一车的面包。孩子的爸爸先是非常惊奇，转而又特别生气。不断抱怨妻子没头脑，浪费这么好的机会只换来一车廉价的面包。当使者问他有什么愿望时，他很愤怒地说："我不要这些廉价的面包，请你将这个笨女人变成一头蠢猪。"

刚说完，面包神奇地消失了，孩子的妈妈也真的变成了一头猪。这可把孩子吓坏了，他边看着眼前的"猪"伤心哭泣，边对使者说："求求您，我不要猪，我要妈妈。"

孩子的话音刚落，妈妈就真的变了回来。使者很无奈地说："我已经给了你们希望，但就因为抱怨，你们把机会全都浪费了。"说完使者不见了。

一家三口还是回到了使者出现前的状态，没有面包没有猪，孩子饿得直哭。

一般人都认为"抱怨"只是一种发泄的方式，我们谁能够发誓自己从来没有抱怨过？但如果抱怨的内容不断地重复，那就说明是自己有问题，而且不肯面对问题，只是企图用抱怨来代替正视问题的勇气。

女孩小丹带着自己精心制作的作品到一家知名的广告公司面试。小丹抽的面试号是最后一个，等待的过程漫长而紧张，为缓解疲劳，小丹向广告公司的接待人员要了一杯温水。而接待人员在给小丹送水时不小心将杯子打翻了，水全都洒到了那张作品上。

作品变得皱皱巴巴，原本鲜明的线条也变得模糊了。小丹一下子愣住了。该怎么办，这可是面试时要用到的作品，没有作品她怎么向考官解释她的创意和构思呢？小丹知道现在抱怨没有用，埋怨自己的运气不好更没用。

稍微冷静了一下，她赶紧向接待人员借来了纸和笔。在有限的时间里，她专心地用一张白纸将自己创作的作品简单地再描画了一遍，用另一张白纸将原作品被淋湿的事情大概地叙述了一下。

接下来发生的故事就是，小丹从众多的面试者中脱颖而出，被公司录用了。主考官后来跟她说："广告注重创意和变通，你的作品虽然简单但却体现了这点。"

　　小丹在一次同学会上谈起了这件事，她感慨道："与其抱怨，还不如暂时抛弃那些烦心的事，多想想怎样才能更好、更快地解决问题，这比光在那儿牢骚满腹强上千百倍。"是的，即便退一万步说，如果抱怨能解除自己心中那股怨气，那么适当地抱怨是可以的；但如果怨气出了仍无法解决问题，或无法移除心中那块石头，那还真是不划算！

　　其实，更多时候，抱怨不但不能缓解所面临的窘境，反而使原有的烦恼加倍、长久地出现在抱怨者的脑海里。如果有谁主观上想抱怨，生活中的一切都可以成为其抱怨的对象，如果不愿抱怨，换一个角度想问题，就会发现，通过努力，就能改变现状，并获得成功和幸福的体验，因为事情总有两个方面，关键在于你怎么看。

　　如果我们的情绪像一间屋子，那么，抱怨就像蟑螂和蚂蚁一样，如果你清扫的方式不对，它们就会出现在每一个你不想看到的地方。若你再不加以阻止，它们还会用一种近乎细菌繁殖的速度增生。终有一天，你会觉得没看到几只蟑螂和蚂蚁，反倒有点怪怪的。

　　无论如何，抱怨只会带来负面效应。越抱怨，就会发现值得抱怨的事情越来越多。越多时间抱怨，越少时间改良。一肚子怨气的人，总是散发着一种天怒人怨的气质，会让你觉得跟他相处时，老是有一块黑压压的云遮住你心情的大好晴天；离开他，心情才会"艳阳高照"。

自己满足，就是最富有的人

世间有许多东西我们都想拥有，但拥有了，却又不懂得珍惜，只能让它白白逝去。也只有失去了，才会懂得去珍惜，但一切都晚了。

对于"拥有"这个词，我觉得我们拥有的东西中，最重要的还是亲人、健康、快乐。其他什么没了都不重要，重要的是你还有关心你的人，还有自己身体的健康与快乐。

智者不为自己没有的悲伤而活，却为自己拥有的欢喜而活。当一切逝去时，不要悲伤、忧虑，想想看，其实你已经拥有了许多。快乐、健康、自我，难道这些还不能让你满足吗？

1928 年，纽约股市崩盘，美国一家大公司的老板忧心忡忡地回到家里。

"你怎么了？亲爱的！"妻子笑容可掬地问道。

"完了！完了！我被法院宣告破产了，家里所有的财产明天就要被法院查封了。"他说完便伤心地低头饮泣。

妻子这时柔声问道："你的身体也被查封了吗？"

"没有！"他不解地抬起头来。

"那么，你的妻子也被查封了吗？"

"没有！"他拭去了眼角的泪，无助地望了妻子一眼。

"那孩子们呢？"

"他们还小，跟这档子事根本无关呀！"

"既然如此，怎么能说家里所有的财产都要被查卦呢？你还有一个支持你的妻子以及一群有希望的孩子，而且你有丰富的经验，还拥有上天赐予的健康的身体和灵活的头脑。至于丢掉的财富，就当是过去白忙一场算了！以后还可以再赚回来的，不是吗？"

三年后，他的公司再次发展为《财富》杂志评选的五大企业之一。这一切成就仅靠他妻子的几句话而已。

在你感到沮丧的时候，请列出一张详细的生命资产表——

你有没有完好的双手双脚？有没有一个会思考的大脑和健康的身体？有没有亲人、朋友、伴侣、孩子？有没有某方面的知识和特长？把注意力放在你所拥有的，而不是没有的或是失去的部分，你将会发现，原来自己已经够幸福了！

我们很少去想我们所拥有的，但是，我们却经常想到我们所没有的。除了那些我们尚未得到的之外，已经拥有的一切，统统变得微不足道，毫不重要了。

就因为我们总是想着那些自己所没有的，于是，我们变得很不快乐，心心念念地想着、盼着，完全忘记已经拥有的一切有多丰富。

直到有一天，我们失去了原本拥有而视为当然的那些东西之后，我们才恍然大悟，那有多么宝贵。譬如健康，譬如正常，譬如平安，譬如自由，譬如……好好检视一下现在所拥有的，你会赫然发现，自己原来是这般富有。

当我沮丧的时候，总喜欢想想这段话：我心里难过，因为我没有鞋子，后来我在街上走着，遇见一个没有脚的人。每当我心里为某些不如意而难过时，便想想那些比我们不幸的人，沮丧感立即会减轻许多。在人生许多时候，不管我们遭受何种痛苦，只要把注意力转移到另一个人的痛苦或喜悦之上时，我们本身的痛苦必然会减轻。

在医院里，常看到相互安慰，彼此鼓励的病人，一个自己走路都不稳当的人，却有能力去扶持另一个人，只因那个人比他更虚弱。当我们在照顾病人的时候，常常分外坚强，因为，我们知道自己被需要。

人的快乐与不快乐，全在于懂得珍惜还是不知感激。懂得珍惜的人，觉得自己拥有很多，很幸福。不知感激的，却老认为自己有的不够多，老看见别人碗里的青菜豆腐，看不见自己碗里的大鱼大肉。

曾听一位名人说过他小时候母亲一直告诫他："不要去想没拿到的东西，多想想自己手里所拥有的。"

在人生道路上，与其费时、费力去想那些自己没有的，不如好好珍惜你已经拥有的。别只顾着想要更多，结果连原来有的也失去了。

更何况，"有""无""多""少"和"贫""富"，本无一定标准，全在于我们的主观认定，世界上有捧着金饭碗的穷人，天天为财务烦心，但也有孑然一身，空无一物的富人。只要你自己觉得满足，你就是世界上最富有的人。

从攀比的牢笼里走出来

代代硕士毕业后很顺利地进入了一家事业单位，不久就与本单位的同事结了婚，小夫妻过着比上不足比下有余的生活，让人羡慕不已。

可是，一天逛街的时候，代代看见了读硕时的同学果果。在学校的时候，两人算是很要好的朋友，而且各方面条件都不相上下，毕业之后就渐渐失去了联系。

这次，她看到果果已不再是从前的果果了，开着一辆宝马，派头十足。

本来自我感觉良好的代代，心里突然感觉酸酸的。接下来，又一次无意中，她碰到了果果。在购物中心，代代看到她正在试穿一件价格不菲的貂皮大衣，对于代代来说，这种衣服是可望而不可及的。"给我包起来吧，试过的衣服，我都要了！"果果的洒脱更是刺痛了代代的心。随后，果果又邀请代代到自己家中玩，但代代没有去，她觉得自己在果果面前，有一种灰溜溜的感觉。

回家后，代代越想越不是滋味。本来大家都在同一起跑线上，现在却有天壤之别，心中的那份失落就别提了。之后，代代无意中得知果果以前被一个已婚的台湾富商包养过，后来被富商的妻子知道了，两个女人还大打出手，她与富商就此也结束了关系。

怪不得她现在这么阔气，大概还是用以前富商给的包养费吧！代代越想越得意，还在同学之中四处散播，一时间，关于果果的流言蜚语在同学们之中传开了。代代听到这些流言的时候，心里才得到了些许平衡。

或许你也有这样的感觉，别人的成功，别人的幸福，别人的春风得意，让你突然感觉到很失落，即使你表面比较平静，但内心却是波涛汹涌，感觉有一种无形的东西被摧毁了。

这就是嫉妒之心，也就是所谓的攀比现象，对于女人来说，这种攀比现象更严重。她们经常在一起谈论老公送给自己的礼物，每年的情人节或某位的生日过后，办公室里就会有一次热闹的攀比。

爱攀比，比胜了，似乎能证明自己有多么与众不同。爱与别人比较的女人实际是一种缺乏自信的表现，总是从与别人攀比的过程中获得自信。有些女人往往为了面子，贪图虚荣，追求虚幻的东西。别人有的东西我一定要有，别人敢消费的新东西，我也敢消费。当看到同事的包是名牌时，心中就难受。女人在物质上有了攀比之后，就会给自己带来不必要的精神和经济负担。

有一位妻子，特别喜欢和别人比较，有一次对丈夫说："隔壁小高是你的同事，他们有的我们一定要有，绝不能输给他们。你知道，他们最近买什么了？"

丈夫回答："他们最近贷款买了一辆车。"

妻子说："那我们也要买一辆。"

丈夫又说："他最近在外还合伙承包了一家饭店。"

妻子说："明天把存款里的钱全取出来，我们也要开一家。"

修心三不：不生气，不计较，不抱怨

丈夫接着又告诉妻子："小高他最近……最近……算了，我不想说了。"

妻子立马变脸，说道："为什么不说？怕比不过人家吗？"

丈夫顿感无奈，于是便小声地跟妻子说："小高他最近换了一个年轻漂亮的太太。"

这时，妻子没有话说了。

这位妻子是可笑的，什么都要和人家攀比，直到最后，听说人家把太太也换了，也就不再攀比了。生活中，很多人都习惯了和别人做比较，但事实上，每个人都有自己的长处，也都有自己的短处。人和人之间其实没有太大的可比性，盲目地和人家攀比，只会给自己增加一些无谓的烦恼。

如果你是一个爱攀比的人，一个试图攀比的人，那么停下你的脚步吧：

别让虚荣阻碍了你享受生活的权利。攀比虽然让你的虚荣心得到了暂时的满足，可为了这满足你却付出了很大的代价：想方设法、不择手段、焦头烂额、心神交瘁，更大的代价是你忘了生活中还有比攀比更让人感到怜悯的事情。

跳出"与别人比较"的模式，自己和自己比。每个人的生活方式不一样，应该根据自己的实际情况，踏踏实实地过好自己的生活。跳出"与别人比较"的模式，而成为与"自己比较"的独立的自我。

人和人的差异是巨大的，时尚杂志里光鲜四射的模特和成功的比尔·盖茨常人自是无法比拟，没法儿跟他们较劲儿，但总能跟自己比吧，只要今天的自己比昨天的自己好，或者不比昨天的自己差就好了。

想想攀比最后给你带来了什么？与别人攀来比去，你最后除了虚荣的满足和失望之外，还剩下什么？有没有意义？是徒增烦恼还是有所收获？这种毫无意义的攀比，为什么还滋生在你的脑海里，为什么还不快点摆脱掉？

送上自己的祝福。看到别人的腾达，送上自己的祝福和羡慕，但不攀比、不嫉妒，只是不断地鼓励自己，努力地改善自己的生活状态，但绝不强求自己。平静的、自然的、真实的、健康的、积极向上的生活，才是真正的生活。比上不足比下有余，这种生活不是神仙生活却赛似神仙生活。

无尽的攀比给自己带来的只是或嫉妒、或怨气、或烦恼、或痛苦，为何要让这些消极情绪来吞噬自己的生活呢？尽快地从攀比的牢笼里走出来吧，给自己一个快乐、知足的生活状态。

胜败乃兵家常事

人生难免成败，做一个人不仅要能赢得起，同时也应输得起。因为胜败实乃兵家常事，也是人生常事。能以客观、平常心去看待这种胜负，才不至于在胜利时冲昏头脑，在失败时，耿耿于怀、一蹶不振。

在一次残酷的长跑角逐中，参赛的有几十个人，他们都是从各路高手中选拔出来的。

然而最后得奖的名额只有 3 个人，所以竞争格外激烈。

一个选手以一步之差落在了后面，成为第四名。

他受到的责难远比那些成绩更差的选手多。

"真是功亏一篑，跑成这个样子，跟倒数第一有什么区别？"这就是众人的看法。

这个选手若无其事地说："虽然没有得奖，但是在所有没得到名次的选手中，我名列第一！"

谁说跑第四名跟跑倒数第一没有什么区别！在竞争中，自信的态度，远比名次和奖品更为珍贵。赢得起，也输得起的人，才能够取得更大的成就。

如果你不能将输赢看淡，而是格外认真地去计较这一切，结果很有可能会事与愿违。

周谷城先生有一次在接受记者采访时，记者问他："您的养生之道是什么？"他回答说："说了别人不信，我的养生之道就是'不养生'三个字。我从来不考虑养生不养生的，饮食睡眠活动一切顺其自然。"他讲得太好了，对比那些吃补药吃出毛病来的，练气功练得走火入魔的，长跑最后猝死的，还有秦始皇汉武帝等追求长生不老之药的，贾家宁国府里炼丹服丹最后把自己药死的……他的话很清楚地说明了糊涂做人的深意。

1996年英国举行欧洲杯足球锦标赛半决赛，竞争双方分别是德国队和英格兰队。英格兰队状态极佳，又是在家门口比赛，志在必得。德国队当时也处在高峰时期。90分钟内两队踢了个平局，加时又是平局，最后只得点球大战决胜负。英格兰队极兴奋，踢进一个点球球员就表露出不可一世的架势，而德国队显得很冷静，踢进一个点球也基本上无甚反应。后来，英格兰队输了。一位中国足球评论员说："英格兰队太想赢了，所以反而输了。"

查斯特·菲尔德说："拥有富足个性的人，在生活中能够笑看输赢得失。他们深信自己的潜能足以让自己实现任何梦想，认为一个成功者周围倒下千百个失败者是不成功的，真正的成功者，只在自己的成功中追求卓越，而不把成功建立在别人的失败上。"

有首诗写道："尽日寻春不见春，芒鞋踏破岭头云。归来都把梅花嗅，春在枝头已十分。"当我们拼命在物质世界中寻求快乐的时候，往往忽略了我们的内心世界——自己的精神家园，而当我们真正静下心来，重新审视自己的时候，却会发现，真正的快乐只来自自己内心的安详。

人生无论成败，都没有什么值得牢记于心的。糊涂一点，尽快忘记那些过去的不快记忆，才会少一些压力，以后的路才能走得更顺畅。

韩国早期有一位乒乓球运动员李善玉，在国内屡战屡胜。一次代表国家队参加世界锦标赛，临赛前的一天晚上，她承受不住心理压力，用刀将自己的手腕割破，谎称有人行刺她后跑了。结果这件事被查出，成为国际上一大丑闻，为此国家队将她除名。

但在随后的韩国国内比赛中，她又屡屡获胜。为了给她机会，国家队又将她重新召回。在一次国际重大比赛中，她的对手是一名之前从未输过的德国运动员。开始，李善玉连赢两局，第三局对方赶上几分后，李善玉开始动摇了，结果连输三局。外电评论：李善玉没输在技术上，而是输在只想赢不想输的心态上。

李善玉的这一路赢得起却输不起，走得坎坷崎岖。这便是不能糊涂就不能胜利的代价。

每个人都不必总乞求阳光明媚，暖风习习，要知道，随时都会狂风大作，乱石横飞，无论是哪块石头砸了你，你都应有迎接厄运的气度和胸怀。在打击和挫折面前做个坚强的勇者，跌倒了再重新爬起来，将自己重新整理，以勇者的姿态迎接命运的挑战。

人生苦短，由此我们不难联想到，云南大理白族的三道茶，就是一苦二甜三淡，它象征了人生的三重境界。苦尽才能甘来，随之才有潇洒的人生，才会不屈服于挫折带来的压力，才能开创大业，迎来人生的辉煌。

拥有一颗感恩的心

俗话说："希望越大失望越大。"当人的期望值越高，而现实却迥然不同，心理落差太大时，人们难免会怨气冲天。

按照惯例，许多公司都会在春节前发放年终奖金。因此，春节来到之前的这个星期，老刘异常兴奋。他想起自己这一年早来晚归、兢兢业业地为公司工作，连妻子和女儿都照顾不上，心里盘算着奖金肯定少不了。有了这笔钱自己就可以给家中购置很多春节礼物了，于是，老刘每天都是早早就来到公司。

终于，星期三，老板把装着奖金的红纸包发给每一位员工。当老刘打开时，简直不能相信自己的眼睛："只有五百块钱？这够塞牙缝吗？"一瞬间，失望、不平和愤怒一起涌向他的心头。

"太不公平了，老板太抠门了！"当下，老刘就有了辞职的念头。

在职场中，有些员工总是喜欢抱怨，抱怨工作压力大、不被公司重视、上司很苛刻、公司存在很多问题等。而抱怨自己的薪水低是最普遍的问题。但是抱怨能解决问题吗？抱怨能感动老板发慈悲多发薪水吗？恐怕这种情况发生的概率很小。如果你对目前的薪水大肆抱怨，不满就会表现在工作中，对工作不认真、不负责，失去工作动力，结果工作做不好，薪水上涨当然是不可能的。所以越是抱怨，你的薪水越是难有上涨的机会。

其实，要改变自己爱抱怨的缺点，有一个秘诀就是感恩。

职场中，那些对老板、对同事、对工作充满怨气的员工缘于没有一颗感恩的心。他们没有认识到是老板给他们工作的环境和机会，没有感受到是同事给予他们工作上的支持和协作，没有体会到是工作提供给他们成长的空间和生存的土壤，这是人生最悲哀的事情。当他们怀着消极的心态，着眼于企业的不足时，会感到心情郁闷、精神不振，没有心思努力工作。

英国作家萨克雷曾说过："生活就是一面镜子，你笑，它也笑；你哭，它也哭。"此时，你不妨换个角度来考虑问题，想一下，企业给了你什么好处和利益？企业有什么值得称道的？

在激烈的市场竞争中，一家企业能够占有一席之地，就说明它有相当的优势，能够为员工提供生存发展的机会。

对此，作为企业的员工应抱着感激之心，感激你从企业得到的一切，感激企业给了你赖以生存的工作和发展的平台、一定的社会地位等。这些，都是生活幸福、安定的基础。因此，不要抱怨这些不足，而要看到长处，包容短处。再说，企业的不足是可以通过不懈的努力来改变的。因此，停止抱怨，心怀感恩，把精力都用在工作上、用在想尽办法解决问题上，企业不愁没有发展，你也会有更好的明天。

总之，感恩是一种处世哲学，一种智慧品德。感恩，不仅仅是感激别人的恩德，更是一种生活的态度。感恩不纯粹是一种心理安慰，也不是对现实的逃避，感恩是一种歌唱生活的方式，它来自对生活的爱与希望。因此，无论生活还是生命，都需要感恩。

也许你会说，我想不到有什么值得我感恩的，生活欺骗了我，成功抛弃了我。那么，下面这个故事会让我们明白许多感恩的道理。

一位残疾人来到天堂，找到了上帝，抱怨上帝没有给他健全的四肢。于是，上帝给残疾人介绍了一位朋友，这个人刚刚死去不久，刚升入天堂。他对残疾人说："珍惜吧！至少你还活着。"

一位官场失意的中年人来到天堂找上帝，抱怨上帝没有给他高官厚禄。上帝就把那位残疾人介绍给他，残疾人对他说："珍惜吧！至少你四肢健全。"

一位年轻人来到天堂，质问上帝为什么自己总是得不到别人的重视。上帝就把那位官场失意的中年人介绍给他，他对年轻人说："珍惜吧！至少你还年轻。"

这些人忽然感到自己身上竟然有这么多异于他人的优点，值得他人羡慕，于是不再抱怨，很感激自己的父母。

人生一世，不可能孤立存在，在生存的环境中，我们的每一步成长，每一次的成功都是在亲情、友情的鼓励下取得的。

我们有什么理由不感恩呢？

拥有一颗"感恩"的心，就会善于发现事物的美好，感受平凡中的美丽：注意并记住生活中美好的事情，你就会有很多正面情绪，让你感到生活很幸福，并对生活充满感激和希望，并且这些正面情绪开始深入你的潜意识生根发芽。

感恩是对人生的一种态度，更是对自己的态度。常想着他人的恩惠，忽略种种的不快，珍惜身边点点滴滴的爱，是对别人的尊重，更是对自己的尊重。在你学会感恩的同时，你已经爱上了这个世界。当你心存感恩的时候，就会发现生活之美。在顺境中感恩，在逆境中依旧心存喜乐。如果在我们的心中培植一种感恩的思想，则可以沉淀许多的浮躁、不安，消融许多的不满与不幸。

拥有一颗感恩的心，能让你的生命变得无比珍贵，更能让你的精神变得无比崇高！常怀感恩之心，会让我们珍惜所有的一切，会让我们的生活充满阳光和快乐。学会感恩，我们会永远工作和生活在幸福之中。

任何的抱怨都无济于事

在职场中，如果你总是抱怨，那么梦想就会离你越来越远。可是，无论在哪个单位，无论是什么职位，总是能听到一些抱怨的声音：

——这份工作太没意义了，在这儿工作简直是在浪费青春；

——老板也太抠了，工资那么点，还没白天没黑夜地加班，简直把我们当驴使；

——在这儿学不到一点东西，再待下去的话，自己也会变成个一无所知的智力障碍者；

——办公室人际关系太复杂了，大家表面看起来和和气气的，可是背地里却勾心斗角，说对方的坏话，这种气氛真让人压抑；

——这家公司前途渺茫，看来没什么发展空间了；

……

抱怨工作的乏味，抱怨上司的严厉，抱怨老板没人情味儿……发泄一通自然能解一时之气，但是自己目前的状况始终没有改变，面临的问题也始终没有得到解决。

每个人都希望自己能有一份高薪水、离家近、干活儿少，最好能经常旅游且人际关系很简单的工作。有很多人总是羡慕Google公司的职员，因为Google公司的职员享受的待遇和福利堪称是一流的。

比如：高额的薪水；一流的办公环境；和气的上司；一日三餐都有五星级厨师随时待命，而且完全免费；零食包括巧克力、酸奶、水果，随用随取；还可以带着自己心爱的宠物上班；如果累了可以做免费的按摩；每天有百分之二十的时间做自己想做的事情……这样的工作环境每个人都向往。但是，Google不是慈善机构，免费享受那些待遇的前提是能为公司创造出巨大的商业利润，或者是能进Google公司的必须是德才兼备的人员。你不妨扪心自问，如果你去Google上班，你觉得你能胜任吗？如果你总是抱怨，无论在什么公司，都不会有好的发展。

不仅得不到发展，而且还会让很多机会溜走。

国华从一所名牌大学毕业，工作能力超强。但是，他最近却休息在家，每个月只拿几百块的失业补助，他才 35 岁啊，为什么就不去上班工作了？

原来，国华以前在一家外企工作，刚开始，领导很器重他，上班没多久，就提拔他当了部门主管，两年后，又提拔他为副经理。国华虽然工作能力超强，但是他有个毛病，那就是爱抱怨、发牢骚。对于国华的这个毛病，领导认为他会慢慢地改掉的。可是，自从当了副经理之后，国华不仅没有改掉这个毛病，而且还变本加厉，甚至当着领导的面无休止地抱怨。领导越来越看不惯他了，认为一个总喜欢抱怨的人是不适合在公司发展的，慢慢地，就冷落他了，先是撤了他的副经理职位，随后又撤了他的主管职位。这种情况下，国华的抱怨更多了，不但自己消极怠工，还影响别人做事，最后，领导劝他先回家休息休息，实际上等于是让他辞职了。

如果国华能改掉这个发牢骚的毛病，凭借他的能力，找一个好工作是不成问题的。之后的国华也陆续去了几家单位上班，刚开始，领导也是很赏识和重视他，可是，他的缺点始终改不了，结果同样是遭到了冷落，他受不了冷落，一气之下就又不干了。

……

如果想在自己的工作岗位上有所作为，那就踏踏实实地工作，因为那些在事业上有所建树的人他们从不抱怨公司，而是认真干好自己的本职工作，最终通过努力和业绩来证明自己的价值。

罗宁毕业之后，先在一家小文化公司做打字员，虽然只是一个小打字员，但罗宁并没有因为不起眼的工作而抱怨，而是暗自下决心："既然要当秘书，那就一定要把秘书工作做好。"当然，这是她一向的做事态度。

有一次，老总给了她一份手写稿，因为要得急，要她第二天交上来。五十多页啊，而且手写稿字迹潦草，根本很难辨清。面对如此让人头疼的工作，罗宁没有抱怨，加了一晚上的班终于赶出来了，而且工作做得相当细致，有些字辨别不出，她都用颜色标注了一下，老总看后相当满意。自那件事之后，老总对罗宁的印象更加深刻了。

由于谦虚、勤奋、好学，在很短的时间内，罗宁便得到了提升，先后担任了编辑部主任、公司总经理等职位。

无论何时何地，无论从事什么工作，罗宁总是坚持"做好本职工作"这一原则，努力提高自己的能力。对于问题，她总能一眼找出症结所在。最后，她被大公司高薪聘走。

既然选择了这项工作，那就要努力把它做好。但是很多人对于自己的工作总是不屑一顾，充满了抱怨，而且总是叹息自己怀才不遇，或者抱怨得不到应有的待遇。其实，只要认真努力地把自己的本职工作做好，你会发现你的世界将变得豁然开朗。

那些经常抱怨自己工作的人，应该懂得：

一味地抱怨并不能解决任何问题。只是抱怨、发牢骚，那你的工作就可以跳过去不用做了吗？当然这是不可能的，因为不管你的心情如何，你的工作迟早还得由你来完成，既然这样，那为什么还要抱怨，让大家的心里都不舒服？想一想，有那些发牢骚的工夫，还不如启动智慧的大脑去想想办法，分析一下事情为什么会这样？怎样才能如愿以偿？……

经常抱怨的人没人缘。如果你总是抱怨、发牢骚，相信你的同事也不愿意和你一起共事，因为面对一个絮絮叨叨、满腹牢骚的人对任何人来说都是一种痛苦。而且，太多的抱怨不仅无法解决问题，而且更加证明你的无能，只有无能的人才知道抱怨，把一切不顺归咎于种种客观因素。如果对上司交付的工作也总是推来推去、嘟嘟囔囔，他也许会认为你心里对工作很不满意，不足以托付重任，这样的一个大好机会也就溜走了。

抱怨会伤人。相信任何人都不愿意听满腹牢骚的人抱怨，即使是你的兄弟姐妹，面对你的抱怨也是敬而远之，更何况是你的同事呢？很多人都会介意你的态度，大家都不愿意对你的冷言冷语一再宽容，因为每个人都愿意听一些积极向上、美好的东西，那些尖酸刻薄的话语只会伤到人。

想一想吧，任何的抱怨都是无济于事的，而且还会伤到别人，既然都已经做了，就心甘情愿些吧，如果只是一味地抱怨，还会使你的功劳被埋没，何苦呢？

无论你的理想是什么，也无论你的人生目标有多高，你需要做的就是把眼前的工作做好，然后才有资格考虑其他的。当然，对于眼前比较琐碎的工作，你不要眼高手低、好高骛远，甚至不肯在基层工作中投入精力，这不仅仅是对工作的不负责任，也是对自己将来发展的不负责任。因为任何人的成功都是由小到大积累起来的，任何人都不可能一步登天，只有循序渐进地积累实力，从最平凡、最基础的工作做起，才能最终实现职业梦想。

第二章　评价不公平，不如面对不公平

当你受到不公平对待的时候，你可能觉得很委屈或者很气愤，但是无论怎样，这些情绪都不能解决问题，你一定要先控制住自己的情绪，使自己平静下来，想想其他的事情，转移一下情绪的重心。因为，只有当你理智的时候，才能做出正确的决定，不要等到事后因为自己的逞一时之快，而后悔莫及。

公平与不公平是相对的

为什么晋升的是他而不是我？为什么我对你这样好你却要那样对待我？为什么为什么为什么……"这不公平！"不少人在承受不公平待遇的时候，都会怒气冲冲。在强烈怒气的支配下，人最容易失去理智而冲动，做出一些连自己也会后悔的出格事情来。

谁会愿意承受不公平呢？但人世间的纷纷扰扰，又岂是"公平"二字能规范得了的？生不公平，有人生于富贵人家，有人生于白屋寒门；死不公平，有人英年早逝，有人寿比南山。生与死都不公平，我们又拿什么来要求处于生死之间的人生旅程中事事公平？

看了上面的话，也许有人很沮丧：难道人世间就没有公平吗？不是的，人世间不仅有公平，而且在绝大多数情况下是公平的。正是因为有了公平的存在，我们才能看到不公平；也正因为公平存在于大多数情况之中，不公平才会如此刺眼。

值得注意的是，公平需要放在一个较长的时间系统里去看。唐僧师徒过了九九八十一难才取回真经，如果只过了八八六十四难，付出是付出了，但依然是没有回报的。社会是公平的，但我们不可能任何时候、任何地点、任何事情都强求绝对的公平。山有高有低，水有深有浅。这个世界，不存在绝对的公平。如果我们事事要求公平，必然会陷入愤怒与过激之中。爱默生说："一味愚蠢地强求始终公平，是心胸狭隘者的弊病之一。"

付出一定会有回报吗？

有道是"一分耕耘，一分收获"，或云"世间自有公道，付出总有回报"，但是真正的现实生活中是这样的吗？

不是每一朵花儿，都能结出饱满的果实；不是每一滴汗水，都能带来欢笑；不是每一份付出，都有回报。或许更多的时候，我们的付出没有什么回报，一切付出终究只是"付之东流"。当你总是用真诚去关心、了解别人时，收到的却是冷漠；当你做什么都总是为别人着想时，别人却认为这是理所当然的事……

付出没有回报的原因有很多。原因之一是你的付出投错了地方，就像你想要在死海中钓一尾虹鳟鱼一样，怎样努力也白搭，因为你根本就将力气用错了地方。你不改变策略，你的付出就注定会打水漂。世间万物的运动都是有规律的。人们不管做什么事情，都要尊重客观世界的规律，遵循客观世界的规律。凡是违背客观世界规律的事，不管付出多少，最后的结局必然是失败，而且付出越多败得越惨。

此外，就算你将努力与付出用对了地方，也不见得一定有回报。三月播种四月插田，农民年年忙碌在田间地头，但一场突如其来的暴雨就足以让他们颗粒无收，甚至于无家可归，还提什么回报啊！

不是所有的春华都会有秋实，不是全部的付出都有回报。不要再执着于"付出总有回报"之中，否则一旦付出之后没有回报，便会心有不平，大发牢骚，怨天尤人，诅咒老天不公。人在这种心态与情绪之中，最容易走极端。

然而，尽管付出不一定有回报，但这绝不能成为我们懒惰颓废的借口。因为：不付出就一定没有回报。有则笑话是这样的：一个人整天拜着菩萨，请求菩萨保佑他的彩票中大奖。可是他拜了很多次菩萨，愿望还是没有实现。这个人终于气愤地质问菩萨为什么不保佑自己。菩萨说："我也想帮你一回，但你也得先买彩票，我才能让你中奖啊！"

透着几分荒唐的笑话，其实也说明了一个道理：不付出就一定没有回报！

既然付出不一定有回报，而不付出一定没有回报，我们当然只有选择付出了。只是，在付出没有得到回报的时候，不要过于生气，要冷静地想一想原因。事实上，我们的付出没有回报很多时候是一个表象，有些回报是无形的。爱迪生发明灯丝时付出了 N 次还没有回报，但爱迪生认为他有回报——他知道了 N 种材料不适合制作灯丝。果然，他在第 N + 1 次实验时成功了。

如果你对于付出与回报之间的关系能够清楚了解，那么在付出很多依然没有得到自己想要的东西时，也就不会有那么多的不平，也就不会轻易滋生出冲动。

客观地看待公道

我们生活在一个社会群体之中，一个社会必须有合理的法律、规则与道德标准，以维持一个良好的社会秩序。在我们的生活中，大家都习惯于时时处处去寻求一种公道与正义，一旦感到失去了公正，他们就会愤怒、忧虑或者失望，并因此而产生报复与反击的冲动。

人们常说"世间自有公道在"，但现实的结果是，寻求绝对的公道就像寻求长生不老一样。我们周围的世界——不管是自然界还是人类——本身不可能是一个完全公平的世界。鸟吃虫子，这对于虫子来说是不公正的；蜘蛛吃苍蝇，对于苍蝇来说也是不公正的。美洲狮吃小狼，狼吃獾，獾吃老鼠，老鼠吃蟑螂……

只要环顾一下大自然，就不难看出，世界上很多现实是无法用公道衡量的。倘若人们强求世上任何事物都得公平合理，那么所有生物连一天都无法生存——鸟儿就不能吃虫子，虫子就不能吃树叶，世界就得照顾到万物各自的利益。所以，我们寻求的完全公道只不过是一种海市蜃楼罢了。世界上的每个人都会遇到各种各样的不公道，面对这些不公道，你可以高兴，可以怨恨，可以消极视之……但那些不公道现象依然会永远存在下去。

这里，我们提出的并不是什么大儒哲学，而是对客观世界的一种真实描述。绝对的公道是一个脱离现实的概念，当人们追求自己的幸福时尤其如此。然而，许多人认为，难道生活中就不存在任何正义感了吗？他们常常会说：

"这是不公平的。"

"如果我不能这样做，你也没有权利这样做。"

"我会这样对待你吗？"

……

人们渴求公道，但一旦他们没有得到公道时就会表现出一种不愉快。讲求正义、寻求公道，这本身并不是一种误区性的行为，但如果你一味地追求正义和会道，未能如愿便消极处世，这就构成了一个误区———一种自我挫败性行为。当然，这一误区并不是指寻求公道的行为本身，而是指由于不公道的现实存在而使自己产生的一种惰性。

我们的社会提倡伸张正义、主持公道。政治家们在每一次竞选演讲中都会慷慨陈词："让每一个人都得到平等与公正的待遇。"然而，日复一日、年复一年、一个世纪又一个世纪，我们也无法消除世界上的不公正的现象。贫困、战争、瘟疫、犯罪、吸毒和谋杀等各种社会弊病一代代地延续着，有些地区甚至还愈演愈烈。事实上，有史以来，这些现象就从未消失过。

　　不公道现象的存在是必然的，当你无法改变这一现实时，你可以努力改变自己，不让自己因此而陷入一种惰性，并可以用自己的智慧进行积极的斗争。首先争取从精神上不为这种现象所压垮，然后努力在现实中消除这种现象。

　　在我们的生活与工作中，经常可以听到有人如此发泄："这简直太不公平了！"——这是一种比较常见，但又十分消极的抱怨。当你感到某件事不太公平时，必然会把自己同另一个人或另一群人进行比较。你可能会想：

　　"既然他们能做，我也能做。"

　　"你比我得到的多，这就不公平。"

　　"我没有那样做，你为什么可以那样做？"

　　……

　　渴求公正的心理可能会体现在你与他人的关系中，这妨碍了你与他人的积极交往。不难看出，你是在根据别人的行为来衡量自己的得失。如果这样，支配你情感的就是别人，而不是你自己了。如果你未能做别人所做的事情，并因此而烦恼，你就是在让别人摆布你。每当你把自己同别人进行比较时，你就是在玩"不公平"的游戏，这样你采取的就是着眼于他人的外界控制型思维方法。

　　强求公正是一种注重外部环境的表现，也是一种避而不管自己生活的行为。你可以确定自己的切实目标，着手为实现这一目标采取具体行动，不必顾忌不公平的现象，也无须考虑其他人的行为和思想。事实上，人与人之间总会存在一定的差异。别人的境遇如果比你好，那你无论怎样抱怨也不会改变自己的境遇。你应该避免总是提及别人，不要总是拿望远镜瞄准别人。

有些人工作不忙，报酬却很高；有些人能力不如你强，却因受宠而得到晋升；不管你怎样不愿意，你的妻子和孩子依然会以不同于你的方式行事。然而，只要你将注意力放在自己身上，不去同别人比来比去，你就不会因周围的不平等现象而烦恼。各种误区性的行为都有一个相同的心理根源——他们把别人的行为看得更加重要。如果你总是说"他能做，我也可以做"，那你就是在根据别人的标准生活，你永远不可能开创自己的生活。

在现实生活中，我们都可以明显地看到一些"渴求平等"的行为。你只要稍加观察，就会发现自己和别人身上存在许多这种行为的缩影。下面是一些较为常见的例子：

抱怨别人与你干得一样多，但工资却拿得比你多。

认为那些著名歌星的收入太高，这实在不公平，并因此感到恼火。

认为别人做了违法乱纪的事时总是可以逍遥法外，而你却一次也溜不掉，因此感到十分不平。

总是说："我会这样对待你吗？"其实就是希望别人都同你一模一样。

对任何事情都要求前后一致，始终如一。爱默生曾说过这样一句话："……一味愚蠢地要求始终如一，是心胸狭隘者的弊病之一。"倘若你坚持始终如一地以"正确"方式做事，就很可能属于心胸狭隘的一类人。

在争论时，非要辩出个明确的结论：胜利的一方就是正确的，失败的一方则应承认错误。

以"不公平"的论据来达到自己的目的。"你昨晚出去了，今晚让我等在家里就太不公平了。"要是对方不接受你的意见，就愤愤不平。

做自己本不愿意做的事情（如带孩子上街玩、周末去父母那儿或给邻居帮忙），因为你担心不这样做会对孩子、父母或邻居太不公平了。其实，不要将一切问题都归罪于不公平的现象。应该客观地考虑一下你为什么不能根据自己的情况做出适当的决定。

认为"如果他能这样做，我也可以这样做"，用别人的行为来为自己辩解。你可能用这种误区性理由解释自己的作弊、偷窃、欺诈、迟到等不符合你的价值观念的行为。例如，在公路上开车时，一辆车把你挤到了路边，你也要去挤他一下；一个开慢车的人在前面挡了你的路，你也要赶上去挡他一下；迎面来车开着大灯晃了你的眼，你也要打开自己的大灯。实际上，你是因为别人违反了你的公正观念，而拿自己的性命赌气。这就是在孩子们中间经常出现的"他打了我，所以我要打他"的做法，而孩子们则是在多次见到父母的类似行为之后才学会这样做的。如果这种"以眼还眼、以牙还牙"的报复做法扩大到国家关系上，就会导致战争。

每每收到礼品，都要回赠对方一件价值相当的东西，甚至加倍报答。坚持在各方面与别人保持对等，而不考虑自己的具体情况。

上面就是我们在"公正"之路上可以见到的一些具体情形。在这里，你同身边的人都多少会受到一些震动，因为你们头脑中有一种完全不现实的概念：一切都必须是公平合理的。

在自己的"仇恨袋"里装满宽容

一位妇人同邻居发生了纠纷，邻居为了报复她，趁黑夜偷偷地放了一个花圈在她家的门前。

第二天清晨，当妇人打开房门的时候，她震惊了。她并不是感到气愤，而是感到仇恨的可怕。是啊，多么可怕的仇恨，它竟然衍生出如此恶毒的诅咒！竟然想置人于死地而后快！妇人在深思之后，决定用宽恕去化解仇恨。

于是，她拿着家里种的一盆漂亮的花，也是趁黑夜放在了邻居家的门口。清晨邻居打开房门，一缕清香扑面而来，妇人正站在自家门前向她善意地微笑着，邻居也笑了。

一场纠纷就这样烟消云散了，她们和好如初。

冤冤相报何时了？宽容他人，除了不让他人的过错来折磨自己外，还处处显示着你的纯朴、你的坚实、你的大度、你的风采。那么，你将永远拥有好心情。只有宽容才能愈合不愉快的创伤，只有宽容才能消除一些人为的紧张。学会宽容，意味着你不会再心存芥蒂，从而拥有一份潇洒。

在生活中我们难免会与人发生摩擦和矛盾，其实这些并不可怕，可怕的是我们常常不愿去化解它，而是让摩擦和矛盾越积越深，甚至不惜伤害彼此，使事情发展到不可收拾的地步。

用宽容的心去体谅他人，把微笑真诚地写在脸上，其实也是在善待自己。当我们以平实真挚、清灵空洁的心去宽待别人时，心与心之间便架起了相互沟通的桥梁，这样我们也会获得宽待，获得快乐。

古希腊神话中有一位大英雄叫海格里斯。一天他走在坎坷不平的山路上，发现脚边有个袋子似的东西很碍脚，海格里斯踩了那东西一脚，谁知那东西不但没被踩破，反而膨胀起来，加倍地扩大着。海格里斯恼羞成怒，操起一根碗口粗的木棒砸它，那东西竟然长大到把路都堵死了。正在这时，山中走出一位圣人对海格里斯说："朋友，快别动它，忘了它，离开它远去吧！它叫仇恨袋，你不犯它，它就变小如当初；你侵犯它，它就会膨胀起来，挡住你的路，与你敌对到底！"

人在社会上行走，难免与别人产生摩擦、误会甚至仇恨，但别忘了在自己的仇恨袋里装满宽容，那样你就会少一分阻碍，多一分成功的机遇。否则，你将会永远被挡在通往成功的道路上，直至被打倒。

《百喻经》中有一则故事：

有一个人心中总是很不快乐，因为他非常仇恨另外一个人，所以每天都以嗔怒的心，想尽办法欲置对方于死地。

为了一解心头之恨，他向巫师请教："大师，怎样才能化解我的心头之恨？如果催符念咒可以损害仇恨的人，我愿意不惜一切代价学会它！"

巫师告诉他："这个咒语会很灵，你想要伤害什么人，念着它你就可以伤到他；但是在伤害别人之前，首先伤到的是你自己。你还愿意学吗？"

尽管巫师这么说，一腔仇恨的他还是十分乐意，他说："只要对方能受尽折磨，不管我受到什么报应都没有关系，大不了大家同归于尽！"

为了伤害别人，不惜先伤害自己，这是怎样的愚蠢？然而现实生活中，这样的仇恨天天在上演，随处可见这种"此恨绵绵无绝期"的自缚心结。仇恨就像债务一样，你恨别人时，就等于自己欠下了一笔债；如果心里的仇恨太多，活在这世上的你就永远不会再有快乐的一天。

"冤家宜解不宜结。"只有发自内心的慈悲，才能彻底解除冤结，这是脱离仇恨炼狱最有效的方法。

《把敌人变成人》一书中曾转述了 1944 年苏联妇女们对待德国战俘的场景。

这些妇女中的每一个人都是战争的受害者，或者是她们的父亲，或者是丈夫，或者是兄弟，或者是儿子在战争中被德军杀害了。

战争结束后押送德国战俘，苏联士兵和警察们竭尽全力阻挡着她们，生怕她们控制不住自己的冲动，找这些战俘报仇。然而，当一个老妇人把一块黑面包不好意思地塞到一个疲惫不堪的、两条腿勉强支撑得住的俘虏的衣袋里时，整个气氛改变了，妇女们从四面八方一齐拥向俘虏，把面包、香烟等各种东西塞给这些战俘……

叙述这个故事的叶夫图申科说了一句令人深思的话："这些人已经不是敌人了，这些人已经是人了……"

这句话道出了人类面对苦难时所能表现出来的最善良、最伟大的生命关怀与慈悲，这些已经让人们远远超越了仇恨的炼狱。

如果一个人心中时时怀着仇恨，这仇恨就会像海格里斯遇

到的仇恨袋一样，一次次地扩大，一次次地膨胀，总有一天它
会隐藏你内心的澄明，搅乱你步履的稳健。

退几步，是为了大踏步前进

记得这是一位外国学者的话，意思是说：会生活的人，并
不一味地争强好胜，在必要的时候，宁肯后退一步，做出必要
的自我牺牲。

历史上有许多这样的例证。

清河人胡常和汝南人翟方进在一起研究经书。胡常先做了
官，但名誉不如翟方进好，在心里总是嫉妒翟方进的才能，和
别人议论时，总是不说翟方进的好话。翟方进听说了这事，就
想出了一个应付的办法。

胡常时常召集门生，讲解经书。一到这个时候，翟方进就
派自己的门生到他那里去请教疑难问题，并一心一意、认认真
真地做笔记。一来二去，时间长了，胡常明白了，这是翟方进
在有意地推崇自己，为此，心中十分不安。后来，在官僚中间，
他再也不去贬低翟方进而是赞扬了。

明朝正德年间，朱宸濠起兵反抗朝廷。王阳明率兵征讨，
一举擒获朱宸濠，建了大功。当时受到正德皇帝宠信的江彬十
分嫉妒王阳明的功绩，以为他夺走了自己大显身手的机会，于
是，散布流言说："最初王阳明和朱宸濠是同党。后来听说朝廷
派兵征讨，才抓住朱宸濠以自我解脱。"想嫁祸并抓住王阳明，

作为自己的功劳。

在这种情况下，王阳明和张永商议道："如果退让一步，把擒拿朱宸濠的功劳让出去，可以避免不必要的麻烦。假如坚持下去，不做妥协，那江彬等人就要狗急跳墙，做出伤天害理的勾当。"为此，他将朱宸濠交给张永，使之重新报告皇帝：朱宸濠捉住了，是总督军们的功劳。这样，江彬等人便没有话说了。

王阳明称病休养到净慈寺。张永回到朝廷，大力称颂王阳明的忠诚和让功避祸的高尚事迹。皇帝明白了事情的始末，免除了对王阳明处罚。王阳明以退让之术，避免了飞来的横祸。

如果说翟方进以退让之术，转化了一个敌人，那么王阳明则依此保护了自身。

以退让求得生存和发展，这里蕴含了深刻的哲理。

老子曾说过："无为而无不为。"意思是说，只有不做，才能无所不做，唯有不为，才能无所不为。

为了论证这个道理，老子进行了哲学的思辨：许多辐条集中到车毂，有了毂中间的空洞，才有车的作用；揉捏陶泥作器皿，有了器皿中间的空虚，才有器皿的作用；开凿门窗造房屋，有了门窗中间的空隙，才有房屋的作用。所以，"有"所给人的便利，完全靠着"无"起作用。

就是说，无比有更加重要。不仅客观世界的情况如此，人的行为也如此。人的"无为"比"有为"更有用，更能给人带来益处。一味地争强好胜，刀兵相见，横征暴敛，"有为"过盛，最终只能落得个身败名裂的下场。

当然，老子贬"有为"扬"无为"的做法，并非完全正确。就社会生活而言，积极奋斗、努力争取、勇敢拼搏、坚持不懈的行为，其价值和意义，无疑是值得肯定的。但应该看到，人生的路并不是一条笔直的大道，面对复杂多变的形势，人们不仅需要慷慨陈词，而且需要沉默不语；既需要穷追猛打，也需要退步自守；既应该争，也应该让，如此等等，一句话，有为是必要的，无为也是必要的。就此而言，老子的无为思想，具有极其重要的意义。

然而，在人生的旅途中，应该什么时候有为，什么时候无为呢？无为和有为的选择取决于主客或敌我双方的力量对比。当主体力量明显占优势，居高临下，以一当十，采取行动以后，可以取得显著的效果时，应该有为。而当主体处在劣势的位置上，稍一动作，就可能被对方"吃掉"，或者陷于更加被动的境地，那么，便应该以退为进，坚守"无为"方是。无为只是一种权宜之计、人生手段，待时机成熟，成功条件已到，便可由无为转为有为，由守转为攻，这就是中国古人所说的屈伸之术。

为此，我们提醒那些想建功立业的人，在人生大道的某一个点上，只有退几步，方能大踏步前进！

忍耐过分不足取

做人要"忍"，然而忍耐过分也并不可取。过分地忍，会给我们带来许多的不幸、麻烦、痛苦，甚至是耻辱；过分地忍，已经使不少老实人的骨骼中缺少了"钙"的成分，忍到了不能再忍的程度；过分地忍，也使我们缺乏活力，缺乏向前闯的勇气；过分地忍，还是造成歇斯底里的冲动的一个原因……

具体来说，过分地忍会产生什么样的结果呢？

第一，如果一个人只会过分地忍、一味地忍，那么他就会变成一个缺乏个性的人。人需要自己的个性，需要自己的风格，只有这样才能使自己的人生丰富多彩。对于那些忍到了极端的人来说，只是为忍而忍，将忍看作是一种目的，而不是一种手段。因此，只是逆来顺受，只会压抑自己，自己想说的话不能说，自己想干的事不能干，处处受到干涉和阻止，一点都不能发展自己。这样的忍，是以牺牲自己的独立人格和主体意识为代价的，因此，他们只能整天窝窝囊囊、无所作为地活着。这类人因为过于忍耐，其自我萎缩，缺乏鲜明的个性。

第二，如果一个人只会过分地忍、一味地忍，那么，他们就很容易变成守旧、毫无进取心的庸人。唐代学者刘禹锡诗曰："流水淘沙不暂停，前波未灭后波生。"人生只有不断地进取才能获得成功。如果人以忍作为进取的一种手段和智谋，还是可取的。然而，有些人的忍，并不是为实现正义而做的一时妥协，并不是为实现自己远大的目标而做的暂时的撤退，只是对传统的习惯势力、落后势力的无限制的妥协和退让。这是懦弱的表现，因而胆小如鼠，俯首帖耳于恶势力之下。有时明明是正义站在他这一边，然而他还是一个劲儿地往后缩，越来越变得胆小怕事、守旧，越来越缺少斗争勇气，越来越缺乏进取精神。

第三，如果一个人只会过分地忍、一味地忍，那么，这种老实过头的结果就会让人变得越来越带有奴性，越来越自卑。有的人为什么只会忍？就是缺乏自信。太自卑，对他人就只能无条件地顺从、服从。如果这种忍的时间一长，变成习惯之后，就会很快地转换成一种奴性，印刻在他的行为之中，时时、事事都得依靠他人，变得离开他人就无法生存似的，甚至连他本人都不知道自己为什么要在世上生活下去。由于自我的极度萎缩，这种人越来越心安理得地忍，倘若离开了他人，倘若别人不弄出点事来让自己忍，甚至会感到世界末日将要来临一般。他会越来越缺乏独立性，会越来越看不到自己的长处，越来越自卑。

第四，如果一个人只会过分地忍、一味地忍，那么，对个人来说也只会带来矛盾和痛苦。过分的忍，实际上是人对社会的一种消极适应方式，是将个人在人生中遇到的所有矛盾、问题都由自己默默地承受。这种人不会宣泄，不会通过其他方式去化解矛盾，只会一个人在夹缝中生活，只会一个人躲在角落里偷偷地掉泪。结果呢，矛盾越积越多，越积越深，也就越来越痛苦，既害了自己，又误了别人。世界上本来有很多矛盾是属于"一点即破"的，然而一到了那些能忍、会忍的人身上，就听任矛盾积累起来。于是，本来不复杂的，变成了相当复杂的；本来很容易解决的，就变得很难办了。这类人，因为凡事过分地忍，其感情世界往往是最痛苦的，而且往往依靠个人的力量无法摆脱。

第五，一个过分忍让的人，极可能转变成一个极端冲动的人。这话乍听上去似乎有点讲不通，但世间的许多事物都是如此。太阴则阳，太阳则阴。一个过分忍让的人，心中的怨愤与怒气长年累积，犹如流水在拦河坝里受阻而水位益高，高到一定程度，一旦内心的理智之堤不堪承受，就会让怨愤和怒气一泄而出。我们经常在新闻中看到一些这样的案例：一个长年忍气吞声、逆来顺受的人，居然拍案而起，操刀杀了欺侮自己的人。这种血淋淋的案例让人不胜唏嘘。试想，如果该人不是太过忍让，会招来他人一而再、再而三的得寸进尺的欺侮吗？如果他懂得适度反击，会累积那么多的怒火直至崩溃吗？

的确，如果忍让浓浓地烙上了保守、落后、安命不争、平庸、易满足、缺乏进取心、衰老退化、奴性、软弱、过于自卑等痕迹时，那么，这样的忍耐就变了味，一定叫人憋气，叫人难受，叫人窝囊，叫人痛苦……为何？因为这种忍耐太缺乏时代精神，太缺乏人的进取精神，太缺乏人的主体意识，太缺乏人的骨气，太缺乏人的生存意义和价值了。

前面我们强调了做人要忍，现在又说不要过分地忍，那么它们之间的尺度到底如何把握呢？我们不妨先看两则小故事。

一位作家刚完成一本书，正陶醉在人们的赞美声中，另一个作家对他有些嫉妒，跑去对他说："我很喜欢你这本书，是谁替你写的？"作家回敬道："我很高兴你喜欢，是谁替你读的？"

你不仁，休怪我不义；你损我的面子，我也让你下不来台。对于尖酸刻薄、嘴上无德的人，我们不妨以其人之道，还其人之身。

有一个常以愚弄他人而自得的人，名叫汤姆。这天早晨，他正在门口吃着面包，忽然看见杰克逊大爷骑着毛驴哼呀哼呀地走了过来，于是他就喊道："喂，吃块面包吧！"

大爷连忙从驴背上跳下来，说："谢谢您的好意。我已经吃过早饭了。"

汤姆一本正经地说："我没问你呀，我问的是毛驴。"说完，得意地一笑。

大爷以礼相待，却反遭一顿侮辱，是可忍孰不可忍？他非常气愤，可是难以责骂这个无赖。那样无赖会说："我和毛驴说话，谁叫你插嘴来着？"

经这么一想，大爷猛然地转过身子，照准毛驴脸上"啪，啪"就是两巴掌，骂道："出门时我问你城里有没有朋友，你斩钉截铁地说没有，没有朋友为什么人家会请你吃面包呢？"

"叭，叭"，对准驴屁股，又是两鞭，说："看你以后还敢不敢胡说？"

说完，翻身上驴，扬长而去。

大爷的反击力相当强。既然你以你和毛驴说话的假设来侮辱我，我就姑且承认你的假设，借教训毛驴，来嘲弄你自己建立的和毛驴的"朋友"关系，就这样给了这无赖一顿教训。

反击无理取闹的行为，不宜锋芒太露。有时，旁敲侧击，指桑骂槐，反而更见力量。这使对方无辫子可抓，只得打掉了门牙往肚子里吞，在心中暗暗叫苦。

世上没有绝对的公平

我们偶尔会看到这样一些现象：没有能力的人身居高位，有能力的人怀才不遇；做事做得少或者不做事的人，拿的工资要比做事做得多的人还要高；同样的一件事情，你做好了，老板不但不表扬，还要对你鸡蛋里面挑骨头，而另外一个人把事情做砸了，还得到老板的夸赞和鼓励……诸如此类的事情，我们看了就生气，会理直气壮地说："这简直太不公平了！"

公平，这是一个很让我们受伤的词语，因为我们每个人都会觉得自己在受着不公平的待遇。事实上，这个世界上没有绝对的公平，你越想寻求百分百的公平，你就会越觉得别人对自己不公平。

美国心理学家亚当斯提出一个"公平理论"，认为职工的工作动机不仅受自己所得的绝对报酬的影响，而且还受相对报酬的影响，人们会自觉或不自觉地把自己付出的劳动与所得报酬同他人相比较，如果觉得不合理，就会产生不公平感，导致心理不平衡。

还没有进入职场之前，还在校园里"做梦"的时候，我们以为这个世界一切都是公平的。不是吗？我们可以大胆地驳斥学校里的一些不合理的规章制度，如果老师有什么不对的地方我们可以直接提出来，根本不用害怕什么。在别人眼里，你是"有个性"和"有气魄"的人。但是，进入职场之后，"人人平等"变成了下级和上级之间不可逾越的界限，"言论自由"变成了没有任何借口。如果你动不动就对公司的制度提出质疑，或者动不动就和老板理论，到头来往往是搬起石头砸自己的脚。

小玫原以为外企公司的人各个精明强干。谁知，自己在公司里工作了一段时间，才发现不过如此：前台秘书整天忙着搞时装秀；销售部的小张天天晚来早走，3个月了也没见他拿回一个单子；还有统计员小燕，简直就是多余，每天的工作只是统计员工的午餐成本。小玫惊叹：没想到进入了电子时代，竟还有如此的闲云野鹤！

那天，她去后勤部找王姐领文具，小张陪着小燕也来领。恰巧就剩下最后一个文件夹，小玫笑着抢过说："先来先得。"

小燕可不高兴了，说："你刚来，哪有那么多的文件要放？"小玫不服气："你有？每天做一张报表就啥也不干了，你又有什么文件？"一听这话，小燕立即拉长了脸，王姐连忙打圆场，从小玫怀里抢过文件夹，递给了小燕。

小玫气哼哼地回到座位上，小张端着一杯茶悠闲地走进来："怎么了，有什么不服气的？我要是告诉你，小燕她舅舅每年给咱们公司 500 万的生意，你……"然后，打着呵欠走了。

老板不是傻瓜，绝不会平白无故地让人白领工资，那些看似游手好闲的平庸同事，说不定担当着"救火队员"的光荣任务，关键时刻，老板还需要他们往前冲呢。

对于职场上种种不公平的现象，不管你喜不喜欢，都是必须接受的现实。追求公平是人类的一种理想，但正因为它是一种理想而不是现实，所以作为职场新人，不管你在学校成绩多么优秀，才华多么横溢，当你离开学校进入职场之后，你与其他的人并没有什么两样，只是一个普通的新人而已。

一味追求公平往往不会有好结果，有时候，你所知道的表象，不一定能成为你申诉的证据或理由，对此你不必愤愤不平，等你深入了解公司的运作文化，慢慢熟悉老板的行事风格后，努力做好自己就好。

面对爱情或婚姻，别计较公平不公平

一位年轻貌美的少妇曾向人们诉说自己五年不愉快的婚姻

生活。她的丈夫是保险公司的职员，因为一句话惹她生气，她便大发雷霆地说道："你怎么可以这样说，我可是从来没有向你说过这样的话。"当他们提到孩子时，这位少妇说："那不公平，我从不在吵架时提到孩子。""你整天不在家，我却得和孩子看家。"……她在婚姻生活中处处要公平，难怪她的日子过得不愉快，整天都让公平与不公平的问题搅扰自己，却从不反省自己，或者没法改变这种不切实际的要求。如果她对此多加考虑的话，相信她的婚姻生活会大大改善的。

还有一位夫人，她的丈夫有了外遇，使她感到万分伤心，并且弄不明白为什么会这样。她不断地问自己："我到底有什么错儿？我哪一点配不上他？"她认为丈夫对她不忠实在是太不公平。终于，她也效仿自己的丈夫有了外遇，并且认为这种报复手段可谓公平。但是，同愿望相反，她的精神痛苦并未减轻。

在婚姻生活中，要求公平是把注意力放在外界，是不肯对自己生活负责的态度，采取这个态度会妨碍你的选择。你应该决定自己的选择，不要顾忌别人。与其抱怨对方，你不如积极地纠正自己的观点，把注意力由配偶转向自身，舍去"他能那么做，我为什么不能跟他一样"的愚蠢想法，看看你自己怎样做，才可能使自己的婚姻生活更幸福。

其实，无论爱情还是婚姻，都别计较什么公平不公平。

"为什么是我？"一位得知自己身患癌症的病人对大师哭诉，"我的事业才正要起步，孩子又还小，为什么会在此时得这种病？"

大师说："生命中似乎没有任何人、任何时候适合发生任何不幸，不是吗？"

"但是，她还那么年轻，而且人又那么善良，怎么会这样？"一旁陪她来的朋友不平地说。

"雨落在好人身上，也落在坏人身上。"大师说，"有些好人甚至比坏人淋更多的雨。"

"为什么？"

"因为坏人偷走了好人的伞。"大师答道。

如果世界上每件事都公平，为什么有些人从小就是天才，有些人却是智障者？为什么有人生下来就是王子，有些人却生在难民营？

如果世界上每件事都要公平，鸟儿不能吃虫，老鹰也不能吃鸟，那么生命将如何延续下去？